挖掘数据与数学建模研究

张正鸣　著

吉林科学技术出版社

图书在版编目（CIP）数据

挖掘数据与数学建模研究 / 张正鸣著 . -- 长春 ：
吉林科学技术出版社，2019.12

ISBN 978-7-5578-6404-0

Ⅰ．①挖… Ⅱ．①张… Ⅲ．①数据采集—研究②数学
模型—研究 Ⅳ．① TP274 ② O141.4

中国版本图书馆 CIP 数据核字（2019）第 299365 号

挖掘数据与数学建模研究

著　　者	张正鸣
出 版 人	李　梁
责任编辑	端金香
封面设计	刘　华
制　　版	王　朋
开　　本	16
字　　数	280 千字
印　　张	12.75
版　　次	2019 年 12 月第 1 版
印　　次	2019 年 12 月第 1 次印刷
出　　版	吉林科学技术出版社
发　　行	吉林科学技术出版社
地　　址	长春市福祉大路 5788 号出版集团 A 座
邮　　编	130118

发行部电话 / 传真　0431—81629529　　81629530　　81629531
　　　　　　　　　　　　81629532　　81629533　　81629534

储运部电话　0431—86059116

编辑部电话　0431—81629517

网　　址	www.jlstp.net
印　　刷	北京宝莲鸿图科技有限公司
书　　号	ISBN 978-7-5578-6404-0
定　　价	55.00 元

前　言

随着数据库应用的普及，人们正逐步陷入"数据丰富，知识贫乏"的尴尬境地。而近年来互联网的发展与快速普及，使得人类第一次真正体会到了数据海洋，无边无际。面对如此巨大的数据资源，人们迫切需要一种新技术和自动工具，以便能够利用智能技术帮助我们将这巨大数据资源转换为有用的知识与信息资源，从而可以帮助我们科学地进行各种决策。

数据挖掘（Data Mining，简称 DM）作为 20 世纪末刚刚兴起的数据智能分析技术，由于其所具有的广阔应用前景而备受关注，作为数据库与数据仓库研究与应用中的一个新兴的富有前途领域，数据挖掘，常常也被称为数据库知识发现（Knowledge Discovery from Database，简称 KDD），它可以从数据库，或数据仓库，以及其他各种数据库的大量各种类型数据中，自动抽取或发现出有用的模式知识。数据挖掘是一个多领域交叉的研究与应用领域，所涉及的领域包括：数据库技术、人工智能、机器学习、神经网络、统计学、模式识别、知识系统、知识获取、信息检索高性能计算以及可视化计算等领域。

数学是人类发挥意识能动性认识自然并改造自然最有效的思维工具之一，建立完善的数学研究体系是各个学科走向成熟的重要标志，数学建模是数学理论与实际问题之间必不可少的中间环节，在各个领域的科学研究中都发挥着极其重要的作用。当今的世界，在科学研究不断深入的同时，大数据潮流又风起云涌，定量化、数字化、精确化已经成为各领域研究的主流趋势，借助先进的计算机技术，利用数学建模的手段去研究实际问题，已经成为人类探索和研究自然界与人类社会的基本方法之一，能否建立合理的数学模型是科学研究成功与否的主要因素，故而，对数学建模的思想方法及其典型问题展开研究，在厘清数学建模基本脉络的同时着力发掘创新点，无疑是一项富有价值的研究活动。

对数学建模进行梳理可以发现，建模的思想方法可以分成传统思想方法、软件思想方法以及其他思想方法，而建模问题则可分为"小数据"建模问题、"大数据"建模问题以及"无数据"建模问题，而这些思想方法与问题之间又有着内在的联系，传统思想方法主要用于处理"小数据"建模问题，"大数据"建模问题则必须借助于计算机及软件思想方法，而对于一些"无数据"建模问题则必须根据具体情况开辟其他的建模思想及方法。

数据挖掘作为一门新兴的学科，它的发展与完善需要较长的过程；但是在它的形成与发展过程中却表现出强大的生命力，广大从事数据库应用与决策支持，以及模式识别、机器学习、专家系统、自动化等学科的科研工作者和工程技术人员迫切需要了解和掌握它。为此我们结合自己 10 多年来所从事的专家系统、机器学习，数据挖掘，以及互联网信息智能处理等方面科研。与教学经验，以笔者的博士论文及 20 余篇相关学术论文为基础，编著完成了这本书，以飨读者。希望本书能对高等院校信息技术、模式识别、计算机技术、自动化等专业的教师研究生和高年级本科生，以及从事数据库应用与决策支持系统设计与应用的广大科技人员有所帮助。作者在撰写本书的过程中也参考了大量的学术文献，在此向所参考文献的作者表示真诚的感谢，限于作者水平，书中难免有疏漏之处，欢迎同行业专家学者批评指正。

目　录

第一章 数据挖掘与数学建模关系概述

第一节 当前信息化发展的趋势与面对问题

随着计算机技术、网络技术、人工智能与模式识别技术的发展，各领域信息化建设也不断向前推进。主要表现为以下四个方面：

（1）企业信息化建设

主要围绕各类管理信息系统、决策支持系统等。如各行业企业资源计划系统（Enterprise Resource Planning，ERP）、ERP Ⅱ（具有协同商务（Collaorative Commerce）与商务智能（Business Intelligence）的 ERP 系统）、决策支持系统（Decision Supporting Systems，DSS）、智能决策支持系统（Intelligent Decision Supporting Systems，IDSS）等，研究重点是实现企业内外部资源的管理（计划、组织、控制、协调、激励职能的辅助）、配置与优化的模式与技术。

（2）电子商务建设

主要围绕信息流、资金流、物流的资源综合配置与协同模式技术展开，研究重点是实现企业的外部资源的优化管理（计划、控制、协调职能的辅助）。

（3）电子政务建设

主要围绕政府法律、法规、政策等的宣传、引导、监控与互动的模式与技术展开，研究重点是组织行为过程与激励过程实现所需的模式与技术（组织、激励职能的辅助）。

（4）教育信息化建设

主要围绕信息化时代的教材内容改革、教学方法改革、教育资源共享等教育技术展开。研究重点是各种多媒体技术与网络技术支持下的探究性、启发性教学，学生综合素质的提高以及解决实际问题能力的培养。具有代表性的研究是网络课程、网络试题库、网络考试平台、网络实验室、各专业资源库等。

各领域信息化建设，都需要面对如何"应用定量方法，解决对有限资源的管理与优化配置问题"。这些问题具体可以划分为下面四类：

（1）计划问题

计划的含义是"预测未来、确立目标、决定政策、选择方案的一系列过程的结果"。计划的关键是预测，如市场趋势预测、销量预测、成本预测、投资预测、筹资预测、利润预测、效益预测、人才流动预测等。预测准确与否将直接影响计划数据的制定以及计划影响下的一系列决策。

（2）控制问题

控制的含义是"预定（计划）指标与实际指标的差异监督和修正"。其一般分为事前控制、过程控制、事后控制，如质量控制、成本控制、生产控制、资源控制等。现代控制关键是过程控制，旨在不利偏差出现之前可以通过过程监控发现并排除偏差可能引起的风险，使损失降到最低。

（3）优化问题

优化的含义是"在多个方案中选择目标最好（如利润最大、成本最少、效益最好等）的方案"。常见的优化问题有资源的优化配置，生产工艺参数优化，产品结构优化，投资/筹资组合优化等。

（4）评价问题

评价的含义是"通过建立评价指标变量与评价目标之间的关系，以影响评价指标的测评数据，获取评价目标的综合评价结果"，如安全评价、质量评价、能力评价、素质评价、管理胜任力评价、发展水平评价等。

上述四类问题的解决都依赖相关数据与定量数学模型的支持，如何获取数据，如何处理数据，如何从数据中有效地提取可决策的信息，如何建立数学模型，如何把模型求解应用于相应领域，这些问题不仅是教学需要面对的，而且是各领域迫切需要解决的。

第二节　数据挖掘发展及其应用

信息化建设以及信息技术的应用，使各领域积累了海量的数据，在伴随数据仓库技术的发展下，这些海量数据的抽取与集成，可以通过联机（在线）分析处理（Online Analytic Processing，OLAP），以多维数据模型形式展示，具有切片、切块、钻取、旋转等数据明确的直观关系，为决策者提供了可行的决策依据。但对于潜在的、不明显的数据关系，就不能直接应用 OLAP 了。例如，经典的购物篮问题，是指通过超市销售数据的大量统计，发现尿片与啤酒表面没有关系的两类不同的物品的密切关联，经调查证实是部分年轻父亲在为小孩购买尿片时，也同时采购自己需要的啤酒，SP 部分顾客购买行为具有规律：尿片→啤酒。这个规律是否需要引起注意并用作位置设计决策？即是否需要将尿片与啤酒放置相邻位置以方便顾客？很明显，当"尿片→啤酒"出现的可能性较大时，应该考虑这类顾客的需要。购物篮问题可以推广至另外的问题应用：在产品促销策划中，哪些产品应捆绑在一起促销才对顾客有更大的吸引力？网页信息栏的设置应考虑哪些相关相邻的页面使点击次数最大？当生产中一些不安全因素出现时，导致另一些因素或结果出现的可能性有多大？

因此，数据仓库的决策支持功能必须包含两方面：一是针对明显数据关系的 OLAP；

另一是针对潜在的、不明显数据关系的数据挖掘（Data Mining，DM），旨在通过对隐式数据关系的数据应用专门的算法，建立明确的模型关系支持决策。数据挖掘涵盖的算法很广，目前应用较多的基本算法分为三类：①数据处理与特征提取，主要有聚类分析、主成分分析、因子分析等；②数学建模与知识规则提取，主要有回归分析、神经网络、决策树、关联分析、关联分类、时序关联、贝叶斯网络等，其中，按建模结果表示也可分为确定性与不确定性建模。不确定性主要指随机不确定性与模糊不确定性，不确定性建模是指模型参数或结果表示带有一不确定性度量，如针对模糊不确定性问题的建模算法有模糊神经网络、模糊决策树、模糊关联分析、模糊贝叶斯网络等，针对随机不确定性问题的算法有关联分析、关联分类、时序关联、贝叶斯网络等；③优化与控制，主要有遗传算法、遗传算法与神经网络混合算法等。

第三节　基于数据挖掘的数学建模

数学模型是指在特定目标下，对特定对象的内在变化规律的特征提取、假设表示、数学应用所得到的一个用数学符号表示各量关系的数学结构。建立数学模型的方法可以分为两类：机理分析方法与统计分析方法。机理分析方法是根据对现实对象特性的认识，分析其关系，找出反映内部机理规律的变量结构，建立的模型常有明确的物理或现实意义。统计分析方法是从研究对象的观察数据（实验数据）切入，通过数据变化特点，建立反映数据关系的拟合模型或构造逼近实际数据关系的模型，在模型检验可行的条件下，通过模型结果研究对象的变化机理。由于统计分析方法是从实验数据切入建模，所以当数据信息特征变化时，可以通过学习形式使模型参数也随之变化，即在一定条件下考虑自适应数据特征变化以调整模型参数的特点，如地下燃气管网安全评价的建模依赖的是某个地域采集的初始样本，其模型结果也带有地域特点，当采集样本扩大时，通过样本的不断学习，使模型参数逐步调整以能适应全域样本信息的安全评价。因此，统计分析方法建模在动态建模中具有更广泛的应用性。

随着计算机的广泛应用，各应用领域所面对的是海量数据挖掘问题，特别是面对隐式数据关系如何建立显示数学模型的问题。因而，应用统计分析方法进行数学建模，不仅作为高校课程教学探讨的问题，而且也作为各领域决策支持需迫切需要解决的问题，这样的趋势表明从现有的机理分析方法建模逐步增加或转向统计分析方法建模与能力培养的重要性。

数据挖掘的本质就是数学建模，其含义与统计分析建模方法一致，因而数据挖掘也称为现代统计。传统的统计分析建模方法的基础是经典数理统计方法，已有结论多基于"大样本、少变量、多输入、单输出"的条件。对当前海量数据中出现的"大样本、多变量""少样本、多变量""多输入、多输出"以及"离散型输出"等应用仍具有局限性。如影响导弹发射的因素变量有几十个，甚至更多，但由于成本考虑，导弹发射的样本只能是小样本。又如一些新的变异病例，也是属于小样本、多变量的情况。除此以外，生产中的产品质量控制常常需要建立多个工艺参数与多个质量指标（如硬度、拉伸度、韧度等，具有内在联系）之间的对应关系，这些问题直接应用经典统计分析方法求解，可能出现较大差异的结果。但应用基于数据挖掘的现代统计分析方法，在一定条件下能很好地解决。因此，数据挖掘是经典统计分析的延伸和拓宽。

基于数据挖掘的现代统计分析建模，将面临以下问题的解决：

（1）如何从海量数据中提取有特征的大样本

（2）如何把多变量转换为能包含原变量变异信息的少数变量

（3）小样本如何转换为有特征的、可以进行统计分析的大样本

（4）哪些挖掘算法适合这些问题的数学建模

一般地，对于小样本问题，可以通过模拟数据生成足够的候选大样本集，可以通过对候选大样本集进行聚类分析，提取有代表性的大样本；在多变量情况下，可以通过主成分分析或因子分析，把多变量转换为有代表性的、能包含原始变量大部分变异信息的少数变量；在"大样本、少变量"支持下，通过对样本学习，吸取样本特征信息，建立数学模型，为了使模型结果有更好的期望目标，可以进一步对模型参数进行优化。

数据挖掘的关键两步：一是体现在"挖掘"，把潜在的、不明确数据关系的数据提取并转换为数学问题。这一步的结果只是表明数据之间有关系但具有什么关系仍未明确。二是体现在"建模"，把不明显的数据关系，通过数学建模过程转换为明显的数据关系，即把数据之间的内在变化规律用数学符号与数学结构表示。数据挖掘是知识发现（Knowledge Discovery in Databases，KDD）的关键，而数学建模是数据挖掘的关键。

因此，数学建模是知识发现的关键，只有通过基于数据挖掘过程的数学建模，才能深层了解具有潜在数据关系的内在变化规律。

数据挖掘过程的数学建模步骤如下：

1）问题理解

理解应用问题的实际背景，收集有关研究对象的数据，选取有关的、可连续获取的数据变量，排除无关的或不能连续获取的变量。如在地下燃气管网安全评价的研究中，需要收集影响安全的数据。影响地下燃气管道腐蚀状况的因素有很多，主要分为管道本身情况和周围环境条件两类，而管道本身情况又包括了管段的竣工数据和埋地后的测量数据，周围环境主要指埋地管道周围土壤的条件。将影响管道腐蚀状况的数据细分，得到土壤原位检测数据、实验室检测数据、防腐层原位检测数据、管道竣工资料数据、管道运行资料数据等五类共44个影响因素数据，分别用 x_i（$i=1, 2, \cdots, 44$）表示。

（1）土壤原位检测数据

地表类型（x_1）；土壤电阻率（x_2）；土壤类型（x_3）；原位 pH（x_4）；原位极化电流密度（x_5）；硫酸根离子（x_6）；氧化还原电位（x_7）；地下水位（x_8）；自然电位（x_9）；地温（x_{10}）；

植物根茎（x_{11}）。

（2）实验室检测数据

室内 pH（x_{12}）；电解失重（x_{13}）；有机质（x_{14}）；含水量（x_{15}）；容重（x_{16}）；总空隙度（x_{17}）；空气容量（x_{18}）；全盐（x_{19}）；室内硫酸根离子（x_{20}）；碳酸根离子（x_{21}）；碳酸氢根离子（x_{22}）；氯离子（x_{23}）；硝酸根离子（x_{24}）；硫离子（x_{25}）；镁离子（x_{26}）；钠离子（x_{27}）。

（3）防腐层原位检测数据

防腐层电阻率（x_{28}）；漏点线密度（x_{29}）；管地电位（x_{30}）；杂散电流（x_{31}）；阳极情况（x_{32}）；电位梯度（x_{33}）。

（4）管道竣工资料数据

防腐层种类（x_{34}）；壁厚（x_{35}）；建设监理力度（x_{36}）；埋深（x_{37}）；管径（x_{38}）；防腐等级（x_{39}）；阳极间距（x_{40}）；阳极开路电位（x_{41}）。

（5）管道运行资料数据

运行年数（x_{42}）；首次泄漏时运行时间（x_{43}）；抢修次数（x_{44}）。

2）数据理解

分析数据变化的特点、获取日期与获取来源，确定数据支持数学建模的可行性，对多变量进行降维处理，形成因素变量与目标变量，其中目标变量是指研究对象的特征变量，因素变量是指影响目标变量变化的有关因素。如燃气管网的安全级别是目标变量，影响安全级别的因素是土壤酸碱度、管道的腐蚀情况等44个变量。由于直接建立44个因素变量与安全级别的数学关系结构复杂，不直观且不易理解，需要从44个影响因素变量中挑选有代表性的变量进行建模，使模型简化且建立的模型能反映影响因素与安全级别的变化规律。可以采用主成分分析方法。主成分分析是一种降维方法，通过变量变换把相关的多个变量变为互不相关的少数几个新变量。对44个因素进行主成分分析后，得到结果如表1-1所列。

表1-1 44个影响因素主成分分析

主成分	Y_1	Y_2	Y_3	Y_4	Y_5	Y_6	Y_7	Y_8
累计特征贡献率/%	23.5	42.4	55.8	64	72.7	81.2	88.8	95.1

表1-1中Y_k，主要反映为防腐层电阻率、土壤腐蚀性、漏点线密度、管段壁厚、防腐层品种、管地电位、建设监理力度、运行年数等综合的变化（$k = 1, 2, \cdots, 8$），其中，土壤腐蚀性与建设监理力度两项指标综合性较强，其余防腐层电阻率等六个综合指标基本与对应的原变量变化一致。因此，确定影响地下燃气管网安全的主要因素变量为8个。

3）数据准备

对因素变量与目标变量的数据进行类型（极大型、极小型、居中型）一致化处理和无量纲化处理，提取具有特征的大样本，形成可行的、合理的建模样本。建模样本一般分为学习样本和检验样本：学习样本要体现代表性与特征性，以保证在模型建立过程，能明确吸取样本信息指导模型参数的获取；而检验样本要突出随机性，以保证模型检验过程尽可能涵盖所有样本情况并发现模型不完善的问题。如提取的影响地下燃气管网安全的8个主要因素变量，在建立8个影响因素与安全级别的数学关系之前，数据准备包括：影响因素变量取值、建模样本确定、变量的类型一致化与无量纲化处理等。

（1）8个影响因素变量取值定义

为了使模型建立的学习过程能更好地辨识与记忆样本的特征信息，一般把在某区间取值的连续型变量转换为只取有限个值的离散型变量，如影响地下燃气管网安全的8个因素变量，每个取值划分为3段，每段定义如表1-2所列。

表1-2 影响地下燃气管网安全的8个因素变量的取值

埋地时期x_1（年份）	$x_1 \geq 1997$或 $x_1 < 1989$	$1989 \leq x_1 < 1992$或 $1994 \leq x_1 < 1997$	$1992 \leq x_1 < 1994$
漏点线密度x_2/个	0	$1 \leq x_2 < 10$	$x_2 \geq 10$
防腐层品种x_3	PE夹克或牛油胶布	沥青或胶带	无
土壤腐蚀性x_4	极弱或弱	中	强
运行年数x_5/年	$x_5 \leq 1$	$2 \leq x_5 \leq 7$	$x_5 > 7$
设计壁厚x_6/mm	$x_6 \geq 7$	$5.5 \leq x_6 < 7$	$x_6 < 5.5$
防腐层电阻率x_7/Ω	$x_7 \geq 5000$	$3000 \leq x = < 5000$	$x_7 < 3000$
电位x_8/mV	$x_8 < -850$	$-850 \leq x_8 \leq -600$	$x_8 \geq -600$
是否有阳极x_{10}	是	否	

（2）建模样本确定

由于实际样本只有316个，且不具有代表性，因而继续以8个影响因素的取值不同组合建立样本，样本数为$3^8 \times 2 = 13122$，用程序对应生成13122条记录，其中包括了所有管道的特征，得到了候选样本集。对13122个样本进行聚类，以挑选有代表性的样本，如聚为500类，从每类中挑选最靠近类中心的一个样本，共500个样本。

（3）变量的类型一致化与无量纲化处理

要建立安全级别 Y 与8个因素变量（x_1, x_2, $\cdots$, x_8）的关系，必须使 x_i 的取值是定量（数值）的、类型是一致的、量纲是一致的，这样在模型结构的运算中才有意义。

4）模型建立

包括模型假设、模型构成、模型求解和模型检验。为了建立因素变量与目标变量之间的数学模型关系，需要对问题做条件假设，例如连续性、离散性或随机性的假设，以保证建立的模型在满足条件下能够求解。模型建立过程是根据已收集数据的特点拟合（构成）模型，如可以以"多重线性组合加非线性映射的形式：$O_k = \sum_{i=1}^{m} V_{ki} f\left(\sum_{j=1}^{n} W_{ij} x_j - \theta_i\right)$，或

$$O_k = f\left(\sum_{i=1}^{m} V_{ki} f\left(\sum_{j=1}^{n} W_{ij} x_j - \theta_i\right) - \gamma_k\right)$$" 拟合神经网络模型，选择具有与样本变化特点的映射函数和神经元结构；模型求解是确定模型参数与模型结果。模型参数 $V_{ki}, W_{ij}, \theta_i, \gamma_k (=1, 2, \cdots, m, j = 1, 2, \cdots, n, k=1, 2, \cdots, p)$ 可以通过已建立的样本集学习获取，学习过程是根据指定目标（如模型计算的目标变量值与样本的目标变量值误差最小等），不断地调整模型参数，当学习结果达到预定的目标时，学习结束，即获取的模型参数可以应用于模型，此时对任一组因素变量的取值，都可以通过模型计算对应的目标变量的值；建立的模型是否具有合理性与可应用性，必须要经过模型检验。模型检验一般是判别模型计算的目标值与样本目标值是否一致，可以分为两步：一是对参与建模的学习样本，以建立的模型进行检验，检验的正确率称为自检验率，正常情况下自检验率一般能达到90%以上，自检验主要是判别建立模型的合理性；二是对不参与建模的检验样本，以建立的模型进行检验，检验的正确率称为检验率，检验主要是判别模型的可应用性，一般情况下，检验率要达到80%以上才有较好的应用性。如果检验结果达到期望的目标，表示模型建立完毕，如果检验发现有较大的偏差，即模型计算的目标值与实际样本目标值不一致，表示模型的结果不符合实际需要，此时要返回数据处理环节，检查提取样本特征和定义样本取值的合理性，当学习样本不足以代表检验样本信息或拟合模型偏离时，可能导致建立模型的失效性。

5）结果评估

建立的模型通过模型检验后，要对模型结果反映的数据关系的变化规律进行科学分析与评估，使与实际应用问题的物理意义与现实机理反映的特征规律相一致，如果模型结果反映的变化规律与实际的不一致，表示尽管学习样本、检验样本与模型结果一致，但反映的变化规律仍与问题研究的目标有差异，此时应返回数据理解环节，分析可能存在但忽略的影响因素变量，通过补充，重新定义新的样本与模型结构，通过再学习使模型结果与实际问题的变化规律和物理意义相一致。

6）结果应用

当建立的数学模型不仅通过指定样本检验，而且通过应用问题的结果评估时，模型可以应用于问题领域，一般分为试应用和完善应用两个阶段。由于基于数据挖掘的数学建模，是从数据切入，数据获取的部分性和定义样本的非全局代表性，可能使模型结果的应用也带有局部而非全局的特征，需要不断地扩大数据收集范围，扩大模型吸取学习样本的特征信息，才能扩展模型应用的全局性质，因此，试应用是不断补充样本特征信息使模型自适应学习修正模型参数的过程；完善应用是不断比较模型结果与专家经验，使模型结果与实际的期望结果更接近的完善过程。

第四节 数据挖掘软件Clementine的基本操作概述

目前，各领域应用的数据挖掘软件辅助决策有许多，较常用的一个软件是由 SPSS 生产商推出的数据挖掘软件 Clementine。该软件按照国际定义的数据挖掘标准流程设计，包含了基本的数据挖掘方法，具有较强的数据与模型集成功能，使用方便直观，是一种较好的数据挖掘教学与应用分析工具。

一、Clementine 数据挖掘的基本思想

Clementine 提供了大量的人工智能、统计分析的模型（神经网络，关联分析，聚类分析、因子分析等），并用基于图形化的界面为认识、了解、熟悉这个软件提供了方便。除了这些，Clementine 还拥有优良的数据挖掘设计思想，正是因为有了这个思想，每一步的工作也变得很清晰。

CRISP-DM Model 包含了 6 个步骤，并用箭头指示了步骤间的执行顺序。这些顺序并不严格，用户可以根据实际的需要反向执行某个步骤，也可以跳过某些步骤不予执行。

Business understanding：商业理解阶段应算是数据挖掘中最重要的一个部分，在这个阶段需要明确商业目标、评估商业环境、确定挖掘目标以及产生一个项目计划。

Data understanding：数据是挖掘过程的"原材料"，在数据理解过程中需要知道都有些什么数据，这些数据的特征是什么，可以通过对数据的描述性分析得到数据的特点。

Date preparation：在数据准备阶段需要对数据做出选择、清洗、重建、合并等工作。选出要进行分析的数据，并对不符合模型输入要求的数据进行规范化操作。

Modeling：建模过程是数据挖掘中的一个重要过程，需要根据分析目的选出合适的模型工具，通过样本建立模型并对模型进行评估。

Evaluation：并不是每一次建模都能与目标相吻合，评价阶段旨在对建模结果进行评估，对效果较差的结果需要分析原因，甚至还需要返回前面的步骤对挖掘过程重新定义。

Deployment：这个阶段是用建立的模型去解决实际中遇到的问题，它还包括了监督、维持、产生最终报表、重新评估模型等过程。

二、Clementine 的基本操作方法

1.操作界面的介绍

oleentine 的操作界面包括数据流程区、选项面板、管理器、项目以及报告窗口、状态窗口等。

1）数据流程区

Clementine 在进行数据挖掘时是基于数据流程形式，从读入数据到最后的结果显示都是

由流程图的形式显示在数据流程区内。数据的流向通过箭头表示，每一个结点都定义了对数据的不同操作，将各种操作组合在一起便形成了一条通向目标的路径。

数据流程区是整个操作界面中最大的部分，整个建模过程以及对模型的操作都将在这个区域内执行。可以通过 File/New Stream 新建一个空白的数据流，也可以打开已有的数据流。所有在一个运行期内打开的数据流都将保存在管理器的 Stream 栏下。

2）选项面板

选项面板横跨于 Clementine 操作界面的下部，它被分为 Favorites、Sources、Record、Ops、Fields、Ops、Graphs、Modeling、Output 七个栏，其中每个栏包含了具有相关功能的结点。结点是数据流的基本组成部分，每一个结点拥有不同的数据处理功能。设置不同的栏是为了将不同功能的结点分组，下面介绍各个栏的作用。

Sources：该栏包含了能读入数据到 Clementine 的结点。例如 Var.File 结点读取自由格式的文本文件到 Clementine，SPSS File 读取 SPSS 文件到 Clementine。

Record Ops：该栏包含的结点能对数据记录进行操作。例如筛选出满足条件的记录（Select）、将来自不同数据源的数据合并在一起（Merge）、向数据文件中添加记录（Append）等。

Fields Ops：该栏包含了能对字段进行操作的结点。例如过滤字段（Filter）能让被过滤的字段不作为模型的输入、Derive 结点能根据用户定义生成新的字段，同时还可以定义字段的数据格式。

Graphs：该栏包含了众多图形结点，这些结点用于在建模前或建模后将数据由图形形式输出。

Modeling：该栏包含了各种已封装好的模型，例如神经网络（Neural Net）、决策树（C5.0）等。这些模型能完成预测（Neural Net，Regression，Logistic）、分类（C5.0，C&R Tree，Kohonen，K-Means，Twostep）、关联分析（Apriori，GRI，Sequece）等功能。

Output：该栏提供了许多能输出数据、模型结果的结点，用户不仅可以直接在 Clementine 中查看输出结果，也可以输出到其他应用程序中查看，例如 SPSS 和 Excel。

Favorites：该栏放置了用户经常使用的结点，方便用户操作。用户可以自定义其 Favorites 栏，操作方法为：选中菜单栏的 Tools，在下拉菜单中选择 Favorites，在弹出的 Palette Manager 中选中要放入 Favorites 栏中的结点。

3）管理器

管理器中有 Streams、Outputs、Models 三个栏。其中 Streams 中放置了运行期内打开的所有数据流，可以通过右键单击数据流名对数据流进行保存、设置属性等操作。Outputs 中包含了运行数据流时所有的输出结果，可以通过双击结果名查看输出的结果。Models 中包含了模型的运行结果，可以右键单击该模型从弹出的 Browse 中查看模型结果，也可以将模型结果加入数据流中。

4）项目窗口的介绍

项目窗口内有两个选项栏：一个是 CRISP-DM；一个是 Classes。

CRISP-DM 的设置是基于 CRISP-DM Model 的思想，它方便用户存放在挖掘各个阶段形成的文件。由右键单击阶段名，可以选择生成该阶段要拥有的文件，也可以打开已存在的文件将其放入该阶段。这样做的好处是使用户对数据挖掘过程一目了然，也有利于对它进行修改。

Classes 窗口具有同 CRISP-DM 窗口相似的作用，它的分类不是依赖挖掘的各个过程，而是依赖存储的文件类型。例如数据流文件、结点文件、图表文件等。

2.数据流基本操作的介绍

1）生成数据流的基本过程

数据流是由一系列的结点组成，当数据通过每个结点时，结点对它进行定义好的操作。在建立数据流时通常遵循以下 4 步：

（1）向数据流程区增添新的结点；

（2）将这些结点连接到数据流中；

（3）设定数据结点或数据流的功能；

（4）运行数据流。

2）向数据流程区添 / 删结点

当向数据流程区添加新的结点时，有下面三种方法遵循：

（1）双击结点面板中待添加的结点；

（2）左键按住待添加结点，将其拖到数据流程区内；

（3）选中结点面板中待添加的结点，将鼠标放入数据流程区，在鼠标变为十字形时单击数据流程区。

通过上面三种方法都将发现选中的结点出现在了数据流程区内。

当不再需要数据流程区内的某个结点时，可以通过以下两种方法来删除：

（1）左键单击待删除的结点，用 Delete 删除；

（2）右键单击待删除的结点，在出现的菜单中选择 Delete。

3）将结点连接到数据流中

上面介绍了将结点添加到数据流程区的方法，然而要使结点真正发挥作用，需要把结点连接到数据流中，以下有 3 种可将结点连接到数据流中的方法：

（1）双击结点左键选中数据流中要连接新结点的结点（起始结点）

双击结点面板中要连接入数据流的结点（目标结点），这样便将数据流中的结点与新结点相连接了。

（2）通过鼠标滑轮连接在工作区内选择两个待连接的结点

用左键选中连接的起始结点，按住鼠标滑轮将其拖到目标结点放开，连接便自动生成，如果鼠标没有滑轮也选用 Alt 键代替。

（3）手动连接右键单击待连接的起始结点

从弹出的菜单栏中选择 Connect。选中 Connect 后鼠标和起始结点都出现了连接的标记，用鼠标单击数据流程区内要连接的目标结点，连接便生成。

注意：第一种连接方法是将选项面板中的结点与数据流相连接，后两种方法是将已在数据流程区中的结点加入数据流中；数据读取结点（如 SPSS File）不能有前向结点，即在连接时它只能作为起始结点而不能作为目标结点。

4）绕过数据流中的结点

当暂时不需要数据流中的某个结点时可以绕过该结点。在绕过它时，如果该结点既有输入结点又有输出结点，那么它的输入节点和输出结点便直接相连；如果该结点没有输出结点，那么绕过该结点时与这个结点相连的所有连接便被取消。

方法：用鼠标滑轮双击需要绕过的结点或者选择按住 Alt 键，通过用鼠标左键双击该结点来完成。

5）将结点加入已存在的连接中

当需要在两个已连接的结点中再加入一个结点时，可以采用下面的方法将原来的连接变成两个新的连接。

方法：用鼠标滑轮单击欲插入新结点的两结点间的连线，按住它并把它拖到新结点时放手，新的连接便生成，如果鼠标没有滑轮时亦可用 Alt 键代替。

6）删除连接

当某个连接不再需要时，可以通过以下三种方法将它删除：

（1）选择待删除的连接，单击右键，从弹出菜单中选择 Delete Connection；

（2）选择待删除连接的结点，按 F3 键，删除了所有连接到该结点上的连接；

（3）选择待删除连接的结点，从主菜单中选择 Edit Node Disconnect 删除连接。

7）数据流的执行

数据流结构构建好后，要通过执行数据流数据才能从读入开始流向各个数据结点。执行数据流的方法有以下三种：

（1）选择菜单栏中的执行按钮，数据流区域内的所有数据流将被执行；

（2）先选择要输出的数据流，再选择菜单栏中的执行按钮，被选的数据流将被执行；

（3）选择要执行的数据流中的输出结点，单击鼠标右键，在弹出的菜单栏中选择 Execute 选项，执行被选中的数据。

数据挖掘软件 Clementine 对于具体数据挖掘方法的辅助使用，将分别在各章结合具体方法讲述。

第二章　统计分析

第一节　问题概述

在实际应用中，常常要面对不确定的预测问题，如产品销量（或销售额）的预测是一个各企业都关注的、不确定的问题，它受多因素变化的影响，包括产品质量、价格、价值、折扣、信誉、品牌、偏好等。销量 Y 与影响因素 x_i（$i=1, 2, \cdots, k$）的关系可以表示为 $Y=\beta_0+\beta_1 x_1+\cdots+\beta_k x_k+\varepsilon$，其中 ε 是除 x_1 外的其他不确定因素。由于有 ε 的影响及其不确定性，一般不能直接建立 Y 与 x_1 的关系，而只能建立没有 ε 下的 y 与 x_1 关系：$y=\beta_0+\beta_1 x_1+\cdots+\beta_k x_k$，这里的 y 可以理解为平均销量。模型参数 β_i（$i=1, 2, \cdots, k$）可以通过获取一组数据（$x_1^{(i)}$，$x_2^{(i)}$，$\cdots$，$x_k^{(i)}$，$Y^{(i)}$，），$i=1, 2, \cdots, m$ 来获取。一般地，产品销量预测值为 1000 件是指平均销量 y 的预测值为 1000 件，而以 95% 的把握预测产品销量在（950, 1050）取值，是指以 95% 的概率预测销量 Y 在（950, 1050）取值，显然，关于销量 Y 的预测表述比平均销量 y 的预测表述更接近产品预测需求。问题的关键是，如何建立 y 与 x_1 关系？如何用 y 的估计量来推断 Y 的取值范围、概率与误差？特别地，若需进一步了解平均销量 y 或销量 Y 属于"很好"的可能性（概率），又如何解决？

另一方面，如果影响因素 x_1 太多，使模型结构不够直观，常常需要提取少数几个变量 $Z_1, Z_2, \cdots, Z_m$ 来替代原来变量 $x_1, x_2, \cdots, x_k$ 的大部分变异信息，使 $Y=\beta'_0+\beta'_1 Z_1+\cdots+\beta'_k Z_m+\varepsilon$，即对多变量影响下的销量预测建模问题，常常也转换为"应如何提取少数变量 $Z_1, Z_2, \cdots, Z_m$，使模型结构更简洁和有效"，这些问题将通过本章的回归分析、逻辑回归、主成分或因子分析方法解决。

第二节　回归分析及其应用

一、回归分析概述

"回归"是由英国著名生物学家兼统计学家高尔顿（Gallon）在研究人类遗传问题时提出来的。为了研究父代与子代身高的关系，高尔顿搜集了 1078 对父亲及其儿子的身高数据。

他发现这些数据的散点图大致呈直线状态，且发现了一个很有趣的现象——回归效应，即人类身高的分布相对稳定而不产生两极分化。高尔顿依试验数据还推算出儿子身高（Y）与父亲身高（Z）的关系式

$$Y=a+bX \qquad (2.1)$$

它代表的是一条直线，称为回归直线，并把相应的统计分析称为回归分析。

回归分析是试图从实际数据中寻找某种规律的方法。表现为建立可观测的因素变量（x_1, x_2, $\cdots$, x_n）与变量 Y（因变量）之间的确定性或不确定性关系，即有

$$Y=f(x_1, x_2, \cdots, x_n)+\varepsilon \qquad (2.2)$$

$$Y=E(Y)=(x_1, x_2, \cdots, x_n) \qquad (2.3)$$

式中 ε，Y 是随机变量，$\varepsilon \sim N(O, \sigma^2)$。

如果 $f(x_1, x_2, \cdots, x_n)$ 关于 x_1, x_2, $\cdots$, x_n 是线性的，则有

$$Y=f(x_1, x_2, \cdots, x_n)+\varepsilon=\beta_0+\sum_{i=1}^{n}\beta_i x_i+\varepsilon$$

因此，由于 ε 的不确定性，线性回归分析是通过研究式（2.3）的确定性关系来研究式（2.2）的不确定性关系，主要问题是通过求 β_i 的估计量成 $\hat{\beta}_i$，来获取 y 的估计量 $\hat{y}$，并由估计量表示 y 与 Y 的预测区间。

二、一元线性回归及其模型建立

一元线性回归模型为

$$\begin{cases} Y=\beta_0+\beta_1 x+\varepsilon \\ \varepsilon \sim N(0,\sigma^2) \end{cases} \left(Y \sim N\left(\beta_0+\beta_1 x,\sigma^2\right)\right) \qquad (2.4)$$

式（2.4）表明，因变量 Y 的变化可由两部分解释：第一，由于自变量 x 的变化引起的 Y 的线性变化部分，即 $\beta_0+\beta_1 x$；第二，由于其他随机因素引起的 Y 的变化部分，即 ε。其中参数 β_0，β_1 称为一元线性回归的回归系数。解决的问题可归纳为以下几个方面：

（1）求一元线性回归方程 $\hat{y}=\hat{\beta}+\hat{\beta}_1 x$，主要是求参数 β_0，β_1 的估计量 $\hat{\beta}_0$，$\hat{\beta}_1$。

（2）一元线性回归方程有效性检验，主要是单个因素变量线性检验与全部变量线性检验。

（3）一元线性回归方程的应用，主要是：已知 x 变化域条件下对 y 的变化预测；已知 y 变化域条件下对 x 变化的控制。

三、多元线性回归及其建模过程

多元线性回归模型是指有多个自变量的线性回归模型，用于揭示因变量与其他多个自变量之间的线性关系，多元线性回归模型的数学模型为

$$Y=\beta_0+\beta_1 x_1+\beta_2 x_2+\cdots+\beta_P x_P+\varepsilon \qquad (2.5)$$

$\varepsilon \sim N（0，\sigma^2）$。式（2.5）是一个 P 元线性回归模型，其中有 P 个自变量。它表明因变量可由两个部分解释：第一，由一个自变量 P 的变化引起的 y 的线性变化部分，即

$$y=E（Y）=\beta_0+\beta_1 x_1+\beta_2 x_2+\cdots+\beta_P x_P \qquad （2.6）$$

第二，由其他的随机因素引起的 y 的变化部分，即 ε，β_0，β_1，β_2，$\cdots+\beta_P$ 都是模型中的未知参数，分别称为回归常数和回归系数，ε 为随机误差。

四、Clementine 辅助多元回归分析

例 2.1 某医院医师测得 10 名 4 岁儿童的身高（cm）、体重（kg）和体表面积（m²）

资料如表 2-1 所列。试用多元回归方法确定以身高、体重为自变量，体表面积为因变量的回归方程。

表2-1　儿童资料

编号	体表面积y/m²	身高x_1/cm	体重x_2/kg	编号	体表面积y/m²	身高x_1/cm	体重x_2/kg
1	5.382	88	11	6	6.014	89	13
2	5.299	87	11	7	5.830	88	14
3	5.358	88	12	8	6.102	90	14
4	5.292	89	12	9	6.075	90	15
5	5.602	87	13	10	6.414	91	16

1. Clementine辅助回归分析的主要功能

在 Clementine 中属于回归分析的模型有两个，线性回归模型是根据输入变量与输出变量的关系数据拟合线性方程，使一组变量值的输入通过方程能预测对应输出变量的值。回归方程表示一条直线或平面，为预测提供一个易于解释的数学公式，使预测输出值与实际输出值间的偏差达到最小。Clementine 可以支持完成二元或者多元的线性回归分析，允许有一个或多个输入字段，但是只能有一个输出字段。

2.数据准备

1）读入数据

Source 栏中的结点提供了读入数据的功能，由于上述的信息存储为"体表面积 .sav"，所以需要使用"SPSS.File"结点来读入自由格式文本文件数据。双击"SPSS.File"结点使之添加到数据流程区内，再双击已添加到数据流程区里的"SPSS.File"结点，由此来设置该结点的属性。在属性设置时，单击"Import File"栏右侧的按钮，选择要加载到数据流中进行分析的文件，这里选择"体表面积 .sav"。单击"Annotations"选项卡，在"Name"栏中选择"Custom"选项并在其右侧的文本框中输入自定义的结点名称。这里按照示例输入"体表面积"。

如果数据不多，也可考虑通过"User Input"结点来自己输入数据。

2）设置字段属性

进行回归分析时需要了解字段间的关系，但并不是所有字段都需要进行分析，比如"编号"字段，所以需要将不必进行回归分析的字段挑选出来。为了完成这个设置，可以直接利用已经存在的"Types"选项卡，也可以利用"Field Ops"栏中的"Type"结点来设置各字段数据类型、选择字段以及输入/输出属性等。首先，将"Type"结点加入数据流中，双击该结点对其进行属性设置。

数据文件中所有字段名都显示在"Field"栏中，"Type"表示每个字段的数据类型。这里不需要为每个字段设定数据类型和数据，只需从"Values"栏中的下拉菜单中选择"Read"项，然后选择"Read Value"键，软件将自动读入数据和数据类型；"Missing"栏是在数据有缺失时选择是否用"Blank"填充该字段；"Check"栏选择是否判断该字段数据的合理性；而"Direction"栏在模型的建立中具有相当重要的作用，通过对它的设置可以将字段设为输入、输出、输入且输出、非输入亦非输出四种类型。可以将"编号"字段的"Direction"设置为"None"，表明在回归分析中不把这个字段列入考虑，而将"身高""体重"字段的"Direction"设置为"In"，将"体表面积"字段设为"Out"，对这些字段进行回归分析。

3）检查数据

可以再加入"Output"栏中的"Table"结点来检查导入的数据表。加入"Table"后再点"Execute Selection"按钮，若能正常展示表格内容，说明在导入数据的时候没有出错。

3.统计分析

回归分析模型在"Modeling"栏中用"Regression"表示。双击该结点将它添加到数据流中来，系统自动生成一个叫"体表面积"的结点。

再双击这个结点，打开属性栏。看到这里有四个选项卡，"Fields"用于确定回归分析中的自变量和因变量，可以在上一步的"Type"结点中设置模型输入/输出的字段。"Expert"可以设定"Singularity Tolerance""输出结果"等。这里采用的是系统默认的"Expert"设置，并且在输出时选择输出所有的结果。

"Method"栏中选择的是一种变量的分析方式，该下拉菜单中有如下几个选项：

（1）Enter 全选法

缺省项，直接将所有的输入字段输入到方程里。建立模型中没有执行字段筛选。

（2）Stepwise 逐步法

如名字所述，这一方法逐步渐进地建立方程。初始模型尽可能简单，在方程中没有输入字段。在每一步，对那些尚未被添加到模型中的输入字段进行评估，如果其中最好的一个显著地增加了模型的预测能力，就将它加入回归方程中；同时，对已加入回归方程中的输入字段要重新评估，如果将它们中的一个或多个移走并不会显著降低模型的预测能力，就需要将它们从回归方程中移走。重复这一过程，不断增加/移除输入字段，直到没有字段可被加入以改善模型，也没有字段可被移除却不降低模型的预测能力，就产生了最终的模型。

（3）Backward 后向法

字段筛选的后向法在建立模型时是分步的，这一点与逐步法类似。然而，在此种方法下，初始模型包含所有的输入字段作为预测子集，只能从模型中移除不需要的字段。那些对模型贡献小的输入字段可以一个一个被移除，直至没有字段可被移除却不显著降低模型的预测能力，这样就产生了最终的模型。

（4）Forward 前向法

前向法从本质上来说是与后向法对立的。初始模型不包含任何输入字段，只能往模型中加入字段。在每一步，对尚不在模型中的输入字段进行评估，测定它们对改善模型的贡献几何，其中最好的字段被加入模型中。当没有字段可被加入，或是最好的候选字段不能对模型预测能力产生足够大的改善时，就得到最终的模型。

可以根据具体的情况来进行选择，在本例中，选用系统的默认方式"Enter"。建立了数据流，便可以执行数据流使数据与模型集成形成结果。弹出的菜单栏中选择"Execute"执行命令。执行结束后，模型结果放在管理器的"Models"栏中，其标记为名称为"体表面积"的黄色结点。

4.结果解释

1）初步分析

右键单击模型结果"体表面积"的黄色结点，从弹出的菜单中选择"Browse"选项查看输出结果。本例的输出是"体表面积"，输入是"身高""体重"，采用全部入选法建立回归方程为

$$\text{体表面积} = \text{身高} \times 0.06902 + \text{体重} \times 0.1839 \text{-} 2.886$$

此外，还可以点击"Advanced"选项卡，里面有详细的分析。这里，只对主要的几张表进行分析，表2-2表示自变量筛选采用强制进入策略，因变量是体表面积变量。

表2-3中各列数据项的含义依次是：自变量和因变量的复相关函数、判断系数 R^2、调整的判定系数、回归方程的估计标准误差。依据该表可以进行拟合优度检验，因为该方程中有多个自变量，因此应参考调整的判定系数，由于调整的判定系数接近1，因此认为拟合优度较高。

表2-4中各列项的含义依次为：因变量的变差来源、偏差平方和、自由度、均方、回归方程显著性检验中F检验统计量的观测值和概率P值。依据该表可以进行回归方程的显著性检验，若显著水平为0.05，由于概率p值小于0.05，应拒绝原假设，认为因变量和自变量全体的线性关系是显著的，可以建立线性模型。

表2-2 自变量选择策略表

Model	Variables Entered	Variables Removed	Method
1	体重，身高（a）		Enter
a All requested variables entered			
b Dependent Variable：体表面积			

表2-3 检验表（一）

Model	R	R Square	A dusted R Square	Std.Error of the Estimate
1	0.950（a）	0.902	0.874	0.1435
a Predictors：（Constant），体重，身高				
b Dependent Variable：体表面积				

表2-4 检验表（二）

Model		Sum of Squares	df	Mean Square	F	Sig.
1	Regression	1.325	2	0.662	32.150	0.000（a）
	Residual	0.144	7	2.060E-02		
	Total	1.469	9			
a Predictors：（Constant），体重，身高						
b Dependent Variable：体表面积						

2）显示经过回归分析后的数据表

模型的结果结点也可以加入数据流中对其进行操作。在数据流程区内选中"Type"结点，然后双击管理器"Models"栏中的"体表面积"结点，该结点便加入数据流中。为了显示经过回归分析后的数据，可以采用"Output"栏中的"Table"结点，该结点将数据以数据表的形式输出。

第三节　二项逻辑回归

一、二项逻辑回归概述

多元回归分析在诸多行业和领域的数据分析应用中发挥着极为重要的作用，尽管如此，在运用多元回归分析方法时仍不该忽略方法应用的前提假设条件，违背了某些关键假设，得到的分析结论很可能是不合理的。利用多元回归分析变量之间关系或者进行预测时的一个基本要求就是，因变量均是连续型变量。然而实际应用中这种要求未必都能得到较好地满足，如：在对小轿车消费群体特点的分析和预测研究中，可以根据历史数据，建立关于购买小轿车的多元回归分析模型，通过模型预测具有某些特定特征的客户是否会购买小轿车，这个模型中的因变量设为是否购买，是个纯粹的二值品质型变量，显然不满足上面的要求，此类问题的解决可借助逻辑回归来完成。

二、二项逻辑回归模型

逻辑回归，是根据输入字段值对记录进行分类的一种统计技术。当被解释变量为 0/1 二值品质型变量时，称为二项逻辑回归。二项逻辑回归虽然不能直接采用一般线性多元回归模型建模，但仍然可以充分利用线性回归模型建立的理论和思路进行建模。

（1）若采用简单线性回归模型，$Y_i = \beta_0 + \beta_i x_i + \varepsilon_i$，当 Y_i 只取 0，1 两值时，由 $\varepsilon \sim N(0, \sigma^2)$，$E(\varepsilon) = 0$，有 $E(Y_i) = \beta_0 + \beta_i x_i = 1 \times P + 0 \times (1-P) = P$，即 $E(Y_i)$ 为 x_i 时 $y_i = 1$ 的概率值。因此，可以利用一般线性多元回归模型，对因变量取值为 1 的概率 P 进行建模，此时，模型因变量的取值范围是 0 到 1 之间，即

$$P_{y=1} = \beta_0 + \beta_i x_i \qquad (2.7)$$

（2）由于概率 P 的取值范围是在 [0，1] 区间，而一般线性回归模型要求因变量取值为（$-\infty$，$+\infty$），因此可以对概率 P 做转换处理，而一般线性模型建立关于因变量取值为 1 时的概率的回归模型时，模型中自变量与概率值之间的关系是线性的，在实际应用中，这个概率与自变量之间往往是一种非线性关系。因此，对概率 P 的转换处理采用非线性转换（Logit 变换），具体如下：

第一步，将 P 转换成 Ω 即

$$\Omega = \frac{P}{1-P} \qquad (2.8)$$

Ω 称为发生比，是事件发生的概率与不发生的概率的比值，可得 Ω 是 P 的单调增函数，从而保证了 P 与 Ω 增长的一致性，由此得出 Ω 的取值范围为（0，$+\infty$）。

第二步，将转换成 lnΩ，即

$$\ln\Omega=\ln\left(\frac{P}{1-P}\right) \tag{2.9}$$

式中：$\ln\Omega$ 称为 Logit P，经过变换后的 Ω 与 Logit P 之间的增长性一致，且 Logit P 取值为 $(-\infty,+\infty)$。

经过 Logit 变换后，可以利用一般线性回归模型建立自变量与因变量之间的关系模型，即逻辑回归模型：

$$\text{Logit } P=\beta_0+\beta_i x_i \tag{2.10}$$

即

$$\ln\frac{P}{1-P}=\beta_0+\beta_i x_i \tag{2.11}$$

于是有

$$\frac{P}{1-P}=\exp(\beta_0+\beta_i x_i) \tag{2.12}$$

从而有

$$P=\frac{1}{1+\exp\left[-(\beta_0+\beta_i x_i)\right]} \tag{2.13}$$

式（2.13）即为逻辑回归函数，是典型的增长函数，能很好体现概率 P 和自变量间的非线性关系。

三、二项逻辑回归方程中回归系数的含义

逻辑回归模型采用极大似然估计法对模型的参数进行估计，极大似然估计法是一种在总体分布密度函数和样本信息的基础上，求解模型中未知参数估计值的方法，它基于总体的分布密度函数构造一个包含未知参数的似然函数，并求解在似然函数值最大下的未知参数值。因为在形式上，逻辑回归模型与一般线性回归模型相同，所以可以以类似的方法理解和解释逻辑回归模型系数的含义，即当其他自变量保持不变时，自变量 & 每增加一个单位，将引起 Logit P 增加（或减少）β_i 个单位，但是 Logit P 无法直接观察且测量单位也无法确定，因此，通常以逻辑回归分布函数的标准差作为 kbit P 的测度单位。在现实应用中，大家通常更关心的是自变量变化引起的概率 P 变化的程度，因为它们之间的关系是非线性的，因此，人们将注意力集中在自变量给发生比 Ω 带来的变化。

当逻辑回归模型的回归系数确定后，将其代入 Ω 的函数，即

$$\Omega=\exp(\beta_0+\beta_i x_i) \tag{2.14}$$

当其他的自变量保持不变，x_i 增加一个单位时，可将新的发生比设为 Ω'，则有 $\Omega'=\Omega\exp(\beta_i)$。由此可知，当 x_i 增加一个单位时将引起发生比扩大 $\exp(\beta_i)$ 倍，当回归系数为负时发生比缩小。

四、二项逻辑回归方程的检验

1.回归方程的显著性检验

逻辑回归方程显著性检验的目的是检验自变量全体与 Logit P 的线性关系是否显著，是否可以用线性模型拟合，基本思路是：若方程中的诸多自变量对 Logit P 的线性解释有显著意义，则会使得回归方程对样本的拟合得到显著提高，可采用对数似然比测度拟合程度是否有了提高，其零假设为 H_0：各回归系数同时为 0，自变量全体与 Logit P 的线性关系不显著。

2.回归系数的显著性检验

逻辑回归系数显著性检验的目的是逐个检验模型中各自变量是否与 Logit P 有显著的线性关系，以解释 Logit P 是否有重要贡献，其零假设 H_0：$\beta_i=0$，即某回归系数与零无显著性差异，相应的自变量与 Logit P 之间的线性关系不显著。

回归系数的显著性检验采用的是检验统计量为 Wald 检验统计量，数学定义为

$$Wald = \left(\frac{\beta_i}{S_{\beta_i}}\right)^2 \qquad (2.15)$$

式中：β_i 是回归系数；S_{β_i} 是回归系数标准误差；Wald 检验统计量服从 $\chi^2(1)$ 分布。

3.回归方程的拟合优度检验

在逻辑回归分析中，拟合优度可以从两方面考查：一方面是回归方程能够解释因变量的变差的程度，如果方程可以解释因变量较大部分的变差，则说明拟合优度高，反之，说明拟合优度低；另一方面，由回归方程计算出的预测值与实际值之间吻合的程度，即方程的总体错判率是低还是高，如果错判率低，说明拟合优度高，否则，说明拟合优度低。拟合优度检验常用的指标有 Cox&Snell R^2 统计量，Nagel ker ke R^2 统计量，错判矩阵，残差分析等。

五、Clementine 辅助 Logistic 回归模型

例 2.2 对 Spector&Mazzeo 在 1980 年发表的一项关于课程"中级宏观经济学"的新教学方法 PSI（Personalized System of Instruction）的效果评价研究，数据资料如表 2-5 所列，其中，GPA 为修该门课程前的学分绩点；PSI=1 代表使用 PSI 方法，TUCH 为修该门课程前摸底测试成绩；LG 为该门课程的考试成绩，取值为 1（LG=A）或 0（LG=B 或 C）。试通过表 2-5 的 32 个样本数据，用逻辑回归分析 GPA，PSI，TICH 对 LG 的影响。

表2-5 新教学方法效果研究数据

T	GPA	TUCH	PSI	LG	T	GPA	TUCH	PSI	LG
1	2.66	20	0	0	17	3.92	29	0	1
2	2.89	22	0	0	18	2.63	20	0	0
3	3.28	24	0	0	19	3.32	23	0	0
4	2.92	12	0	0	20	3.57	23	0	0
5	4.00	21	0	1	21	3.26	25	0	0
6	2.86	17	0	0	22	3.53	26	0	0
7	2.76	17	0	0	23	2.74	19	0	0
8	2.89	21	0	0	24	2.75	25	0	0
9	3.03	25	0	0	25	2.83	19	0	0
10	3.12	23	0	1	26	2.83	27	1	1
11	3.16	25	1	1	27	3.39	17	1	1
12	2.06	22	1	0	28	2.67	24	1	0
13	3.62	28	1	1	29	3.65	21	1	1
14	2.89	14	1	0	30	4.00	23	1	1
15	3.51	26	1	0	31	3.10	21	1	0
16	3.54	24	1	1	32	2.39	19	1	1

1.数据准备

1）读入数据

Source 栏中的结点提供了读入数据的功能，由于上述的信息存储为 LG.sav，所以需要使用 SPSS.File 结点来读入数据，类似于例 2.1。

2）设置字段属性

在例 2.1 中，为了讲述清楚设置字段属性的经过，曾经使用"Type"结点来设置各字段数据类型、选择字段以及输入／输出属性、选择要进行分析的字段等。这一节中，可以换用另外一种方法，即直接利用已经存在的"Types"选项卡，点击"Types"选项卡。

所有的字段名显示在"Field"栏中，"Type"表示了每个字段的数据类型。这里不需要为每个字段设定数据类型和数据，只需从"Values"栏中的下拉菜单中选择"Read"项，然后选择"Read Value"键，软件将自动读入数据和数据类型；"Missing"栏，"Check"栏，"Direction"栏功能和例 2.1 中所述一样，可以将"LG"字段的"Direction"设置为"out"，而"GPA""TUCH""PSI"三个字段的"Direction"设置为"In"，用以实现对"LG"的主要影响因素分析。

3）检查数据

可以再加入"Output"选项卡中的"Table"结点来检查导入的数据表。加入"Table"后再点"Execute Selection"按钮，可以浏览导入的数据表。

2.统计分析

Logistic 回归分析模型在"Modeling"栏中用"Logistic"表示。双击该结点将它添加到数据流中，系统自动生成一个叫"LG"的结点。再双击这个结点，打开属性栏。看到这里有四个选项卡，"Fields"用于确定回归分析中的自变量和因变量。"Model"结点中选择"Custom"键可以自定义模型的名字；"Method"栏中选择的是一种变量分析方式，该下拉菜单的选项与多元线性回归分析中相似。此处选择缺省项；"Expert"可以设定"Singularity Tolerance""输出结果"等。这里采用的是"Expert"中默认的选项，其中输出结果选择显示所有选项，设置完毕后，点击"OK"键和"Execute"执行命令。

执行结束后，模型结果放在管理器的"Models"栏中，其标记为名称为"LG"的结点。

3.结果解释

1）初步分析

右键单击结果结点，从弹出的菜单中选择"Browse"选项查看输出结果。由结果可知，本例的输出是变量"LG"，输入是"GPA""TUCH"，"PSI"三个变量，由此可的逻辑回归模型的系数为

$$B=（13.03，-2.827，-0.09529，-2.381）$$

还可以单击"Advanced"选项卡，里面有详细的分析。其中一些重要表分析如表2-6，2-7，表2-8，表2-9，表2-10所列。

表2-6显示模型参数检验值，其中 Cox&Snell-R^2=0.382 和 Nagel ker ke-R^2=0.528 均较小，表示模型拟合不佳。

表2-7显示模型的初始对数似然函数 -2Log Likelihood=41.183，最终对数似然函数 -2Log Likelihood=41.183，概率 p 值为 0.002，按 0.05 显著水平可拒绝原假设，即回归模型显著。

表2-6　检验值（一）

Cox and Snell	0.382
Nagelkerke	0.528
McFadden	0.374

表2-7　检验值（二）

Model	-2 Log Likelihood	Chi-Square	df	Sig.
Intercept Only	41.183			
Final	25.785	15.398	3	0.002

表 2-8 显示回归系数显著性检验，若显著性水平为 0.05，则可知变量 TUCH 并不显著，即修该门课程前的摸底考试成绩对该门课程考试成绩 LG 并无显著影响，而 PSI 和 GAP 两变量对该门课程考试成绩具有显著性影响。

表2-8 检验值（三）

Effect	-2 Log Likelihood of Reduced Model	Chi-Square	df	Sig.
Intercept	37.544	11.759	1	0.001
GPA	32.563	6.778	1	0.009
TUCH	26.260	0.475	1	0.491
PSI	32.001	6.215	1	0.013

表 2-9 表示参数的估计值和检验值，表 2-10 表示错判矩阵，表明总体判别正确率为 81.3%，正确率较高。

表2-9 参数估计值

LG（a）		B	Std. Error	Wald	df.	Sig	Exp（B）	95.0% Confidence interval for Exp（B）	
								Lower Bound	Upper Bound
0	Intercept	13.027	4.934	6.973	1	0.008			
	GPA	-2.827	1.264	5.004	1	0.025	5.922E-02	4.976E-03	0.705
	TUCH	-0.095	0.142	0.453	1	0.501	0.909	0.689	1.200
	PSI	-2.381	1.065	5.001	1	0.025	9.250E-02	1.148E-02	0.745

a The reference category is：1

表2-10 错判表

Observed	Predicted		
	0	1	Percent Correct
0	18	3	85.7%
1	3	8	72.7%
Overall Percentage	65.6%	34.4%	81.3%

2）显示经过回归分析后的数据表

模型的结果结点也可以加入数据流中对其进行应用操作。在数据流程区内选中 "LG. File" 结点，然后双击管理器 "Models" 栏中的 "LG" 结点，该结点便加入数据流中。为了显示经过回归分析后的数据，选择 "Output" 栏中的 "Table" 结点、"Analysis" 结点。通过 "Execute" 按钮分别执行相关的数据流，可以将经过逻辑回归的数据结果显示出来。

第四节　主成分分析

主成分概念首先是由 Karl parson 在 1901 年提出，当时仅是针对非随机变量讨论的。1933 年 Hotelling 将这个概念推广到随机向量。

在处理多元样本数据时，首先遇到的问题就是观测数据很多。如果有 p 个对象，每个对象观测了 n 个数据，则共有 p×n 个数据。如何从这些数据中提取主要规律，从而分析样本或者总体的主要性质呢？如果 p 个对象之间是相互独立的，则可以把问题转化为 p 个单指标变量来处理，这是理想化的情况。一般来说，p 个指标之间存在相关关系，这使得数据分析复杂化。例如，要分析比较若干个地区的经济发展状况，对每一个地区都可以统计出数十项与经济状况有关的指标，这数十项指标虽然较详细地反映了一个地区的经济发展水平，但要据此对不同地区的发展状况进行评价、比较、排序，则因指标太多、主次不明显而过于复杂，也很难做到客观公正。另一方面，这数十项指标中，有的是主要的，有些是次要的，甚至某些指标间还有一定的相关性。能否用较少的几项指标来代替原来较多的指标，使这较少的几项指标仍然能反映原来较多的指标所反映的信息？

主成分分析就是一种把原来多个指标变量转换为少数几个相互独立的综合指标变量的统计方法。主成分分析并不是去分析比较各指标的重要性，将那些不太重要的指标简单地去掉，而是通过全面分析各项指标所携带的信息，从中提取一些潜在的综合性指标（称为主成分）。因此从概率的角度要求这几项综合性指标变量相互之间是不相关的。如何分析数据信息并提取出综合性指标变量，进而计算出每一综合指标值就成了主成分分析的关键。

第五节　因子分析

一、因子分析概述

1904 年 Charles Spearman 发表的一篇论文《对智力测验得分进行统计分析》可视为因子分析的起点。因子分析的形成和发展有相当长的历史，最早用以研究解决心理学和教育学方面的问题，由于计算量大，又缺少高速计算设备使得因子分析的应用和发展受到很大的限制，甚至停滞了很长时间。后来由于电子计算机的出现，才使得因子分析的理论研究和计算问题有了很大的进展。因子分析的目的就是从试验所得的数据样本中概括和提取出较少量的关键因素，它们能反映和解释所得的大量观测事实，从而建立起最简洁、最基本的概念系统，揭示出事物之间最本质的联系。

因子分析分为两类，即 R 型因子分析（对变量做因子分析），Q 型因子分析（对样品做因子分析）。从全部计算过程来看 R 型因子分析和 Q 型因子分析都是一样的，只是出发点不同，R 型从相关系数矩阵出发，Q 型从相似系数矩阵出发。本节只介绍 R 型因子分析。

因子分析的基本思想是通过变量的相关系数矩阵内部结构的研究，找出能控制所有变量的少数几个随机变量以描述多个变量之间的相关关系，通常，这少数几个随机变量是不可观测的，称为因子。然后根据相关性的大小把变量分组，使得同组内的变量之间相关性较高，但不同组的变量相关性较低。

二、 因子分析与主成分分析的联系与区别

因子分析可以看成主成分分析的推广，它们都是多元统计分析中常用的降维方法，因子分析所涉及的计算与主成分分析也很相似，两种方法的出发点都是变量的相关系数矩阵，在损失较少信息的前提下，把多个变量（这些变量之间要求存在较强的相关性，以保证能从原始变量中提取主成分）综合成少数几个综合变量来研究总体各方面信息的多元统计方法，且这少数几个综合变量所代表的信息不能重叠，即变量间不相关。因此，它们的适用范围是相同的，而且两种方法的综合指标（在主成分分析中是主成分，在因子分析中是公共因子）与原始指标的关系都是线性的。

因为两种方法有很多相同之处，尤其是在因子分析中用主成分分析方法求解因子载荷时两者似乎更为一致，以致不少人常常将这两种方法不加区别。其实，它们之间有联系，也有很大的差异，主要的区别如下：

（1）主成分分析仅仅是一种指标变换，不需要任何关于概率分布和基本统计模型的假定，主要通过少数综合变量反映原始变量的大部分变异信息；而因子分析要假定原始指标所特定的模型，其中的公共因子与特殊因子要满足一定的条件，如标准化与独立性条件等，主要反映原始变量的共同变化规律。

（2）主成分分析是将主成分表示为原观测变量的线性组合。

（3）主成分的各线性系数是唯一确定的、正交的。不可以对系数矩阵进行任何的旋转，且系数大小并不代表原变量与主成分的相关程度；而因子模型的系数是不唯一的、可以进行旋转的，且系数表明了原变量和公共因子的相关程度，由于旋转使公共因子比主成分更容易解释。

（4）主成分分析可以通过可观测的原变量直接求得主成分，因子分析中的载荷矩阵是不可逆的，只能通过可观测的原变量去估计不可观测的公共因子，即公共因子得分的估计值等于因子得分系数矩阵与原观测变量标准化后的矩阵相乘的结果。

第三章　聚类分析

第一节　问题概述

一般地，以单个变量属性取值对对象进行划分的分类是直观的，但对于具有多个变量属性取值的对象进行划分就难以直观了。例如根据学生的 n 门成绩 x_1，x_2，$\cdots$，x_n 对学生进行等级划分，如果事先在定义综合评定条件下，对学生已进行了综合评定，得到的综合评定结果为 Y，则对 m 个学生的成绩与评价数据（$x_1^{(k)}$，$x_2^{(k)}$，$\cdots$，$x_n^{(k)}$），k=1，2，$\cdots$，m，可以根据 $Y^{(k)}$ 的取值对学生进行划分，此时称为"分类"，这里把 $Y^{(k)}$ 称为先验知识；如果事先没有根据成绩 x_1，x_2，$\cdots$，x_n 对学生进行评定，即在没有 $Y^{(k)}$ 的情况下，直接根据 m 个学生的 n 个成绩（$x_1^{(k)}$，$x_2^{(k)}$，$\cdots$，$x_n^{(k)}$）对学生进行等级划分，k=1，2，$\cdots$，m，划分的依据是"相似度"，即根据学生成绩"相似度"判别学生是否"相似"，使"相似度"大的学生尽可能划分为一类，而使"相似度"小的学生尽可能划分为不同的类，这样的划分称为"聚类"，即未知先验知识 $Y^{(k)}$ 下，对学生的等级划分。由于"相似度"可以针对问题的特点定义，因而，聚类结果会发现一些表面看不到的信息，如未必是根据综合评定结果 $Y^{(k)}$ 的取值大小来划分，而可能是根据成绩特点或学生特长来划分。由于聚类分析的这一特点，当面对的海量数据关系不明确时，常常是应用聚类分析来了解数据特点，在明确数据分类特点的情况下，从中选择有代表性的数据类作建模分析。

第二节　聚类分析概述

分类可分为有监督的分类（Supercised Classification）和无监督的分类（Unsupervised Classification）两种类型。有监督的分类，又称为有教师的分类或有指导的分类。在这类问题中，已知模式的类别和某些样本的类别属性，首先用具有类别标记的样本对分类系统进行学习和训练，使该分类系统能够对这些已知样本进行正确分类，然后用学习好的分类系统对未知的样本进行分类，这需要对分类的问题要有足够的先验知识。

在没有先验知识的情况下，则需要借助无监督的分类技术。聚类就是按照一定的要求和规律对事物进行区分和分类的过程，在这一过程中没有任何关于分类的先验知识，没有教师指导，仅靠事物间的相似性作为类属划分的准则，因此属于无监督分类的范畴。聚类分析则是指用数学的方法研究和处理给定对象的分类，把一个没有类别标记的样本集按某种准则分成若干个子集（类），使相似的样本尽可能归为一类，而不相似的样本尽量划分到不同的类中。

聚类分析的算法可以分为以下几大类：分裂法、层次法、基于密度的方法、基于网格的方法和基于模型的方法等。

1.分裂法（Partitioning Methods）

给定一个有 N 个元组或者记录的数据集，分裂法将构造 C 个分组，每一个分组就代表一个聚类，C < N，而且这 C 个分组满足以下条件：

（1）每一个分组至少包含一个数据记录。

（2）每一个数据记录属于且仅属于一个分组（这个要求在某些模糊聚类算法中不适用）。对于给定的 C，算法首先给出一个初始的分组方法，以后通过反复迭代的方法改变分组，使得每一次改进之后的分组方案都较前一次好。使用这个基本思想的算法有：c-means 算法、Clarans 算法。

2.层次法（Hierarchical Methods）

这种方法对给定的数据集进行层次的分解，直到某种条件满足为止。具体又可分为"自底向上"和"自顶向下"两种方案。在"自底向上"方案中，初始时每一个数据记录都组成一个单独的组，通过组间相似性度量，逐步把那些相互邻近的组合并成一个组，直到所有的记录组成一个分组或者某个条件满足为止。代表算法有：系统聚类法、Birch 算法、Cure 算法、Chameleon 算法等。

3.密度的方法（Density-Based Methods）

密度的方法与其他方法的一个根本区别是：它不是基于两点间距离来度量类间相似性，而是基于密度来度量类间相似性，这样的度量克服了距离的算法只能发现"类圆形"聚类的缺点。这个方法的主要思想是，只要一个区域中的点的密度大过某个阈值，就把它加到与之相近的聚类中去。

4.网格的方法（Grid-Based Methods）

这种方法首先将数据空间划分成为有限个单元（Cell）的网格结构，所有的处理都以单个单元为对象，其与记录的个数无关的，只与数据空间分为多少个单元有关。这样处理的突出优点就是速度很快。代表算法有：Sting 算法、Clique 算法、Wave-Clus-ter 算法。

5.模型的方法（Model-Based Methods）

基于模型的方法给每一个聚类假定一个模型，然后去寻找能够很好地满足这个模型的数据集。这样一个模型可能是数据点在空间中的密度分布函数或者其他。它的一个潜在的假定是：目标数据集是由一系列的概率分布决定的。通常的聚类模型为：统计的模型和神经网络的模型。

第三节　基于距离的聚类相似度

可以通过空间的两个点距离来定义两个类的相似程度。设有 m 个变量的样品 $X_i=(x_{i1}, x_{i2}, \cdots, x_{im})$，$i=1, 2, \cdots, n$，$n$ 个样品可以视为 m 维空间中的 n 个点，用 d_{ij} 表示第 i 个样品 $X_i=(x_{i1}, x_{i2}, \cdots, x_{im})$ 与第 j 个样品 $X_j=(x_{j1}, x_{j2}, \cdots, x_{jm})$ 间的距离。作为点间距离应满足以下条件：

（1）非负性，即对所有的 i 和 j 有 $d_{ij} > 0$。同时，当且仅当两个样品的 m 个变量对应相等时，其等式才成立。

（2）对称性，即对所有的 i、j，有 $d_{ij}=d_{ji}$。

（3）满足三角不等式，即对所有的 i、j，恒有 $d_{ij} \leq d_{ik}+d_{kj}$。

第四节　系统聚类法

系统聚类法又常被称为谱系聚类法或分层聚类法，其主要思想是在聚类之前，先将各样本或变量看成一类，计算样本之间距离，并以样本之间距离定义类之间的距离。先选择距离最近的一对合并成一个新类，计算新类与其他类之间的距离，再将距离最近的两类合并，如此持续做下去，这样就每次减少一类，直至所有的样本或变量都归为一大类为止，最后可以根据聚类的结果画出一张聚类的树形图，可以直观地反映整个聚类过程。

第五节　C-均值（C-Means）聚类算法

C- 均值（C-Means）算法是一种简单使用的无监督学习算法，此种方法能够用于已知类数 k 的数据聚类和分析。

初始化：给定类的个数 k，置 $j=0$，从样本向量中任意选定 k 个向量 $c_1^j, c_2^j, \cdots, c_k^j$ 作为聚类中心，$c_i^j=[c_{i1}^j, c_{i2}^j, \cdots, c_{in}^j,]$，（$i=1, 2, \cdots, k$）。其中，$n$ 为输入向量的维数，并记中心为 c_i^j 的聚类块为 c_i^j。

第六节 Clementine辅助K-Means聚类

表 3-1 是我国 35 个大中城市城镇居民家庭基本情况的数据。要求应用 K-Means 聚类方法分析大中城市城镇居民家庭情况的相似性。

表3-5 35个大中城市城镇居民家庭基本情况

地区	调查户数（户）	平均每户家庭人口/人	平均每户就业人口/人	平均每一就业者负担人数/人	平均每人实际月收入/元	人均可支配收入/元	人均消费支出/元
北京	1000	3.00	1.66	0.55	1061.39	997.53	774.95
天津	1500	3.03	1.45	0.48	734.33	695.10	489.58
石家庄	400	2.99	1.47	0.49	618.1	573.70	463.13
太原	300	2.96	1.50	0.51	579.92	553.29	407.53
呼和浩特	400	2.79	1.33	0.48	532.93	517.62	368.85
沈阳	500	3.04	1.83	0.60	585.01	534.97	479.76
大连	500	3.04	1.68	0.55	670.63	633.49	554.89
长春	300	3.07	1.76	0.57	633.01	603.72	410.61
哈尔滨	500	3.01	1.50	0.50	552.66	534.04	414.32
上海	500	2.92	1.55	0.53	1115.54	1025.21	717.62
南京	300	2.90	1.62	0.56	782.37	720.79	607.94
杭州	300	2.98	1.53	0.51	942.56	828.78	737.96
宁波	200	3.02	1.74	0.58	1084.63	975.47	626.24
合肥	200	2.96	1.53	0.52	570.18	536.12	474.56
福州	300	3.11	1.64	0.53	668.7	633.68	581.22
厦门	200	3.22	1.79	0.56	901.09	818.94	689.21
南昌	300	3.14	1.56	0.50	502.74	484.06	359.81
济南	300	3.01	1.62	0.54	800.89	741.27	503.75
青岛	400	2.88	1.47	0.51	729.53	651.53	531.23
郑州	400	2.94	1.25	0.43	696.35	661.43	475.17
武汉	500	3.06	1.45	0.47	669.39	639.97	536.19
长沙	200	3.02	1.56	0.52	622.84	569.35	547.98

【续表】

地区	调查户数（户）	平均每户家庭人口/人	平均每户就业人口/人	平均每一就业者负担人数/人	平均每人实际月收入/元	人均可支配收入/元	人均消费支出/元
广州	300	3.14	1.65	0.53	1252.88	1093.15	890.88
深圳	100	3.23	1.80	0.56	1652.93	1543.70	1556.45
南宁	200	3.00	1.63	0.54	667.60	623.47	505.16
海口	200	3.49	1.63	0.47	701.93	657.77	544.14
成都	300	3.11	1.40	0.45	581.96	549.21	459.62
重庆	300	2.93	1.32	0.45	679.08	634.39	547.68
贵阳	200	3.21	1.47	0.46	555.67	536.70	472.37
昆明	300	2.92	1.43	0.49	616.81	582.17	483.98
西安	300	3.01	1.50	0.50	549.06	505.14	427.19
兰州	300	2.98	1.45	0.49	523.32	494.39	400.51
西宁	300	2.97	1.19	0.40	532.41	504.60	354.45
银川	400	2.89	1.26	0.44	550.72	525.18	417.81
乌鲁木齐	400	2.86	1.49	0.52	629.55	586.42	525.02

将其做成 SPSS 的数据文件：35 个大中城市城镇居民家庭基本情况 .sav。使用 Clementine 进行 K-Means 聚类过程如下：

1）导入数据文件

在 Clementine 中，用户可以使用 6 种形式的文件（SPSS，SAS，数据库文件等），在结点面板（Nodes Palette）中"Sources"标签下选择"SPSS File"，双击将其放入主窗口，右键选择"Edit"，弹出导入文件窗口，在 Data 标签下的"Import file"中打开 SPSS 的数据文件，这里选择"35 个大中城市城镇居民家庭基本情况 .sav"文件。继续选择"Types"标签，聚类前需要把数据读入 Clementine，所以需要单击选项"Read Values"，读入数据，完成了基本的导入文件操作。

可以查看导入的 SPSS 数据在 Clementine 中的存储情况。在结点面板中"Output"标签下选择"Table"，放入主窗口，选中主窗口中的 SPSS 文件图标，按 F2 键将其与"Table"结点连接，Ctrl+E 执行，此时系统自动弹出一张数据表，表中的数据和 SPSS 的原文件中的数据一样。

2）执行 K-Means 聚类

首先需要在结点面板中"Modeling"标签下选择"K-Means"放入主窗口，把它与 SPSS 文件图标的结点连接起来，右键选择"Edit"，弹出的编辑窗口，一般需要设置"Model"

和"Expert"两个标签中的属性。

首先选择"Model"，在此选项中，有以下参数进行选择：

（1）"Model name"是确定主窗口中"K-Means"图标的名称，选中"Auto"则默认名称是"K-Means"，选择"Custom"可以自行输入名称。

（2）"Specified number of clusters"是用来确定聚类的个数，系统默认是 5。

（3）"Generate distance field"和"Show cluster proximity"是用来控制聚类后结果的显示。前者被选中，如果输出结果用"Table"显示，则将在输出表中产生一个字段，该字段表示每个样本与各自类中心的"距离"；如果后者被选中，在结果中将会显示类与类之间的近似程度。

（4）"Cluster label"中，如果选中"Number"，则下面的"Label prefix"不可选，且在用"Table"显示结果的时候，各样本隶属的类是以数值型的数据出现。如果选中"String"，可在"Label prefix"中自行定义输入名称"×××××"，同时，在用"Table"显示结果的时候，每个样本对应的类将会用"×××××-n"表示出来。

接下来选择"Expert"，此选项中有三项内容需要设置：

（1）"Mode"确定采用何种模式。"Simple"是简单模式，选中后其余各项均不能再做改动；选中"Expert"则可继续更改聚类属性。

（2）"Stop on"中选择"Custom"可以修改"Maximum Iterations"（最大迭代次数）和"Change tolerance"（聚类中心的变化值，默认是 0.000001）。

（3）"Encoding value for sets"是介于 0 和 1 中的值，默认是根据需要完成上面的设置后，选中"Execute"键运行，系统将开始进行聚类。

3）结果分析

运行完毕，在 Clementine 的"Managers"窗口的"Models"标签下将产生结点"K-Means"，双击放入主窗口中，并将其与 SPSS 的文件图标结点连接起来，为了更好地查看结果，可以再添加一个"Table"，将其与"K-Means"连接，产生了一条聚类分析的链。

35 个大中城市城镇居民家庭基本情况 .sa..K-MeansTable

（1）双击"K-Means"，自动弹出窗口，在"Model"标签页内显示的是 35 个城市根据居民家庭的基本情况被分为 5 类，第一类有 6 个样本，即有 6 个城市是属于这一类；第二类有 16 个城市；第三类只有 1 个城市；第四类有 3 个城市；第 5 类有 9 个城市。单击"Expand AU"，将在每一类中显示出各自的类中心各项的值。如：对于第一类的 6 个城市，因为城市居民家庭的基本情况共有 6 个指标：人均可支配收入、人均消费支出、平均每一就业者负担人数、平均每人实际月收入、平均每户家庭人口和平均每户就业人口，该图中每项指标后的数值就是该类中心的实际取值。在此需要强调的是，如果最初在确定类中心时选择的类数是其他值时，聚类结果将会有较大变化。如果，如前所述，"K—Means"→"Model"→"Show cluster proximity"被选中，则此时在图中每一类后面还将会有一项内容，用来显示该类与其他各类的相似程度。

（2）对于"Table"，右键单击"Execute"，系统将自动生成一张聚类后的结果表。可以发现此表比进行聚类之前多了一个字段"$KM-K-Means"，该字段直观地反映了各样本所在的类别。还应注意的是，如果，如前所述，"K-Means"→"Model"→"Generate distance field"被选中，则此时在上表中还会再多出一个字段"$KMD-K-Means"，该字段主要反映每个样本与各自所在类中心的"距离"。

第七节　模糊聚类

硬聚类在实际问题中往往不满足"非此即彼"的条件，此时需要考虑用模糊语言描述的问题，即有些事物或特征不是仅仅属于某一特定的类，而是"既此又彼"，只是属于不同类的程度有所不同。比如：某人身高175cm，他在南方应该属于高个子的一类，但他在北方可能就是中等身高的一类。为此，引入模糊聚类的算法，最常用的是模糊C-Means（FCM）算法。

一、模糊 C-Means（FCM）算法

模糊C-Means（FCM）算法是一种基于目标函数的聚类算法，其目标函数为

$$\begin{cases} \min J_{FCM}(U,P) = \sum_{i=1}^{c}\sum_{j=1}^{n}(\mu_{ij})^m(d_{ij})^2 \\ s.t.\mu_{ik} \in [0,1], \forall i,k; \sum_{i=1}^{c}\mu_{ik} = 1, \forall k; 0 < \sum_{i=1}^{c}\mu_{ik} < n, \forall i \end{cases}$$

式中：i 为类别下标（$i=1,2,\cdots,c$）；k 为元素下标（$j=1,2,\cdots,n$）为元素总数；U 为隶属度矩阵，U=（u_{ik}），u_{ik} 表示第 k 元素隶属于第 i 类的隶属度；距离用 $d_{ik}^2 = (x_k-v_i)^T(x_k-v_i)$ 表示。

二、WFCM 算法

某些样本点对分类有较重要的地位，有的对分类则不那么重要。比如在有噪声的样本集中，噪声点就应该是对分类不重要的样本点，但在 FCM 中体现不出这一点。WFCM 算法是在 FCM 算法中加了一个权 P_i，P_i 表示第 i 个样本点对分类的影响程度，P_i 称为样本点的密度，其表达式为

$$P_i = \frac{z_i}{\sum_{k=1}^{n}z_k}$$

其中

$$z_i = \sum_{k=1,k\neq i}^{n} \frac{1}{D_{ik}^{\alpha}}, D_{ik} = \|x_i - x_k\|$$

第八节 聚类有效性

由于不同聚类问题定义的相似度不同，且最优聚类数难以直观确定，因而，如何判别聚类的有效性以及聚类结果的可应用性，成了聚类研究的主要问题。

一、基于可能性分布的聚类有效性函数

依据模糊集理论中的可能性分布概念，定义一个可能性划分系数 P（U；c），通过模糊划分系数 F（U；c）和可能性划分系数 P（U；c）可以定义一个新的聚类有效性函数。

二、基于模糊相关度的聚类有效性函数

划分系数是模糊聚类有效性问题研究中提出的第一个实用的聚类有效性函数。Bezdek曾通过聚类与聚类之间的关联度来解释划分系数。划分系数是基于数据集的模糊划分模式引入的。

第四章　流数据挖掘技术

面对持续到达、速度快、规模宏大的流数据，流数据挖掘的核心技术是在远小于数据规模的内存中维护一个代表数据集的结构。概要数据结构（Synopsis Data Structure）。在此基础上完成各项挖掘任务（包括分类、关联规则挖掘、聚类等），并通过流数据挖掘管理系统将各类流数据挖掘算法付诸实际应用，现有的流数据挖掘研究内容主要包括：流数据模型、流数据概要数据结构、流数据挖掘算法、流数据挖掘管理系统。

第一节　流数据挖掘技术概述

流数据挖掘（Streammg Data Mining）指在"流数据"上发现并提取隐含的、事先未知的、潜在有用的信息和知识的过程。传统的聚类分析基于数据库技术，可对所有数据进行储存、反复读取，因此可通过复杂的计算来得到精确的聚类结果而在流数据环境下，数据连续、快速、源源不断地到达，反复存取操作变得不可行，其隐含的聚类可能随时间动态地变化而导致聚类质量降低，这就要求流数据聚类算法能快速增量地处理新数据，简洁地表示聚类信息，稳健地处理噪声和异常数据。

一、流数据概念

Henzinger 等人在论文 Computing on Data Stream 中首次将"流数据"作为一种数据处理模型提出来：流数据是一个以一定速度连续到达的数据项序列 $x_1, \cdots, x_i, \cdots, x_n, \cdots$，该数据项序列只能按下标 i 的递增顺序读取一次。流数据是现象驱动的，其速度和到达次序无法被控制。流数据通常是潜在无限的，且数据可能的取值是无限的，处理流数据的系统无法保存整个流数据。流数据挖掘的对象可以是多条流数据，也可以是单条流数据。挖掘多条流数据的主要目的是分析多条并行到达的流数据之间的关联程度。对单条流数据的挖掘则涵盖了分类、频繁模式挖掘、聚类等多项传统数据挖掘中的主要任务。从 2000 年开始，流数据挖掘作为一个热点研究方向出现在数据挖掘与数据库领域的几大顶级会议中，如 VLDB、SIG-MOD、SIGKDD、ICDE 等每年都有流数据挖掘的相关专题。目前流数据挖掘的研究成果已经应用在很多领域：如金融管理、网络日志、商品销售分析、交通、每日天气变化、安全防御、电信数据管理、传感器网络、情报分析、股票交易、电子商务、卫星遥感和科学研究等。

对于流数据，可以从狭义和广义两个方面进行理解：

狭义的流数据是指，更新变化较快且数量无限增长的数据集合。典型代表为路由器所处理的数据包，以及传感器网络的数据等。这些数据被源源不断地产生，不可能也没必要存储全部数据，因为这样的数据带有明显的时效性。

广义的流数据是指，只能进行线性扫描操作的超大规模数据集合，例如客户点击流、电话记录、网页的集合、金融交易以及科学观测数据等。将这些超大规模的数据集合中的所有数据存放在主存中进行运算是不可行的，在这种情况下，线性扫描是唯一有效的存取方法，而对数据的随机存取十分"昂贵"。此时，处理广义数据时所受到的限制与处理狭义的流数据基本一致。因此，两者都被认为是流数据的不同存在形式。

二、流数据模型

目前，在流数据研究领域中存在多种流数据模型。不同的流数据模型具有不同的适用范围，需要设计不同的处理算法。可以分别按照以下两种方式对这些模型进行划分：

1）按流数据中数据描述现象的方式划分

设流数据中的数据项 $x_1, \cdots, x_i, \cdots, x_n, \cdots$，依次按下标顺序到达，它们描述了一个信号 A。按 x_i 描述信号 A 的方式，流数据模型可分为以下几类，

①时序（Time Series）模型

②现金登记（Cash Register）模型

③十字转门（Turnstile）模型

在上述 3 种模型中，十字转门模型最具一般性，适用范围最广，处理难度最大。时序模型常用于流数据分类与聚类，它们将流数据中的每个数据项看作一个独立的对象。现金登记模型常用于流数据的频繁模式挖掘。当同时存在流数据的插入和删除操作时，应用的流数据模型为十字转门模型。

2）按流数据元素选取的时间范围划分

由于流数据潜在无限长，在处理流数据时，并不能将流数据所有数据元素作为处理对象，而只能根据应用需求选取某个时间范围内的流数据元素进行处理。按流数据元素选取的时间范围，可将流数据模型分为：

①快照模型（Snapshot Model）

处理数据的范围限制在两个预定义的时间戳之间，$(s_1, s_2]$，其中 s_1、s_2 为某两个已知的时间点。

②界标窗口模型（Landmark Window Model）

处理数据的范围从某一个已知的初始时间点到当前时间点为止，流数据处理范围是 $(s, n]$，其中 s 为某一已知的初始时间点，n 为当前时间点。

③滑动窗口模型（Sliding Window Model）

处理数据的范围由某个固定大小的滑动窗口 W 确定，此滑动窗口的终点永远为当前时

刻 n，即流数据处理范围是（max（0，n–W+1），n]。

④衰减窗口模型（Damped Window Model）

处理数据的范围从初始时间点到当前时间点，查询范围是（0，n]，其中，查询范围内的各个元组的权重根据某种衰减函数随时间 t 不断衰减，即较早到达的元组具有较小权重，较晚到达的元组具有较大权重。

这四种模型中，后三者范围比较广泛。其中，当界标模型将流数据的起始点作为数据处理的初始时间点时，即为衰减窗口模型。此时，算法对流数据中所有数据进行处理，流数据上只存在插入操作。在滑动窗口模型中，窗口随着数据的流入向前滑动，窗口中存在数据的插入和删除，适用于只要求对最近时间段内的数据进行处理的应用。

在实际应用中，这四种窗口模型的选取往往根据用户的需求而定。无论具体采用哪一种（或几种）窗口模型，流数据挖掘都具有相同的挖掘框架。

在该框架模型中，流数据挖掘算法需在内存中维护一个概要数据结构。流数据挖掘算法从流数据中不断接收新到达的元组，当处理一个新元组时，挖掘算法通过增量计算更新概要数据结构。当接收到挖掘请求时（也可能是连续挖掘请求），挖掘算法从概要数据结构中获取信息，调用概要数据处理过程，最后输出算法所挖掘出的（近似）结果。

三、流数据挖掘算法特点

流数据实时、连续、有序、快速到达的特点以及在线分析的应用需求，对流数据挖掘算法提出了诸多挑战。流数据对挖掘算法的典型要求如下：

1）单次线性扫描

除非刻意保存，算法只能按数据的流入顺序，依次读取数据 1 次。

2）低时间复杂度

算法是在线算法，为了跟上流数据的流速，算法处理每个数据项的时间不能太长。算法的时间复杂度通常以每个数据项到来时，更新概要数据结构或目标计算结果所需要的时间来衡量。理想的情况是，算法处理每个数据项的时间为常数。其中，概要数据结构是算法为支持目标计算而在内存中保存的流数据的压缩信息。对于构建概要数据结构的算法，通常没有对在概要数据结构上计算目标函数所需要的时间做严格的要求。

3）低空间复杂度

算法是主存算法，其可用的空间是有限的，算法的空间复杂度不能随数据量无限增长，理想的情况是它与流数据长度 N 无关；但是，目前大部分问题都无法找到这样的解。因此，这个要求就让步为找到空间复杂度为 O（poly（logN））的算法，即次线性算法。

4）能在理论上保证计算结果具有好的近似程度

由于单次线性扫描以及时间与空间的限制，流数据算法往往只能得到对所处理的问题的近似计算结果。能在理论上保证其计算结果的近似程度，是算法应该考虑的一个问题。

5）能适应动态变化的数据与流速

产生数据的现象可能在不断变化，导致数据内容与流速的改变。算法的自适应性是指当流数据内容或流速受各种因素的影响而发生改变时，算法能够根据这些改变自动调整计算策略与计算结果。

6）能有效处理噪声与空值

这是一个具有健壮的算法所必须具有的能力。

噪声与空值是一个健壮的算法所必须解决的问题。对于流数据挖掘算法，这个问题显得更为突出。这是因为在挖掘数据库中的静态数据集之前，通常会进行数据的预处理，消除数据中的噪声与空值。而在线进行的流数据挖掘过程中，无法在挖掘前对数据进行预处理。而且，流数据中的数据在采集以及传输过程中，都可能出现错误，产生噪声或空值。流数据的动态变化性更进一步增加了噪声识别的困难。当产生流数据的现象发生改变时，新数据无法被现有数据模型所描述，可能被误认为是噪声。

7）能做"on demand"的挖掘

能响应用户在线提出的任意时间段内的挖掘请求。在一些应用中，用户可能在流数据流入过程中提出对某个时间段内的数据进行挖掘的请求。能回答这种请求的算法被称为"具有 on demand 回答能力"的算法。算法通常采用多窗口技术来近似解决这类问题。能对挖掘请求给出 anytime 的回答，算法在任何时刻都能给出对当前数据最精确的计算结果。这要求算法每读取一个数据项，就更新处理结果。

8）能做"anytime"的回答

算法在任何时刻都能给出当前数据的挖掘结果。有些算法构建的概要数据结构只能用来支持算法的目标计算。有的概要数据结构是对流数据中的数据进行一般性的压缩，还可用来支持其他计算。这样的概要数据结构显然比只能支持当前计算的概要数据结构更为有用。

9）建立的概要数据结构具有通用性

算法所构建的概要数据结构不仅能支持算法当前的目标计算，而且能支持其他类型的计算。计算资源相对有限的流数据应用，除了对流数据挖掘算法提出了共性要求外，还对聚类分析提出了一系列具体要求和新的挑战：

1）新型的簇表示法

流数据上的簇表示法主要应具有空间节省和具有时间特征两方面特性：

①空间节省

传统数据聚类，尤其是基于层次和密度的算法，往往需保留簇中各个数据点甚至是通过簇中所有数据点来进行簇的描述；然而，这类簇表示法在流数据环境下已不再适用。随着新数据点的不断到达，保留簇中所有数据点会带来无限增长的存储开销。因此任何流数据聚类算法都无法将所有数据点保留下来，实现对数据簇的描述。此外，由于流数据聚类的实时性，我们只能利用内存资源处理这些原始数据点，且难以实时地将原始数据点存入其他存储设备，因而流数据上的簇表示法必须是空间节省的。

②时间特征

传统数据聚类往往是对数据库中的静态数据进行聚类，簇的时间特征要求并不明显；然而在流数据动态环境下，新簇随时间不断产生，旧簇随时间不断消亡。此外，流数据上的聚类分析请求也往往具有时间属性，即用户往往只关心一段时间窗口的簇。因而，流数据聚类算法中的簇表示法应具有时间特征。

2）快速检测并消除"离群点"影响的策略

流数据聚类过程中，往往会出现一些新到达数据点无法被现有簇所吸收的情况。我们将这类数据点称为"离群点"。在流数据中产生"离群点"主要有如下两类情况：

①由于流数据的动态特性

流数据中的数据分布往往随时间不断发生变化，从而导致一些新数据点无法被现有的簇所吸收。这些无法被现有簇所吸收的新数据点往往代表着一类新出现的簇。

②在流数据应用中

受各种因素的干扰（如传感器受外部电磁干扰），往往会随机出现一些噪声，这些噪声同样表现出无法被现有簇所吸收的特点。

在传统聚类挖掘中，数据集中的簇与离群点是确定且不随时间变化的。然而在流数据环境下，"离群点"却有可能长成为新的簇，例如第一种情况中的"离群点"，往往代表一个新簇的出现。第二种情况中的"离群点"才是在流数据环境下真正需要消除其影响的对象。如何快速而准确地检测并处理这两类不同的"离群点"，是流数据聚类分析所面临的新挑战。

3）快速增量处理新到达数据点的策略

这个需求也是由流数据中海量数据高速到达所造成的。在流数据聚类过程中，这往往不是一个容易达到的需求。这是因为，对新数据点的处理往往取决于该数据点与已往数据点的相似程度关系。这种相似度的度量通常基于某种评价函数。该评价函数需具有如下两个特性：

①对新数据点与旧数据点的相似度评判，要求不应保留旧数据点。

②评价函数应当具有较小的计算复杂度，适合于大数据量的实时在线处理。

第一个特性再次提出了对数据簇表示的空间节省要求，此外，还要求该评价函数有利用当前簇结构进行相似度评判的能力。第二个特性对评价函数的计算复杂度方面提出要求，通常计算复杂度应至多与当前簇结构个数呈线性。

4）高维流数据聚类分析

即使在传统静态数据集上，高维数据的聚类问题也极具挑战性。高维数据流环境下的聚类分析，需要兼顾"维数"与"大量、快速、无序到达的数据"对于聚类效果的双重影响。这要求在构造低时空复杂度的流数据聚类算法的同时，对高维数据进行维数约减。高维流数据聚类分析是流数据聚类分析领域的一大难点问题。

第二节 流数据挖掘技术分类

流数据的聚类算法中，常用的技术包括概要数据结构、滑动窗口技术、近似技术、多窗口技术、衰减因子等。

一、概要数据结构

通常情况下，由于流数据的特点，数据量远远大于可用内存，系统无法在有限的内存中保存所有扫描过的数据，流处理系统必须在内存维持一个概要数据结构，以避免代价昂贵的磁盘存取。目前，生成流数据概要数据结构的主要方法包括直方图方法、随机抽样方法、小波变换、Sketching、Loadshedding 和哈希方法等。

1）直方图方法

直方图是一种常用的概要结构表示方法，可用于简洁地表达一个数据集合的数据值分布情况。主要的直方图可以划分成多种，例如等宽直方图（Equi-width Histogram）、V- 优化直方图（V-Optimal Histogram）和压缩直方图（Compressed Histogram）等。

①等宽直方图将值范围数据分割成近似相等的部分，使各个桶的高度比较平均。尽管这种方法易于实现，但是这样统一的取样并不适合所有的应用。

② V- 优化直方图的基本思想是桶的大小要使每个桶之间的变化的不一致性达到最小，从而可以更好地表述数据的分布。

③压缩直方图可以看成是等宽直方图的一个扩充。如果数据集中存在某些所占比例特别大的元素，等宽直方图表示法就会产生较大的误差。压缩直方图为那些热门元素单独创建桶，对其他元素仍然采用维护等宽直方图的方法，因而能够更真实地模拟数据集。

2）随机抽样方法

为了避免存储整个流数据，可以周期地对流数据进行随机取样。抽样方法是从数据集中抽取小部分能代表数据集合基本特征的样本，并根据该样本集合获得近似查询结果。抽样方法可以分成均匀抽样（Uniform Sampling）和偏倚抽样（Biased Sampling）两种：在均匀抽样方法中，数据集中各元素以相同的概率被选取到样本集合中；在偏倚抽样方法中，不同元素的入选概率可能不同。水库抽样方法（Reservoir Sampling）和精确抽样方法（Concise Sampling）都属于均匀抽样方法，而计数抽样方法（Counting Sampling）则属于偏倚抽样方法。

①水库抽样方法单遍地扫描数据集，生成均匀抽样集合

令样本集合的容量为 S 在任一时刻 N，流数据中的元素都以 S/N 的概率被选取到样本集合中去。如果样本集合大小超出 S。则从中随机去除一个样本。该方法的表达效率不高。

②精确抽样方法改进了样本集合的表示方法

对于仅出现一次的元素，仍然用元素代码表示；对于多次出现的元素，则利用结构

< value，count >表示。其中，value 表示元素代码，count 表示样本集合中该元素的数目，如样本集合（1，1，1，1，1，1，2，2，2，3…）可表示为（< 1，6 >，< 2，3 >，…）。该方法可以大大地节约空间开销。

③在计数抽样方法中

当样本集合溢出时，首先将概率参数 T 提高到 TC。对于其中的任意一个元素．首先以概率 T/TC，之后以概率 1/TC 判断是否减去 1。一旦该计数器值降为 0，或者某一次随机判断之后计数器的值没有减小，则终止对该元素的操作。该方法能有效地获得数据集中的热门元素列表。

3）小波变化方法

小波变化方法（Wavelet）是一种通用的数字信号处理技术。类似于傅立叶变换，小波分析把输入的模拟信号量进行转换，变换成一系列的小波参数，并且少数几个小波参数就拥有大部分能量。根据这个特性，可以选择少数小波参数，近似还原原始信号。小波种类很多，最常见且最简单的是哈尔小波（Haar wavelet）。

小波分析方法被广泛应用到数据库领域，例如对高维数据进行降维处理、生成直方图等。利用小波技术可以估算任一元素的数值或者任一范围之和（Range sum），即某一区间内所有元素之和。

4）哈希方法

计算机领域的一个常用手段是定义一组哈希函数（Hash Function），将数据从一个范围映射到另一个范围中去。流数据应用中通常利用 3 种哈希函数生成概要数据结构：Bloom Filter 方法、Sketch 方法和 FM 方法。

① Bloom Filter 方法

使用一小块远小于数据集数据范围的内存空间表示数据集。假设所申请的内存大小为 m 比特位，创建 h 个相互独立的哈希函数，能将数据集均匀映射到 [1，m] 中去。对任何元素，利用哈希函数进行计算，得到 h 个 [1，m] 之间的数，并将内存空间中这 h 个对应比特位都置为 1，这样就可以通过检查一个元素经过 h 次哈希操作后，是否所有对应的比特位都被置 1 来判断该元素是否存在。然而这种判断方法可能会产生错误，因为有时某元素并不存在，但是它所对应的 h 个比特位都已经被其他元素所设置了。

② Sketch 方法

能够解决流数据中的很多问题，例如，估计数据集中不同元素的个数、估计数据集的二阶矩大小（数据集自连接的大小）、获得数据集中热门元素的列表等。

③ FM（Flajolet-Martin）方法

求解数据集中不相同元素的个数（即 F_0）的有力手段。它所采用的哈希函数将一个大小为 M 的数据集映射到范围 [0，log（M-1）] 中去，且映射到 i 的概率是 1/（2i+1）。假设不相同元素的个数是 D，且哈希函数独立随机，则恰有 D/（2i+1）个不同元素映射到 i。这个性质可以用于估计 D 的值。

二、滑动窗口技术

滑动窗口是一种控制技术。早期的网络通信中，通信双方不会考虑网络的拥挤情况直接发送数据。由于大家不知道网络拥塞状况，一起发送数据，导致中间结点阻塞调包，谁也发不了数据，所以就用了滑动窗口机制来解决此问题。滑动窗口技术的主要思想是保存滑动窗口内的所有数据，当某个数据滑出窗口时，将其从计算结果中删除这个数据的值。另一种方法是使用小于滑动窗口内数据体积的空间，这种方法支持滑动窗口上计算的增量式更新，减小滑动窗口内数据所占用的空间，但以降低滑动窗口上的计算精度为代价，如 StaStream 算法。

1）指数直方图技术

指数直方图技术是最早用来生成基于滑动窗口模型的概要数据结构的方法。传统的直方图技术将数据集划分成多个桶，相邻桶的元素值连续；而指数直方图则是按照元素的到达次序构建桶。桶的容量按照不同级别呈指数递增，从小到大分别是 1，2，4，8，…，各个级别桶的个数均不超过一个预定义的门槛值。每"看到"流中的一个元素，就根据应用需求决定是否创建一个最低级别的桶。指数直方图能够解决滑动窗口模型下的很多问题，例如基本计数（Basic Counting）问题、求和问题、方差问题等。

2）基本窗口技术

基本窗口技术将大小为 W 的窗口按照时间次序划分成 k 个等宽的子窗口，称为基本窗口，每个基本窗口包含 W/k 个元素，且由一个小结构表示基本窗口的特征。如果窗口所包含的元素均已过期，则删除表征这个基本窗口的小结构。用户可以基于这些未过期的小结构得到查询结果。这种方法还可以用于获得数据集中的热门元素列表。

3）链式抽样（Chain-sampling）技术

链式抽样方法能够获得在滑动窗口上均匀抽样的样本集合。假设窗口大小是 W，则在任何时间点 n，流中的元素以概率 $1/\min(n, W)$ 被添加到样本集合中去。当元素被选择到样本集合中去时，必须同时决定一个备选元素，以便于当这个元素过期时，利用备选元素代替该元素。由于在流数据中不能够预测将来的数据，因此，实际上仅从 $[n+1, n+W]$ 中随机选取 1 个数作为备选元素的时间戳 t。当到达时间点 t 时，这个备选元素才最终被确定。备选元素以后也会过期，因此也需要为它选择一个备选元素，方法同上。可以看出，样本集合中的任一元素，均有一个备选元素的"链"，元素过期后，马上用"链"上的下一个元素取代它。

三、多窗口和衰减因子技术

多窗口技术是指在内存或磁盘中保存数据流上多个窗口内数据的概要信息。多窗口技术是将数据流划分为多个固定长度的段，每个段都形成一个窗口。当内存中的窗口数达到一定数目时，合并这多个窗口，形成概要层次更高的窗口。每个窗口相当于一个数据流上两个预定义的时间戳之间数据的快照。另一类多窗口算法中，窗口中的数据存在重叠，窗口的范围都是从数据流起始点到窗口建立的时刻点。

衰减因子用来消除历史数据对当前计算结果的影响，从而获得更准确的结果。每个数据项都被乘以一个随时间不断减小的衰减因子再参与运算。一般情况下，衰减因子都用一个随时间递减的指数函数来实现。数据项对计算结果的影响随时间的推移而减小，体现出当前数据的重要性，不断删除时间最久的数据。这种方法也节约了存储空间。

流数据衰减窗口模型，将流中的每个数据乘以一影响因子，离当前时刻越远的数据，其影响因子越小。影响因子可通过衰减函数来表达，如指数衰减函数、线性衰减函数等。

Cohen 和 Kopelowit 等人研究利用衰减函数有效地进行流数据上的聚集量（Aggregation）的计算。聚集量是许多流数据应用要想获取的值，也可看作是一种流数据的概要结构，是一种较为简单的结构。Cormode 等人考虑如何有效计算指数衰减的聚集量。Palpanas 等人提出了一种处理流数据中数据的衰减特性的方法，他们的方法能处理任意用户定义的数据衰减函数。Zhao 等人提出了一种框架结合了数据的表达方法和数据重要性的可变性，但他们的方法是以流数据的全部数据可多次读取为前提的，数据衰减的速度不受用户应用场合需求控制。Bulut 等人设计了一种称为 SWAT 的基于小波的树形结构，动态地维护一组流数据上的小波系数，具有表达遗忘特性的能力，但同样其数据衰减的速度是不可控制的，且 SWAT 结构用于小波概要。Potamias 等人设计了一种类似的称为 AmTree 的树形结构。Aggarwal 等人采用金字塔时间窗口（Pyramidal Time Frame）的方式中用倾斜时间窗口（Tilted Window）方式来保存流数据的概要信息，用于流数据的分类等处理，这种方式对较远的数据采用更粗的粒度，同样具有数据衰减的特性。

四、近似技术、自适应技术和子空间技术

1.近似技术

近似技术说明，实际的聚类过程中会不可避免地存在着信息的损失，也只能近似还原原有数据。基于多窗口技术和衰减因子的算法等也都是近似算法。

2.自适应技术

流数据具有时序的、动态变化的特性，因此，处理流数据的算法必须能够根据数据点的分布情况和流数据流速的变化自动调节算法的处理策略。在流数据聚类中，所用到的自适应技术主要是调整阈值参数，根据系统 CPU 和内存的使用情况来调整聚类的粒度，实时反馈有效的聚类结果，从而获得更好的结果。

1）自适应内存的技术

自适应内存的技术根据所需内存的容量大小来改变微簇界限半径 RCLimitingRadius）的方法实现。这样可以促进或者阻碍新微簇的形成：增大阈值会防止新微簇的形成，减少阈值会促使新微簇的形成。

2）自适应 CPU 负载的技术

自适应 CPU 负载的技术是使用根据 CPU 负载情况选择分配簇的方法实现的。在 CPU 高负载的情况下，也即 CPU 利用率太高，仅剩比较少的计算能力时，一个新数据点到来要为其分配微簇时，不是检查所有的微簇，而是仅检查当前微簇中欲指定的一部分。在 CPU 低负载情况下，也即 CPU 利用率低，剩比较多的计算能力时，确定新来数据点簇的分配时需要检查所有的微簇，簇选择因子为 100%。随着负载的增加，簇选择因子也会随之减小，即选择的微簇数减少，只选择当前微簇中的一部分来分配新来的数据点。通过减小聚类过程中被检查微簇的数目来减小 CPU 负载。当然，有可能出现离新到数据点最近的微簇未被选中可能导致不理想的分配。而且随着 CPU 负载的增加，簇选择因子变得更小，这种情况发生的可能性就更大。但即使这种情况发生，数据点也将会合理地分配到距离较近的微簇中，聚类精度不会受到太大的影响。

3.子空间技术

采用子空间聚类的关键就是如何发现某个聚类及与其相关的子空间。子空间聚类是在高维数据空间中对传统聚类算法的扩展，是实现高维数据聚类的有效途径之一。子空间聚类主要是试图在相同数据集的不同子空间上发现聚类。子空间聚类算法能在较低的维上聚类，解决高维数据的"稀疏性"问题，并且每个簇的相关维集是根据数据流的进化不断更新的，从而提高了聚类的精度。

第三节　流数据聚类算法

聚类的基本思想是将对象集合分割成不同的类，每个类内的对象相似，而类之间的对象不相似。尽管聚类问题在数据库、数据挖掘和统计等领域得到了广泛研究，流数据的分析仍对聚类算法提出了前所未有的挑战。流数据随时间不断变化，其隐含的聚类可能随时间动态地变化而导致聚类质量降低，这就要求流数据聚类算法能快速增量地处理新数据，简洁地表示聚类信息，稳健地处理噪声和异常数据。随着应用领域中产生的数据流信息不断增多，与数据流相关的聚类技术的研究发展也非常迅速，但是数据流的特点为聚类算法提出了前所未有的挑战，因为新算法需要能够只使用新数据就能追踪聚类的变化，这就要求算法必须是增量式的，要尽可能少地扫描数据集，而且对聚类的表示要简洁，对新数据的处理要快速，对噪声和异常数据要稳健。近年来，有学者提出了应用于大规模数据集的一趟聚类算法，如 Squeezer 算法和 BIRCH 算法，它们可以应用于某些流数据的问题。也有学者提出了针对流数据的聚类算法，典型的有 STREAM 算法和 CluStream 算法等。此外，基于动态网格的流数据聚类算法能够发现任意形状的聚类，针对流数据时效性提出的进化聚类算法等均是流数据聚类领域的研究热点。此外，研究如何在流数据聚类过程中有效识别孤立点，其相关理论和技术也可应用于流数据变化挖掘及突变检测等研究。

按照算法处理流数据对序范围的不同，流数据聚类分析算法可分为以下两种：

（1）单遍扫描数据库算法

包括某些传统聚类算法，如 K-means/medians 和 BIRCH 算法，以及扩展的 K-means/medians 划分聚类算法，如 STREAM 算法。传统聚类分析中，一些单遍扫描数据库聚类算法可应用于大规模数据集，即可用于广义的流数据聚类应用中。此外，专门针对流数据设计的聚类算法多是在传统基于 K-means/medians 划分聚类算法的基础上改进而来的，使其能够单次扫描数据库，即扩展 K-means/medians 划分聚类算法。

（2）进化流数据聚类算法

包括双层结构聚类算法，如 CluStream 算法，以及扩展的基于网格和密度的聚类算法，如 I > Stream 算法和 ACluStream 算法。单遍扫描数据库聚类方法的缺点在于，只能提供对当前数据流的一种描述，而不能反映数据流的变化情况。为了克服这一缺点，研究人员提出了几种进化流数据聚类算法，这些算法认为流数据是随时间不断变化的过程，而不是一个整体，常采用基于时间窗口的聚类算法进行聚类。这类聚类算法可较好地适应分布随时不断变化的数据流的聚类要求。

在最近的数据聚类研究中，有将多种原有技术进行结合使用，也有很多新颖的方法不断出现，其中受到广泛关注的 3 类方法——基于网格的数据流聚类技术、子空间聚类技术、混合属性数据流聚类，代表了当前数据流聚类研究的主流方向。

一、CluStream 算法

由 Aggarwal 等人提出的 CluStream 算法就是一种典型的基于层次的聚类方法，该算法就基于改进的层次算法 BRICH。其次将数据流看成一个随时间变化的过程，而不是一个整体进行聚类分析。算法有很好的可伸缩性，可得到高质量的聚类结果，特别是当数据流随时间变化较大时能得到比其他数据流聚类算法更高质量的聚类结果。CluStream 算法不仅能得到整个数据流聚类结果，还可得到任意对间范围内的聚类结果。该算法提出一种专门针对进化数据流聚类的处理框架。

这种框架将数据流聚类分为在线微聚类（Micro-clusering）和离线宏聚类（Macro-Clustering）两个子过程。前者负责提取数据流的信息，维护数据流的概要数据结构（聚类特征结构），对数据的处理和更新是增量式的；后者负责响应用户提出的聚类需求。在以后的大多数算法中，都沿用了这种双层数据流聚类结构。微簇（Micro-Cluster）是对 BIRCH 算法中聚类特征树的一种带时序的扩充，所有微簇在某一特定时间点上会作为整个数据流的快照保存。这些快照依照其生成时间 T（从数据流的第 1 个时点开始计时）与当前时间的距离按不同的粒度级别保存到金字塔模型的不同位置；离线部分根据用户偏向选择时间窗口及簇数，利用改进的 K-means 聚类算法对窗口间的微簇进行聚类。

通常，最近的数据比历史数据更重要，为了既体现数据流进化的过程又不消耗过多的存储空间，C.Aggarwal 等人提出了倾斜时间窗口的概念，用不同的时间粒度对数据流信息进行存储和处理，最近的数据变化以较细的时间粒度刻画，而离现在较远的数据以较粗的时间粒度刻画。CluStream 算法是一种真正意义上的增量式的算法，采用特殊的倾斜时间窗口——金字塔时间型时间窗口分级保存摘要信息。对每一个到达的数据点进行处理，并可以实时地响应用户多时间粒度的聚类要求。算法中的聚类特征结构 CFV（Clustering Feature Vector）在传统的层次方法 BRICH 上做了改进。设实时数据流为 X_{i1}，…，X_{in}，对应的时间戳是 T_{i1}，…，T_{in}，则其微聚类特征结构是：

$$CFV= (\ \overline{CF2^x},\ \overline{CF1^x},\ CF2^t,\ CF1^t,\ n\ )$$

$\overline{CF2^x}$ 和 $\overline{CF1^x}$ 都是 d 维向量，其第 p 维的值分别为 $\sum_{j=1}^{n}\left(x_{ij}^{p}\right)^2$，$\sum_{j=1}^{n}x_{ij}^{p}$，$CF2^t= \sum_{j=1}^{n}T_{ij}^2$，

$CF1^t= \sum_{j=1}^{n}T_{ij}$ =。n 为实时数据流中数据点的个数。

该算法首先使用 K-means 算法初始化生成 g 个微聚类簇，然后对每一个刚到达的数据点进行处理，根据数据点与微簇之间的距离来确定是将其纳入某个微簇还是为其新建一个微簇。对于前者需要更新新微簇的 CFV，对于后者按照最近最少使用的规则删除一个微簇，保证微簇的总数不变。离线过程中，要负责实现用户指导的宏聚类和聚类分析过程。

CluStream 由于采用距离作为相似度标准，通常仅有球形的簇结果。此外，由于进化数据流的动态特性，数据流中的簇和离群点往往会相互转换角色。算法随数据流演化不断维护固定数量的一组微簇。当数据流中含有噪声时，该方法会变得非常不稳定。因为噪声无法被现有簇"吸收"，算法会为噪声创建许多新的微簇。同时由于微簇个数的限制，现有微簇必须相应地被合并或删除。这将大大降低算法的准确度。

CluStream 算法首次使用的金字塔时间窗口，保存了数据流进化的历史信息，满足了用户多粒度的聚类需求，而且提出了一个很好的处理框架供后来的研究者使用；但是，由于 CluStream 算法中基于距离的度量准则，使得聚类结果均趋于球形，而且对于高维数据效果也不好。针对这种问题。Agarwal 等人又提出了一种针对高维数据流的聚类算法 HPStream，在 HPStream 中引入了高维投影技术来处理高维的数据流，同时引入了衰减结构突出当前最新数据点的重要性；但上述算法没有在当前资源限制的环境下考虑到数据流的高波动性，也没有提出较好地处理突发数据的机制来应对数据流量变化的情况。

大部分数据流聚类算法都是处理连续型数据的，对于分类属性数据的处理较少涉及 =Kok-Leong Ong 等人在对分类属性的数据流的聚类分析方面做出了有益的尝试。他们以 CLOPE 算法为基础，依据 CluStream 的框架提出了 SCLOPE 算法。在保持聚类纯度的情况下，SCLOPE 算法比 CLOPE 算法具有更快的处理速度和更好的可伸缩性。后来，Poh Hean Yap 等人又在放弃一些聚类精确性的条件下，对 SCLOPE 算法进行了改进，减少了需要使用的内存，缩短了运行的时间。

二、STREAM 算法

S.Guha 等人提出了基于 K-means 的 STREAM 算法，使用质心和权值（类中数据个数）表示聚类。STREAM 算法采用批处理方式，每次处理的数据点个数受内存大小的限制。对于每一批数据，STREAM 算法对其进行聚类，得到加权的聚类质心集 C_i。STREAM 算法采用分级聚类的方法，首先对最初的 m 个输入数据进行聚类得到 O（k）个 1 级带权质心，然后将上述过程重复 m/O（k）次得到个 1 级带权质心，最后对这 m 个 1 级带权质心再进行聚类得到 O（k）个 2 级带权质心。同理，每当得到 m 个 i 级带权质心时，就对这些质心进行一次聚类得到 O（k）个 i+1 级带权质心。重复这一过程，直到得到最终的 O（k）个质心。对于每个第 i+1 级带权质心而言，其权值是与它对应的级质心的权值之和。

通常情况下，STREAM 算法的聚类效果都比 BRICH 算法要好；但 STREAM 方法只能提供对当前数据流的一种描述，而不能反映数据流的变化情况。

Charikar 等人提出了另一种基于 k 中心点算法的聚类算法。这种算法克服了 Guha 等人提出的算法中近似因子随聚类层数增加而不断增加的问题，降低了 k 中心点算法所需的存储空间。Ordonez 提出了分析二元数据流的改进的 k 平均算法，提出了 3 种 k 平均算法变种：在线 k 平均算法、可伸缩 6 平均算法及增量 k 平均算法。这些平均算法变种的引入提高了算法的可伸缩性，通过基于平均初始化与增量学习提高了聚类分析质量，简化稀疏矩阵运算，加快了计算速度，同时二元数据的引入简化了类别数据预处理。Domingos 等人提出了一种称为快速机器学习算法 VFML（Very Fast Machine Learning），并将该算法用于 k 平均聚类，提出了数据流聚类快速 k 均值算法 VFKM（Very Fast K-Means）。Babcock 等人将滑动窗口技术应用到数据流聚类算法，采用指数直方图实现聚类簇的合并，提高了 K-means 方法在数据流中的性能。Callaghan 在其博士论文中，对超大数据集聚类的深入研究也为实时数据流聚类奠定了基础。Callaghan 将超大数据集分为 3 种模型：基于分布式系统的超大数据集模型、基于线性扫描的数据流模型及滑动窗口模型，并在 3 种模型上实施 k 平均和 k 中心点算法。在此基础上，Callaghan 等人提出专门针对数据流的 STREAM 算法，在该算法中采用分治思想进行多级聚类和 Local Search 技术，算法性能和聚类效果都有很大提高。基于划分的方法代表了实时数据流聚类研究的早期阶段，该类方法可以在内存建立，维护概要数据结构，以反映数据流的特征。

产生球形聚类，对高维数据流无能为力，对噪声敏感以及无法进行演化分析，这些都是该类算法普遍存在的问题。

三、D-Stream 算法

ChenYixin 等人提出了基于网格和密度的实时数据流聚类算法 D-Stream 算法，他们借鉴了 CluStream 的双层框架，将数据流的聚类分为在线层和离线层。在线层通过网格读取快速数据流，离线层根据保留的网格信息进行聚类。网格聚类首先将数据空间网格化为由一定数目的网格单元组成的网格结构，然后将数据流映射到网格结构中，应用类似于密度的方法，形成网格密度的概念，网格空间里相邻的高密度网格的集合代表一个聚类，聚类操作就在网格上进行。D-Stream 是一个典型的数据流网格聚类算法。该算法通过设定密度阈值将网格分为密集、稀疏以及过渡期 3 类。算法在线维护一个存放非空网格的哈希表 gridjist，每读入一个数据点，确保其所属网格在哈希表中，同时更新该网格的特征向量。通过理论证明出密集网格与稀疏网格相互转变所需的最短时间，以该时间的最小值 gap 为周期扫描哈希表，删除表中的稀疏网格。聚类请求到来时，将相邻的密集网格合并形成聚类（内部网格必须是密集的，外部网格可以是密集或者过渡期网格）。该算法有很多优点：避免了将距离作为相似性度量标准，支持任意形状、任意大小的簇；计算结果与数据输入顺序无关；只需进行网格映射，避免了大量的距离和权值的计算，使得算法计算量与数据流量无直接关系。该算法的不足之处是，当数据流维度较高时，会产生大量的网格，算法运行效率急剧下降。

D-Stream 算法提出了带衰变因子的密度计算法，并在该密度定义的基础上，严格证明了网格的最大密度，由此推导出了网格渐变的最小时间。根据该时间产生的快照可以很好地记录数据流中可能存在的变化，防止由于时间过短造成的数据冗余或时间过长造成的数据丢失，高效地记录数据流；选取了网格作为摘要数据结构，这带来了网格信息的大小不随数据流的变化而变化，可以较好地利用内存；选取了密度聚类算法，这能很好地解决 CluStream 等基于 K-means 算法所造成的无法识别非球状型数据的问题，取得很好的聚类效果。当然，在产生这些优点时，该算法也不可避免地带来了新的问题。如选择网格作为摘要数据结构，本身就会带来数据几何位置信息的丢失等问题；网格密度计算方法是一种累积式的，对当前的数据流聚类效果很好，但是很难查询历史信息，无法进行聚类演化分析。

朱蔚恒等人针对 CluStream 不适用于发现非球形聚类及对周期性数据的聚类变化反映不完整的问题，提出了一种采用空间分割、组合以及按密度进行聚类的算法 ACluStream。算法在准确度及执行效率上有所提高。ACluStream 所采用的空间分割方法在本质上可以看作是基于网格方法的另外一种表现形式。

Nam Hun Park 等人也采用了类似的基于网格的方法解决数据流聚类问题。假设数据流呈正态分布的情况下，根据网格单元中反映数据分布的统计信息，动态改变网格大小，最后将相连的稠密网格区域定义为聚类。

Lu Yansheng 等人也提出了基于网格的数据流聚类方法。此方法将网格单元所包含的数据对象个数作为网格单元的密度，并使用衰减度的概念对网格单元的密度进行更新。在需要输出聚类结果时，此方法对所存储的网格单元进行遍历，最后也是将相连的稠密网格定义为聚类。

四、GSCDS 算法

最近的研究中，子空间聚类技术也被借鉴到数据流模型，最近公布的 GSCDS 算法就是一个代表。子空间聚类算法是一类在数据空间的所有子空间搜寻聚类的方法，根据搜索策略的不同一般分为自底向上的模式和自顶向下的模式。GSCDS 算法充分利用自底向上网格方法的压缩能力和自顶向下网格方法处理高维数据的能力，将它们结合起来应用于实时数据流。该算法的优点在于：计算精度高；能很好地识别和恢复网格中被划分面切割的聚类；能够发现隐藏在任意子空间中的聚类。但是由于高维空间的子空间数量很多，使得算法的运算量较大，且该算法不能支持数据流的演化分析。CAStream 算法也是最近公布的一个子空间聚类算法，算法借鉴 Lossy Counting 思想近似估计网格单元，采用改进的金字塔时间框架分割数据流；算法支持高维数据流、任意聚类形状及演化分析。

五、HCluStream 算法

真实数据流一般具有混合属性，全连续或全离散属性的数据流在现实中几乎不存在，而目前大多的算法仅局限于处理连续属性，对离散属性采取简单的舍弃办法。为了使算法有效处理真实数据流，Yang 等人提出一种基于混合属性的数据流聚类算法 HCluStream。为了能处理离散属性，算法在微聚类结构基础上加入了离散属性的频度直方图。设数据点 $X_i = C_i B_i = (x_i^1, x_i^2, \cdots, x_i^c, y_i^1, y_i^2, \cdots, y_i^b)$，$C_i$ 是由数据点中 c 维连续属性 $x_i^1, x_i^2, \cdots, x_i^c$ 构成的向量，B_i 是由数据点中维离散属性 $y_i^1, y_i^2, \cdots, y_i^b$ 构成的向量，离散属性 yp ($1 \le p \le b$) 的全部可能取值数记为 F^p，第 k ($1 \le k \le F^p$) 种可能的取值记为 v_k^p，则离散属性的频度直方图 H 包含 $\sum F^p$ ($1 \le p \le b$) 个元素，其第 p 行的第 k 个元素对应于第 p 个离散属性的第 k 个取值的频度，即该取值出现的次数。通过将离散属性的频度直方图作为微聚类特征的一部分，同时定义混合属性下样本与样本、样本与微聚类、微聚类之间的距离，算法实现与 CluStream 算法类似的在线微聚类、更新、删除、合并等操作。由于离散属性参与了运算，为聚类提供了更多的独立特征和信息，因此可以获得更准确的聚类结果。

其他最新公布的算法还有：提出纳伪和拒真两种聚类特征指数直方图，来分别支持纳伪和拒真误差窗口的 CluWin 算法；通过图形处理器来实现高速处理实时数据流聚类的算法；采用核方法聚类的算法。

第四节　流数据频繁项集挖掘算法

频繁项集的挖掘是数据挖掘问题中的基础任务，也是研究的热点问题。快速、有效地挖掘频繁项集拥有广泛的应用，例如关联规则、相关性、序列模式、最大模式和多维模式等。

在传统静态的事务数据库中挖掘频繁项集经典的算法有 FP-Growth，CLOSET，CHARM 等；但这些算法难以增量式更新，不适合流数据挖掘。因为挖掘频繁模式是一系列连接操作的集合，在看到所有过去和将来的数据之前，任何项集的计算不能完成，使得在流数据环境中挖掘和更新频繁模式变得困难。发现频繁模式是数据流挖掘的一个重要研究分支，在许多应用中，如网络流量监控、Web 日志分析、传感器网络、电报电话呼叫记录分析等，都希望能够从大量流数据中找出频率超出一定阈值的数据项。传统频繁模式挖掘无论在理论方面还是在应用方面均得到了广泛的研究并取得了非常多的成果，出现了许多经典算法；但是这些算法难以增量式更新，不适合流数据挖掘。挖掘频繁模式是一系列连接操作的集合，在看到所有过去和将来的数据之前，任何项集的计算不可能完整地完成，使得在数据流环境中挖掘和更新频率模式变得困难。与对静态数据集的挖掘相比，流数据有更多的信息要追踪，有更复杂的情况要处理，频率项集会随时间而变化或者说是时间敏感的，非频率项在后来可能成为频繁项而不容忽视，存储结构需要动态调整以反映频繁项集随时间进化的情况，对于数据流的频繁模式挖掘面临着十分艰巨的挑战。目前已经提出很多流数据的频繁项挖掘算法：Sticky Sampling 算法和 Lossy Counting 算法，挖掘数据流中的频繁项；借助于 Count Sketch 的数据结构的一遍扫描数据流，来挖掘数据流中频繁项的算法；使用计数器，输出了出现频率超过 1/U+1 的频繁项；一种计算确定 e- 近似频繁项的 EC（Efficient Count）算法等。由于数据流具有连续性、无限性、高速性和数据分布随时间改变的特点，若处理数据项不及时，就会引起堵塞。数据流的无限性和流动性使得传统的频繁项挖掘算法难以适用。

　　由于流数据的无界性和快速流动性，频繁项集的挖掘逐渐吸引了越来越多研究人员和学者的关注。该问题的关键是如何区别新事务中有价值的信息和旧事务中过时的信息。Manku 等人提出了 Lossy Counting 算法，较好地解决了挖掘流数据中的频繁项集的问题。随着流数据的不断到达，该算法由已知频繁模式逐步生成新的频繁模式。对流数据进行一遍扫描，能够保证最后的查询结果一定包含流数据中的所有频繁项集和一小部分非频繁项集。Han 等人基于 FP-growth 算法提出了 FP-stream 算法。该算法提出了多时间标签窗的概念，来区别流数据中不同时间灵敏度的事务。Teng 等人利用滑动窗口模型来挖掘流数据中的最近频繁项集。Chang 等人提出了 EstDec 算法，该算法采用了字母序的字典树存储模式，根据时间给每个事务赋予权重，以此来区分新旧事务的不同影响力。Cormode 等人提出了著名的 GroupT-est 算法，空间复杂度较低，而且可以一定的概率输出所有的大于一定频数的频繁元素。Cheqing 等人提出一个基于哈希的算法 HCOUNT。该算法比 GroupTest 算法使用少得多的空间，不需要事先知道流数据规模，能动态地处理范围的改变；而且该算法在精确度、召回率、处理时间上都优于 GroupTest 算法。

　　国内在流数据挖掘方面的研究开展较晚，但是目前已经有学者就流数据中频繁模式挖掘进行了一些研究。王伟平、李建中等人提出了基于抽样技术的确定的 £– 近似算法——EC 算法，该算法的空间开销为 O（ε^{-1}），流数据每个数据的平均处理时间为 O（1）。周傲英、崇志宏提出并实现了 O—δ 算法。该算法不仅能够有效进行频繁模式挖掘，而且能够控制内存的消耗问题。张昕、李晓光等人提出了一种新的启发式频繁模式挖掘算法 FPIL-fstream。该算法提出改进的倾斜窗口策略，细化窗口粒度，结合 IL-TREE 可以保证执行速度和查询精度。刘学军等人在借鉴 FP-Growth 算法的基础上，提出了 FP-DS 算法和 DS-CFI 算法。FP-DS 算法采用分段的思想，逐段挖掘频繁项集，可以有效地挖掘流数据中所有频繁项集，尤其适合长频繁项集的挖掘；DS-CFI 算法采用 DSCFI-tree 动态记录滑动窗口中的频繁闭项集的变化，能够有效地发现频繁闭合模式。潘云鹤、王金龙对流数据中频繁模式挖掘进行研究和分类，并提出了一些研究方向。

一、FPN 算法

FPN 算法有两种：FPN-construction 和 FPDiscovery 算法（构建树和生成模式算法），支持企业系统进行实时挖掘的基于存储器数据包的数据结构和挖掘算法。该算法具有以下优点来支持实时挖掘：

①直接使用企业系统的原始数据；

②当阈值调整时，只有合格的新数据被读取和为原始数据建立的数据结构保持不变；

③集中在特定产品的产品品种可以有效被执行；

④挖掘算法的性能优于普通的挖掘算法；由于中间的数据结构，即树状结构，只建立一次，也不需要为产品的遍历构建头表。

FPN 算法包括两个步骤：树的构建和模式的产生。第一步是构建一个类似树状结构的 FP-树。第二步是从有高效挖掘特点的树状结构中生成频繁模式。

与关联规则挖掘问题相关的算法有：AprioriHybrid、FP-树、FPGrowth 等。FPN 方法构建的 FPN 树，基于企业数据库的标准化原始交易表，相当于除了头表的 FP-树。FPN 可以灵活调整最小支持度而不需要重做整个挖掘过程。人们可以首先直观地设置恰当的最低的支持。当挖掘结果出来时，它会更容易得到新的挖掘规则，不仅降低了而且也增加了最低支持门槛的灵活性。

在 FPN-construction 算法开始用 V[0]=root，E=Φ 和 THT 到 V[0] 的每一个人口初始化 FPN 树的建构。频繁模式生成阶段 FPDiscorvery 算法是从 FPN 树导出的频繁模式。对于每一个频繁的 pid，FPDiscovery 通过深度优先的策略向上遍历 FPN 树激活 FPAscend 来计算相关的频繁模式。使用这种方法，每个合格的祖先产品首先被添加到现有模式中延长模式的长度。在 FPAscend，每一个模式采用了一个数组 Sarray，以记录最后一个产品的祖先加入到模式中。该 Sarray 的元素按照 < P，> P > 的相反顺序排列。Sarray 中的每个元素对应一个产品并且有两个属性。第一个属性积累了产品的数量，第二个属性保存了由 Lnodes 组成的链表。Lnodes 是用来跟踪树中映射的顶点和通过顶点的贡献的计数。由于频繁模式的反单调属性，每个顶点贡献计数可能比在 FPN 树的计数记录少。最初的 Sarray 记录对应添加到模式最后产品的父节点，这些父节点都分别记录在 Lnodes，与用相同的产品标签 Lnodes 是连在一起形成一个链接列表。根据产品的标签，每个链接列表是由一个 Sarray 元素指出的。然后，该算法按照时间的先后有序地检查每一个元素，如果累计的支持超过支持的阈值，则产品标签被添加到原有模式形成新的模式。而且不管是否达到门槛，所有链接元素的 Lnodes 应登到上一级它们的父节点，并重新连接到 Sarray 中它们对应的元素。只有当所有内容已经检查过，上述过程才结束。

二、NEC 算法

针对数据流的特点，一种计算确定 ε- 近似频繁项的 NEC（New Efficient Count）算法对 EC 算法在样本集满时删除数据项的时间效率问题进行了改进。该算法的特点为：

①满足实时响应性，每个数据项的平均处理时间为 O（1），单个数据项的最坏处理时间为 O（ε^{-1}）；

②满足低空间复杂度，算法的存储空间为 O（ε^{-1}）；

③满足结果的近似性，输出结果的频率误差界限为 ε（$1-s+\varepsilon$）N。在允许的偏差范围内，该算法只需扫描一次数据项，使用的存储空间远远小于数据流的规模，能动态地挖掘数据流中的所有频繁项。将数据项存储到一种新的数据结构中，利用该数据结构可以快速地删除非频繁项。

对于高速网环境中无穷到达的海量网络数据流，数据流算法必须满足两个条件：在线实时处理和有限存储空间。王伟平等人提出的 EC 算法是一种有效的挖掘数据流近似频繁项的算法。该算法的空间复杂度为 O（ε^{-1}），数据流每个数据项的平均处理时间为 0（1）。输出结果的频率误差界限为 ε（$1-s+\varepsilon$）N。在已有的同类算法中，EC 算法的空间复杂度、时间复杂度和误差界限均最低。但其在样本集合满的时候，需要遍历样本集合中每个数据项，并对其 f 计数器进行减 1 操作和 d_f 计数器进行加 1 操作，直到出现 f 计数器值为 0。

与 EC 算法类似，ε- 近似频繁项的算法 NEC 算法使用样本集合保存 $1/\varepsilon$ 个样本，每个样本为一个 3 元组 $< e, f, d_f >$。其中：e 是数据流中的一个数据项；f 是数据项的计数；d_f 是删除该数据项的条件变量。整个数据结构需要维护一张 Hash 表和一个有序数组，其大小均为 $1/\varepsilon$。Hash 表的每个节点存储一个数据项 e、f 计数器的值以及数据项 e 在数组中的位置 pos。这里采用差值编码的有序数组来实现。数组的每个节点存储一个数据项 e，以及 d_f 计数器与后一节点的 d_f 计数器的差值。d_f 计数器按降序在数组中排列，数组尾节点存储实际的 d_f 计数器值，其他节点只存储其与后一节点的增值。这样，在删除操作中，只需要删除数组中 d_f 计数器值最小的节点，就可以达到对所有 d_f 计数器进行减 1 的操作，直到出现 0 值的功能。

EC 算法给出的每个数据项 e 的频率与其真实频率的误差小于 ε（$1-s+e$）N。EC 算法在样本集合 D 满的时候，需要删掉 f 计数器值为 0 的所有数据项；而 NEC 算法只是将有序数组中与尾数据项有相同 d_f 计数器值的最小下标的数据项删掉，保留了其他的具有最小 d_f 计数器值的数据项。当这些数据项再次出现的时候，NEC 算法保存了它们的 f 计数器值，而不用重新计算它们的频率。因此，NEC 算法的频率误差界限也为 ε（$1-s+\varepsilon$）N。EC 算法中，当样本集合 D 满的时候，插入新的数据项，需要对每一个数据项的 f 计数器进行减 1 操作和 d_f 计数器进行加 1 操作，直到出现某数据项的 f 计数器的值为 0，然后删除 f 计数器值等于 0 的所有数据项。如果样本集合 D 中，最小的 f 计数器值为 n，则删除操作需要对 f 计数器进行 $n\varepsilon^{-1}$ 次减 1 操作和 d_f 计数器进行 $n\varepsilon^{-1}$ 次加 1 操作，因此其最坏情况下的时间复杂度为 O

（ε^{-1}）。最好情况下，即 $n=1$，其时间复杂度为 O（ε^{-1}）。随着 ε 的减少，删除操作的时间增加。NEC 算法中，采用了哈希表和有序数组的数据结构，当样本集合 D 满的时候，插入新的数据项，只需要对有序数组中尾数据项进行删除操作。最坏情况下，在插入的数据项时需要进行 $\varepsilon^{-1}-1$ 比较，其时间复杂度为 O（ε^{-1}）。最好的情况下，在插入新的数据项时需要进行 1 比较，其时间复杂度为 0（1）。在 NEC 算法中，加入游标 L_Tail 来标志与有序数组尾数据项有相同 d，计数器值的数据项的最小下标。当样本集合 D 满的情况下，新数据项到达后，直接删除 L_Tail 位置的数据项，然后将新数据插入到此位置。其最好和最坏情况下，都是只进行一次比较。其作用减少了插入操作的比较次数，提高了时间效率和准确率。挖掘数据流中的近似频繁项在入侵检测、趋势分析、网络监控、Web 日志分析和传感器网络等领域都有广泛的应用。挖掘数据流近似频繁项算法（NEC 算法），能有效地挖掘数据流中的所有频繁项。与 EC 算法相比，两者的存储空间为 O（ε^{-1}），每个数据项的平均处理时间为 O（1），在同类算法中都为最优。NEC 算法改进了 EC 算法中维护样本集合 D 所需要处理的时间，以满足在线的实时分析处理要求，并且提高了输出结果的精确率。

三、Kaal 算法

实时数据的数据分布经常发生改变且数据量过于庞大，不能存储到永久设备中，也不能彻底扫描一次以上，因此实时数据挖掘算法必须能足够快地处理缓慢以及非常快速的数据流，Kaal 算法是一种对数据流的频繁模式挖掘的算法，能很好地适应变化的批量大小，大大快于现有的流行算法。

Kaal 从一开始就发现频繁模式，而其他方法直到大约 50% 的时间已经过去才找到频繁模式。数据流处理率很高，可用于大数字实时业务应用，并提供安全的解决方案。时间和空间的稳定算法允许它工作于一贯的非常大的数据流。Kaal 启发式模型对支持要求非常低，可以用来给出近似频繁项。Kaal 算法有能力处理变化的批大小，这是现在算法中普遍存在的主要的缺点。最重要的是 Kaal 可以灵活地在整个处理的 50% 时间处停止批处理，而提取出 70% 以上的模式。

第五节　流数据分类算法

分类是数据挖掘的一个基本问题。有许多被深入广泛研究的传统分类器，例如决策树、贝叶斯网络、朴素贝叶斯网络、支持向量机和神经网络等。流数据分类引起了研究者极大的兴趣。它面临着两个新的挑战：

①由于极快的速度和巨大的规模，流数据只能被扫描一次。

②由于类定义会随着时间的变化而变化，因此概念会发生漂移，必须考虑流数据变化的

特征。所有传统的分类器都可以作为候选，用以构建单遍扫描快速模型来处理演化的流数据。

VFDT 算法动态构造一棵决策树，通过 Hoeffding Bounds 来保证用于构造每一棵子树所使用的数据拥有足够的信息，随着数据的流入不断地增加新的分支或剪去过时的分支。CVFDT 除了保留 VFDT 算法在速度和精度方面的优点外，还增加了对数据产生过程中变化趋势的检测和响应，使得算法更好地适应对高速时变流数据的分类。该算法可以保证理论上的优越性，但是更新决策树需要大量的时间，为了获得合理准确率的分类器需要大量的样本。当训练样本比较小时，该算法的准确率是不能让人满意的。

基于 FLORA 框架的增量算法是在每一个样本添加和删除时都更新分类器模型。集成技术在流数据分类中逐步得到使用。该技术在不同的时间段构造不同的分类器，利用最近的数据来确定每个分类器的权重，依据投票的原则来集成它们的预测结果。该技术具有很多的优点：预测的正确性有很大提高；因为大部分模型构建算法具有超线性的复杂度，因此集成分类器要比单模型分类器的建立更有效；分类器集成技术能并发运行。但是集成算法结构不是很清晰，很难提供一个简单的模型，从而不容易被理解。

一、VFDT 算法

Domingos 等人的 VFDT 算法研究了如何在流数据上构造决策树的问题。VFDT（Very Fast Decision Tree）利用 Hoeffding 不等式理论，针对数据流建立分类决策树的方法，能够以一定的概率保证利用一定数量的样本所构造的决策树与利用无限样本所构造的决策树具有相近的精度。它通过不断地将叶节点替换为分支节点而生成。其中，每个叶节点都保存有关于属性值的统计信息，这些统计信息用于计算基于属性值的信息增益测试。当一个新样本到达后，在沿着决策树从上到下遍历的过程中，它在树的每个分支节点都进行判断，根据属性取值的不同进入不同的分支，最终到达树的叶节点。当数据到达叶节点后，节点上的统计信息就被更新；同时，该节点基于属性值的统计测试就被重新计算。如果统计信息计算显示测试满足一定的条件，则该叶节点变为分支节点。新的分支节点根据属性的可能取值的数目产生相应数目的子女节点。分支节点只保存该节点划分测试所需要的信息。

二、CVFDT 算法

VFDT 算法假设流数据是稳态分布的，而现实中的流数据往往存在概念漂移（Concept Drift）的情形。如何有效解决概念漂移问题，是流数据挖掘中一个非常重要的研究领域。CVFDT 就是一种扩展了 VFDT 用以解决概念漂移问题的高效算法。CVFDT 具体的构造过程如下，它从一个叶节点开始从流数据收集样本。随着样本数量的增多，能够以较高的置信度确定最佳划分属性的时候，就将该页节点变成一个划分节点，然后对新的页节点不断地重复该学习过程。CVFDT 维持一个训练样本的窗体，并通过在样本进入和流出窗体的时候更新已学习的决策树，使其与训练样本窗体保持一致。特别地，当一个新样本到达之后，它将被加入其所经过的所有决策树节点，而当将一个样本从决策树中去除的时候，它也需要从所有受其影响的节点中去除，并且所有的统计测试都需要重新进行。当 CVFDT 发现了概念漂移之后，它就并行地在该节点生成一个备选子树。当备选子树的精度远远大于原先子树的时候，原始的子树就被替换并释放。CVFDT 是对 VFDT 的扩展，它保持了 VFDT 的速度和精度，但它具有处理样本产生过程中所出现的漂移的能力。和其他处理概念漂移的系统一样，CVFDT 也是对样本维持一个滑动窗体。但是，它并不需要在每次样本到达的时候都重新学习模型，而是在新样本到达的时候更新节点上的统计信息，在样本滑出窗体的时候减少其所对应的统计信息。CVFDT 和 VFDT 具有类似的 HT 树生成过程，但 CVFDT 通过在 HT 树的所有节点上维持统计信息达到检测老的决策效果的目的，而 VFDT 只是在叶节点上维持统计信息。由于 HT 树经常变化，因此丢弃老样本的过程是非常复杂的。因此，在 CVFDT 中所有节点在创建时都赋予一个自增的 ID 号。当将一个样本加入 w 时，它所达到的 HT 中所有叶节点的最大 ID 值和所有备选子树都由它记录；而老样本通过减少它所经过的所有节点的统计信息达到丢弃的目的。CVFDT 的精度与在每个新样本到达时都利用 VFDT 对滑动的样本窗体进行学习或获取的决策树相似，但 CVFDT 的每个样本学习复杂度为 0（1），而 VFDT 的每个样本的学习复杂度为 O（ω），ω 为窗体大小。

Domingos 和 hutten 提出了一个挖掘大量数据流的总体框架。其框架包括 3 个步骤：

①根据每一个步骤需要的训练例子数量，推导出选择时间复杂度的上界数据挖掘算法。

②根据每一个有限数据算法步骤需要实例数据的功能，推导出精度损失的上限和无限的数据模型。

③针对预先指定精度损失的限制，通过减少在每个步骤所需的例子数量，将时间复杂性最小化。

这个框架解决两个高速数据挖掘流的主要问题：一是多少数据足够产生一个模型；二是当数据流是动态的并且概念漂移被发现时，如何保持现有模型的更新。

第六节　多数据流挖掘算法

在多数据流聚类方面，Dai 等人提出了一种多数据流聚类框架 COD。该框架是在 Aggarwal 等人提出的双层框架的基础上做了进一步的改进而形成的。这种称为 adaptiveCOD 的框架分为在线维护阶段和离线聚类阶段。该框架的主要特点是：

（1）通过单遍扫描来建立数据流的概要信息；

（2）支持概要信息的多粒度压缩。

Dai 等人又对该框架做了进一步的改进，提出在线维护阶段中采用一种动态的自适应策略，根据数据流的当前状态来动态地选择小波变换模型或者回归分析模型进行数据流的概要信息维护。实验表明，这种自适应的 COD 框架在多数据流聚类上具有较好的性能。

Bennger 等人将一种改进的 K-means 算法应用于并行数据流聚类。该算法的特点是，采用一种可扩展的在线转换方法实现实时数据流之间距离的快速计算。

现有多流数据关联分析主要采用 3 种方法，即计算流数据对之间的关联系数、计算多条流数据的主分量，以及计算多条流数据中存在的聚类。

1）关联度计算

关联度计算指在多条流数据中，计算每对流数据之间的关联系数，从而发现具有高的正关联或负关联的流数据对。

当流数据数目较大时，在线计算每对流数据之间的关联系数是不现实的。StatStream 系统通过使用离散傅立叶变换的保距特性与系数的对称特性，推导出流数据对傅立叶变换系数之间的距离与关联系数之间的关系。系统只对傅立叶变换系数之间距离满足一定条件的流数据对计算关联系数。StatStream 采用流数据的滑动窗口模型，将每条流数据划分为小的固定长度为 b 的段（基本窗口），对每个段，保存段内数据的离散傅立叶变换系数。系统将滑动窗口内的段作为流数据的概要数据结构。这个概要数据结构还可为其他计算提供支持。

StatStream 没有对流数据对之间存在滞后关联的情况作太多讨论，但是这种情况在应用中比较常见。BRAID 方法讨论了滞后关联（Lag Correlation）的计算。

BRAID 采用界标模型，对流数据从起始到当前时刻所有的数据进行处理，其概要数据结构只能用来计算流数据对之间的关联系数。

2）主分量计算

多条流数据组成的矩阵作奇异值分解（Singular Value Decomposition，SVD）中使用得到的特征值和特征向量表达流数据之间的关联。采用流数据的十字转门（Turnstile）模型，给出了界标模型和滑动窗口模型下的算法。其中，采用滑动窗口模型的算法将滑动窗口内的数据划分为多个段，分段保存矩阵的组成数据，当某个段的时间戳滑出滑动窗口时，将整个段删去。

采用主成分分析（Principal Component Analysis，PCA）技术分析多流数据，将 n 条流数据用 k 个隐藏变量表示，其中 $k < n$。基于自适应过滤技术（Adaptive Filtering Techniques）实现了一个增量式的主分量获取算法。另外 . 使用指数衰减因子来逐渐消除历史数据对计算结果的影响。

3）多流数据聚类

与定量计算流数据之间的关联统计量不同，另一种多流数据关联分析方法对多条流数据进行聚类分析，发现了彼此间相似的流数据。如何减少每个时刻需要计算的流数据对之间的距离和采用流数据的界标模型都有研究。采用一个滑动窗口模型下的多流数据聚类方法，是基于一个层次概要数据结构支持任意大小滑动窗口内的多流数据聚类的概念。

第七节　实时数据流挖掘技术

实时数据挖掘的过程是在有效的执行环境，保证数据逻辑的正确性和时间约束的前提下，从大量实时数据中提取有用的、新的、有潜在价值的过程。实时数据挖掘算法需要解决的问题：基于资源约束的自适应实时数据流聚类、高维度实时数据流的聚类、分布式环境下的多数据流实时聚类。在数据流上进行聚类，其基本任务就是要在对当前数据进行聚类的同时，随着新数据的不断流入，动态地调整和更新聚类的结果以真实反映数据流的聚类形态。这种在线的增量聚类使得常规的聚类技术难以在数据流上直接应用，算法必须要满足如下要求：①内存限制。由于内存容量有限，不可能将数据量庞大的数据流全部存储于内存再进行聚类。在内存中只维护一个反映当前数据流特征的概要数据结构是目前常用的技术；②实时性。数据流聚类要求具备很短的响应时间，能够响应 anytime 的用户聚类请求，要求算法处理速度快；③单遍扫描或者有限次扫描。在对数据流进行聚类时，只能按数据点流入的顺序访问一次或几次。

一、实时数据挖掘概述

实时数据流作为一种新的数据模型，具有与传统关系型数据库或数据仓库不同的特征：

（1）数据量巨大

数据流一般具有惊人的数据量，如我国"嫦娥一号"探月卫星在绕月探测过程中，向地面传回的月球图像等数据流为每秒 3 MB，一年的数据流量可达 28 TB。

（2）时序性

按照到达的时间，数据点存在先后关系。

（3）快速变化

由于数据流的单向流动性，当前时刻与下一时刻的数据可能截然不同，不同时间段的数据差别很大。

（4）潜在无限

从理论上讲，数据流没有终止的时刻，具有无限性。

（5）高维性

现实世界中的数据流一般具有较高的维度。

二、实时数据挖掘方法

实时数据挖掘的目的是提供一种能够实时分析在线数据的方式；但是，现有的实时数据挖掘工作一般仅限于对传统的数据挖掘提供更快的数据优化的挖掘算法，迄今为止，仍然缺乏一般的方法和框架可以支持相对完整的想法，以帮助该领域开发新的改进算法。

根据普遍的实时系统的要求，我们定义实时数据挖掘为：实时数据挖掘的过程是在有效的执行环境，保证数据逻辑的正确性和时间约束的前提下，从大量实时数据中提取有用的、以前未知的或意外的知识。

实时数据挖掘系统拥有 4 个主要特点：首先和最重要的两个特征是，实时挖掘过程必须满足"时间约束"和避免"失败"或做出恰当的反应，并尽可能降低失败成本；第三，实时数据挖掘必须对"实时数据"做出响应；第四，"环境"在实时数据挖掘系统中比其他非实时系统中的作用更重要。

实时数据挖掘系统必须处理实时数据，虽然它也可以用于传统的数据挖掘系统处理历史数据。实时数据模型定义为：实时数据是一个从网络上传输的并且连续的元组序列，这些数据不被存储到磁盘或存储器中。

实时数据与传统存储的关系模型在 3 个方面有所不同，

（1）连续性和在线性

数据是从网络上传输的并且是连续的。也就是说，一旦这个数据被处理完，它就要被丢弃，并且不能轻易被重新获取，除非有缓冲。

（2）高度频繁和分布

这些数据之间时间间隔往往很短。

（3）不稳定

实时数据内经常随着时间的推移而改变，而不是静态的。

与一般的数据挖掘相比，实时数据挖掘至少有 3 个需要改进的特征：

（1）实时数据，实时模型

为了处理实时数据，模型必须能实时反映当前的数据概念和用户要求。对连续和在线数据流实时的知识更新机制是必要的。换句话说，这些模型要以实时的方式获得最新的数据。

（2）只有当满足时间的约束时，执行挖掘过程才是可预测和临界时间的

在这个意义上说，挖掘进程根据时间约束或限制对不同级任务规划进行分段和分层。一个合理的挖掘过程层次结构是过程级、路径级、任务级、算法级和模型级。此外，在实时数据挖掘期间必须分清楚两种关键的时间任务：周期和非周期。周期性实时任务是外部设备周期性地发出激励信号给计算机，要求它按指定周期循环执行。例如，一个实时预定数目的数据定期分析的例子是使用一个滑动窗口。非周期任务只有当某些事件发生时被激活，但都必须联系着一个截止时间。另外，按对截止时间的要求分为硬实时任务和软实时任务。硬实时任务系统必须满足任务对截止时间的要求，否则可能出现难以预测的结果。软实时任务系统也联系着一个截止时间，但并不严格，若偶尔错过了任务的截止时间，对系统产生的影响也不会太大。

（3）冗余模型

一个实时系统即使存在错误也要满足时间约束条件，因此，一个实时冗余模型体系在挖掘系统的性能和可靠性取舍中是最好的选择。

实时数据挖掘环境是指在什么情况下执行实时数据挖掘。实时数据挖掘中的环境比普通数据挖掘的环境在影响性能和正确性方面起着更为重要的作用。直观地说，一旦在短期内快速做出预测或决定后，环境因素的一点波动会大大影响挖掘结果。实时数据挖掘必须考虑到这7类环境因素：①体系结构为基础的因素：指分散、集中或综合数据挖掘架构。在集中的环境中，各种环境要素（特别是数据源）位于一个中心位置；而在分布式环境中，存在分布和异构数据源。一个综合的环境结合上述两种架构；②实时输入数据在实时数据挖掘是普遍的。此外在现实世界，数据流中会有标记和不标记数据；③实时约束；④评估参数，例如在国际清算银行的主要性能指标；⑤申请要求：在实时数据挖掘中需要一个灵活的数据挖掘系统能适应多变的挖掘要求；⑥实时数据挖掘过程中的挖掘算法，挖掘任务和挖掘过程的参数和配置；⑦在实时数据挖掘过程中知识库要包含和表示被发现的知识。实时数据挖掘中环境要适应一个独特的模型或一无组织的模式集合太复杂，并且经常动态变化。因此，一个合理的方法是在知识库中维持多个模型按顺序或动态的改变群体。

三、实时数据挖掘框架

为了证实上述分法，我们引入了一种使用动态数据挖掘过程模型的新的实时数据挖掘框架。步骤大致分为两个同步任务：模型更新和模式选择。一旦环境稍微变化，模型更新便启动更新知识库里的知识，而通过模型选择分类选择出包含与当前数据概念最佳匹配的知识＝该框架包括两个主要组成部分：环境建模和动态数据挖掘。

1）环境建模

为了使处理的架构为基础的环境因素，将环境分为两个层次：局域的和全局的。局域环境用于建模集中的环境要素；全局环境是用来支持分布的数据挖掘的。全局环境包括许多的局部环境。对于每个局部环境，进行局部的实时数据挖掘。而每一个处理环境建模要处理环境之间任何可能的相互作用。这些环境之间的相互作用，包括环境元素传递或同步（特别是在知识库里的知识）。

2）动态数据挖掘过程

动态数据挖掘过程模型有许多关键特点，包括：①启用模式发展（如分类）与模型同步培训；②支持现有的增量更新知识；③支持检测和适应概念自动转移；④除了历史数据，还要处理实时数据；⑤在数据挖掘过程中支持连续反馈；⑥允许用户控制过程进展。

数据准备步骤提供了基本和简单的对实时数据进行数据预操作的策略。数据预处理分析步骤，需要对输入数据（或块）进行预处理，是用于发现有用数据的方式（如数据的熵）。这些模式在下一步来帮助知识更新或选择和降低计算成本。例如：滑动窗口、数据加权（如衰减系数）和取样先进的数据。经过数据预处理分析，进行两个平行的过程。第一个过程是模型选择，模型选择是从知识库中选择对于将到来的分析比较好的知识。这种方式主要用于在线分类，通过特定体系选择有价值的模型来分类实时不标签的数据实例。第二个过程包括两个步骤：模型评价和更新。模型评价是用来评估挖掘性能和发现概念的；模型更新是根据新知识逐步更新知识库里的知识。最后，知识解释及可视化的步骤用于显示和解释挖掘结果。

3）实时控制

在框架内，一系列实时控制体系用于协助满足实时要求。

首先，根据时间约束或最后期限归类为5级过程：过程级、路径级、任务级、算法级和模型级。①模型级是最低水平，时间约束是原子性；②模型是算法根据各种训练数据和算法参数的实例。该算法的时间约束依赖于不同的输入数据和参数；③任务是指在每一个挖掘步骤中具体数据的挖掘操作。例如，在数据预处理分析中数据选择和数据加权。对于相同的功能，很多算法可以用来实现一个任务。例如，要进行数据的选择，有 S.Cheng 的算法和基于 VFDT 的边界粘合算法。因此，任务级的时序约束也多是可变的；④挖掘路径比任务有一个较大的粒度，包括一个任务序列组成。通常在过程中有6个基本路径：数据准备，数据预分析，模型更新，模型选择，模型评价及知识的解释和可视化；⑤过程级的时间约束影响整个过程和部分路径，或任务的执行可能无法满足其正常的时间约束。

第二，动态挖掘过程包括周期的和非周期的。在处理实时数据时，它周期性地工作在每一个固定的时间间隔内，而处理其他环境要素时，可能会触发不定期的操作。

第三，该框架能够进行快速的数据挖掘，因此非常适合满足的时间约束：①数据准备步骤，在传统的数据挖掘过程中，80% 的工作被简化；②模型更新和模型选择能同步知识库中存储的知识。

第四，由于知识库中模型的冗余特性，框架本质上支持容错，基于传统的软件容错技术，如 n 版本编程、测试点、回滚和恢复块，可以很容易地用于模型选择和更新。

最后，环境建模使环境相对有决定性，因此，根据可预测性管理挖掘过程的功能被启用。

四、实时数据挖掘模型

基于实时数据挖掘框架的模型系统中有3个核心部件：环境模型器（EM）、实时动态数据挖掘器（RDDM）和实时数据挖掘环境描述（RDMED）。

（1）RDMED 是用来描述环境元素的模块

根据统一的描述，其他组件可以有效地了解环境，操作挖掘过程。

（2）EM 是对环境建模的模块

在模块中，环境 Interacto（EI）用于获取局域环境因素并与其他全局环境 EI 沟通。获取的元素通过数据适配器（DA）或应用需求调整适配器（ARA）。DA 处理各种数据源和类型，而 ARA 转换各种应用需求到内部描述。整个过程是由环境管理器（EMr）控制的。

（3）RDDM 在实时环境中操作动态数据挖掘

实时数据挖掘过程机制从外部引入环境因素，调整 EM 中 EMro 它还通过管理数据管理器（DM）、实时控制器（RTC）及参数配置（PC）控制整个挖掘过程。DM 为过程准备未标记和标记的实时数据实例，RTC 确保过程满足时间约束和失败时进行容灾，PC 为过程管理其他环境因素。实时动态挖掘过程由数据准备器、数据预分析器、模型更新器、模型选择器和知识部署器及可视化器完成。它们被定期或不定期地调用。

五、实时数据挖掘技术分类

1）概要数据结构的构建技术

由于内存限制，为了有效地对数据进行在线聚类，只能采用相关技术在内存中维护一个反映数据特征的概要数据结构 SDS，以最大限度地保留对聚类有用的信息。该类技术一般是指在界标模型下，对起止时间戳分别为 * 和 / 的数据 ｛Xs，…，Xt｝采用直方图、抽样、哈希技术、小波变换等技术创建其对应的 SDS，要求便于增量地进行维护和更新。其中，直方图可高效地表示大数据集合的轮廓，如等宽直方图、V 优化直方图等，直方图技术也是构造 SDS 的首选技术；抽样技术借鉴统计学的相关理论，提取大数据集的特征；哈希技术通过映射关系将大值域的数据集映射为小值域数据集，然后再提取相关的特征；小波变换技术是利用信息处理中的经典方法，采用变换后得到的少数小波参数来近似模拟原始的海量数据。

2）数据倾斜技术

实时数据环境下，用户往往对最近一段时间的数据更感兴趣，而不是从数据流开始一直到现在的所有数据。基于这一思想，多种数据倾斜技术被应用于数据流。

①滑动窗口；②衰退技术；③金字塔时间框架；④数据点密度系数。

第八节　流数据聚类演化分析

随着人们获取数据信息量的不断增加，简单的计算查询数据已经不能满足人们深层次的需要，而且信息量过大，原有的数据处理技术也无法有效地查询处理这些数据。人们希望在这些连续无界的数据中，获取任意时间段内的数据特征信息，可视化地找出不同时间点的数据变化情况，以便于为及时、准确的决策提供依据。

实时数据聚类区别于传统静态数据聚类的特征之一，就是数据流的演化分析。数据流随时间动态变化，这种变化导致对应的聚类模型也在实时变动，捕捉这种变化并及时向用户汇报，可以使用户知道"发生了什么"，更好地帮助用户及时进行决策调整。例如，在网络监控数据流中，新聚类簇出现可能意味着一批 DOS 攻击的开始，获取这一变化有利于用户及时采取相关防范措施；在工业实时控制流中，合格产品对应的聚类簇的变化如果超过规定范围，说明可能是生产线上的机械发生故障或工人的误操作在导致产品质量下降，决策者应立即进行调整。已有一些算法在设计时就注重其对数据流的演化分析能力，但仍有许多算法只能实现实时聚类，不能进行演化分析。

人们对数据流的分析展开了深入研究，针对进化数据流提出了有效的进化分析技术。所谓进化数据流，是指在数据流形成的过程中，内部隐含的类模式不断发生变化的数据流。在某段时间内，将这种数据流中的类发生的变化情况以文字或图形等形式展示出来，并对结果进行比较分析的过程就叫作聚类演化分析。演化分析的对象是经过某些数据挖掘技术处理得到的一些中间结果（也即类集合），如应用滑动窗口技术以快照的形式存储的类的中间结果集。

通过集合运算实现演化分析的模型实现起来十分简便，后来的大多数支持演化分析的算法均沿用这一模型。该模型的局限性在于不能精确地定位和描述数据流的变化。在实际应用中，用户不仅要知道"是否发生了变化"，而且想知道"到底哪里发生了什么变化"。该模型只能确定数据流是发生"急剧变化"还是"相对稳定"以及新增和消失的聚类簇有哪些，但对于原有聚类到底发生了什么变化不能进行细致的描述。深入研究表明，随着新数据的不断流入以及历史数据的不断衰退，原有聚类发生变化的情况十分复杂，原有聚类分裂成两个新聚类；原有两个独立的聚类合并为一个聚类；原有聚类发生了位置漂移；原有聚类形状发生了改变；一个聚类同时发生前述的多种演化，例如，一个聚类既发生漂移也发生了形变。如何对这些演化进行精确地定位和描述，该模型无法解决。

流数据聚类演化分析可分为 3 类：

（1）新类形成，即流数据聚类过程中创建了新的类；

（2）旧类消失，即流数据聚类过程中，某类内的所有元素均已过期，删除该类；

（3）类的漂移，即数据的变化引起类的位置和属性（如密度、形状）发生变化。

到目前为止，研究人员已经开发了许多流数据系统，这些系统根据使用目的可划分为流数据分析挖掘系统和流数据管理系统。流数据管理系统的主要目的是对流数据连续查询提供支持，而流数据分析挖掘系统的主要目的是提供各种流数据分析挖掘功能。下面是一些有代表意义的流数据分析挖掘系统：

（1）Diamond Eye 系统

该系统代表早期的流数据分析系统，是由 Burl 等人为美国国家航空和宇宙航行局的喷气推进实验室设计开发的，目的是使远程计算系统和科学家们能从实时空间对象图像流中提取各种模式。这一项目的代表是早期流数据分析应用。

（2）MobiMine 系统

该系统是第一个处理流数据挖掘系统，由 Kargupta 等人开发。该系统基于 PDA，采用客户端 / 服务器系统结构对股票市场中的流数据进行分布式挖掘。在该系统中，服务器实现主要的挖掘处理，并在 PDA 与服务器之间通过多次信息交互直到最终将分析挖掘结果显示在 PDA 屏幕上。随着 PDA 设备计算能力的不断增强，越来越倾向于在客户端执行更多的分析和挖掘任务。

（3）VEDAS（Vehicle Data Stream Mining System）系统

该系统是由 Kargupta 等人设计开发的，用于移动车辆的监控和信息提取。VEDAS 可连续监测移动设施产生的流数据，并从中实时提取模式，主要的挖掘任务由车载 PDA 完成，采用聚类技术分析驾驶员行为。

（4）EVE 系统

该系统由 Tanner 等人开发设计，可用于挖掘天文研究中各种传感器连续不断产生的观测数据。为了节省有限的带宽，仅在空间监测单元发现了有趣的模式时，才将这些有趣模式传送回地面上的基站进一步分析和处理。该系统是空间流数据应用的典型代表，空间流数据应用中将产生大量的各种天文观测数据，需要实时分析这些流数据信息。

（5）Srivastava 等人为美国国家航空和宇宙航行局开发了一个实时系统

采用核聚类方法检测地球物理过程，例如下雪、结冰以及多云等。核聚类算法用于压缩数据。该项目的目的在于，为传输空间图像流数据到地面处理中心的传输过程节省有限的带宽。由于核方法计算复杂度低，而系统计算资源有限，因此选择核方法。

第五章　数据挖掘前沿问题

第一节　传统统计面对的挑战

一、统计的黑匣子特性

物理学、生物学、化学等学科的典型课题都是研究非常具体的客体之间的关系。它们即使不能直接观测，也必须是可以通过测量或其他方式认识的。这些学科所用的数学模型是确定性的。而现实世界中另外一些关系，特别是社会科学中的许多关系，则很难是如此明确的。许多不知道或无法说清楚的因素影响着这些关系。这些说不清楚的由现实世界（或自然）产生的内在机制只能被看成是具有某种随机结构的。记输入的数据为 x，而输出为 y，那么，根据 x 产生出 y 的过程则可以用如下描述：

$$x \to 自然 \to y$$

一般来说统计数据分析有两个目的：一个是能够由输入数据 x 来预测 y；另一个为解释这个联系输入变量和输出变量的"自然"部分，即所谓的"黑匣子"。

按照 Breiman 的说法，统计有两种文化：一种是数据建模文化（data modeling culture），它在黑匣子中假定一个随机产生数据的模型。这些模型中最典型的包括大家熟知的线性回归模型、logistic 回归模型和 Cox 模型等。这里对模型是否适当，采用诸如拟合优度检验和残差分析等方法来确定。而模型通常为下面的函数形式：

$$响应变量 = f（预测变量，随机噪声，参数）$$

Breiman 所说的另一种是算法建模文化（algorithmic modeling culture）。它也是找一个函数 $f(x)$ 来预测 y。只不过这里的函数不局限于一些明确表达的数学公式，而是一个算法。这里主要关心的是预测。而黑匣子到底是什么，能够解释就解释，但并不强求。典型的算法包含决策树、关联规则、随机森林、支持向量机等。这里对模型是否适当，则采用预测精度来衡量。Breiman 估计，统计学家中只有 2% 属于这个文化，而他是属于这个文化的。他认为，专注于数据模型会产生无关的理论以及有问题的结论，使得统计学家远离适当的算法模型，不去研究崭新的实际问题。

这里引用 Breiman 的两种文化的说法，并不想研究他对统计文化划分的科学性和合理性，而是想借他的这个平台，强调他在这里试图传达的一个重要信息，即统计面临的危机和统计领域究竟要向何处发展的问题。

多数专业统计学家属于数学出身。他们习惯于严密的逻辑和精确的推理。他们认为"数理统计学只是从数量表现的层面上来分析问题，完全不触及问题的专业内涵。"在这个意义上，"数理统计方法是一个中立性的工具。这里'中立'的含义是，它既不在任何问题上有何主张，也不维护任何利益或在任何学科中坚持任何学理。作为一个工具，谁都可以使用。如果谁不同意这种方法，可以不使用。"对于统计方法或统计模型本身的这种在各学科中的"中立性"是大家都同意的。但是，任何统计方法的发展、任何模型的建立都有其应用背景。统计学家的研究，就其本质来说，是不可能独立于这些领域的具体目标，除非他们所做的工作是统计推断中间的一个局部数学环节的演绎式推导。为了表述准确，我们这里所提到的"统计学家的研究"是指基于数据所进行的归纳研究，而不包括那些对统计方法中间的数学内容进行局部演绎一类的既不涉及数据又不涉及结果解释的内容。一个全面的统计学家不可能在统计应用研究中对研究对象所属的领域保持无知。

由于统计学家越来越不可避免地和应用打交道。这就出现了如何对待上面所说的"黑匣子"的问题。多数应用领域的研究人员，针对他们所面对的实际问题和数据，在那些中立的方法中选择一些他们认为合适的模型或方法，来处理他们的问题。对于一些看来没有现成方法可用的问题，则由一些受到良好统计训练的人和该领域的实际工作者合作，以找到合适的方法。按照 Breiman 的说法，数据建模文化包含了目前统计课程所涉及的大部分统计模型。建立这些模型需要一些在实际中不一定能够满足的数学假定，在实行模型选择、对结果的解释和预测等方面有很多不明确或不清楚的地方。这些模型的使用对于非统计领域的人员来说并不方便。而算法建模文化，则针对实际课题的问题，选择一些方法，利用计算机来根据训练样本建模。人们用对测试样本的预测精度来判断这些模型是否适用。由于没有多少中间的人为干预，Breiman 觉得，这种文化是其他领域的工作者容易掌握的。

下面就统计和数学之间的关系以及传统统计方法实施中的一些问题，进行简单的讨论。

二、统计从数学继承了什么

统计应用最初是由政府的需要而产生的，但目前统计的方法和理论基础是由一批数学家奠定的。很多人认为统计学是"数学的一个分支"。这当然不仅涉及统计和数学的定义，而且涉及统计的性质和应用背景。笔者认为，如果脱离统计的应用背景而把统计作为纯粹数学的一部分，那么，统计学没有存在的必要。第一，统计学的方法都是在应用的推动下产生的，如果没有应用，它们不会出现。第二，如果以应用为目的而产生的统计方法不能满足应用的要求，再漂亮的数学表达也不能保证其存在；也就是说，脱离应用背景的统计方法是没有生命力的。第三，统计中的数学本身不能形成一个完整的逻辑体系（贝叶斯统计可能被认为是例外），其中有大量的人为或主观因素在起作用；这是不符合纯粹数学的本质的。到底统计是不是数学，没有必要进行争论。在不同定义和前提下面，可能有各种结论。但统计为应用服务的本质，是没有人争论的。而统计的基础是实际领域产生的数据，也是被广泛接受的统计定义所确定的。

由于统计发展历史中的数学背景，20世纪中期基本定型的数理统计教科书充满了数学味极强的定义、引理、定理、推论，以及贯穿其中的纯粹数学推导和证明。数学是一个"是非明确"的理想世界，它自我形成严格的封闭逻辑体系；只要逻辑正确，数学研究最多得不出结果，但不会犯错误。这也是以演绎为主的数学魅力之所在。数学教科书也因此没有负面的内容。但以归纳为主要思维方式的统计是描述现实世界的，是为各领域服务的。统计需要建立各种数学模型来近似现实世界，但任何数学模型都不可能精确地描述现实世界或自然，正如没有科学理论能够等于真理一样；和确定性的数学不同，统计的结论不可能是确定性的；数学是不能证伪的，而统计科学和其他科学的理论一样，必须是可以证伪的（falsifiable）。在不断证伪的过程中，统计科学才得以发展。

由于很多数理统计课程基本上由数学老师教授，完全按照纯粹数学的模式设计，所以，对于背后的基于数据的统计思想介绍得不很充分，也不强调这些充满假定的数学模型都是对现实世界的不同程度的简化。几乎没有人告诉学生，所有统计教科书中对数据（或其总体）的数学假定都是无法用数据验证的；大多数教科书仅仅指出这些模型在什么假定下可用，而很少指出违背这些假定的后果；统计教科书往往在给出统计方法结论的同时，不指出根据这些结论所做出决策的风险，也很少强调统计学家不能替代实际领域专家做决策的原则。数学化的统计教科书极少提到统计应用中一系列决策的主观性和任意性。

三、传统的数据建模在应用中所遇到的问题

首先，无论是统计学家还是其他领域的研究人员，对他们的研究对象所选择的模型，无论是现成的，或者是他们要基于现成模型修正的，或者是他们针对这个课题所新建的，都仅仅是对现实世界的某种近似。而这些用数学语言所描述的模型存在的一个必要条件是它们必须能够被人们解出来。这些解可以是近似的，或者是精确的。无论得到什么样的结论，都由于模型的近似性而必然是近似的。而这些结果到底和现实世界有多么近似，则是不可能完全说清楚的。

衡量模型是否合适或者统计结果是否合理的传统方法包括常用的 t 检验、F 检验、各种拟合优度检验、确定性系数 R^2 以及 AIC、BIC 等，当然还采用无偏性等大样本或总体概念。这些方法已经有很多年的历史了。它们在统计学理论的发展和统计在各个领域的应用中起了很大的作用。正如 Efron 指出的，20世纪的统计可标以"100年的无偏性""大多数我们的统计理论和实践是围着无偏或几乎无偏估计（特别是MLES）和基于这样估计的检验转的。"然而，要使用这些判别方法，必须对模型和产生数据的总体做出一些假定，诸如模型的数学形式、误差的结构和分布的假定。这些假定是基于经验、数据的特征或数学上的方便。然而，Bickel et al. 表明，除非备选假设有明确的方向，否则拟合优度检验的效率很低。这是因为综合的拟合优度检验要面对所有方向，除非极度不拟合，否则是很难显著的。而残差分析也是不可靠的，它在变量数目多的时候无法揭示欠缺的拟合。不同的残差分析方法会导致不同

的结论。Breiman 指出，近年来在 JASA 发表的应用文章主要谈论模型上的创新，似乎和独创性的统计模型相比，模型拟合好坏是次要的。只欣赏模型本身，而忽略实际应用背景是危险的。当结论仅仅描述模型的机制而不反映模型应该反映的现实世界时，结论必然是错误的。Mostelling&Tukey 在讨论回归的谬误时说：整个按部就班的回归领域充满着智力的、统计的、计算的和主题的困难。我们面对着从包含未知的物理、化学、生物或社会机制的复杂系统中产生的未受控制的观测数据。很难想象这种复杂的机制能够被一些统计学家主观选择的参数模型来充分解释。而从这些模型得到的结论不能由拟合优度检验和残差分析来证实。

传统统计方法的另一个问题是数据建模的结果的多重性。也就是说，若干模型都显著，但它们对现实世界有不同的描述。这些不同但又都"显著"的模型对黑匣子的解释各异。Mountain&-Hsiao 表明，很难构造一个能够包含所有竞争模型的复杂模型。而且，鉴于利用有限的样本所建立的依赖于渐近理论的各种检验的合法性和效率，所导致的结论是靠不住的。

四、算法建模

和传统的所谓数据建模文化不同，Breiman 所定义的算法建模文化则多数由没有传统统计背景的研究人员所发展。早在 20 世纪 80 年代，算法建模在心理计量学、社会科学、医学中就有不同程度的应用。但最有影响的是 20 世纪 80 年代中期出现的神经网络和决策树。这些方法的目的是预测的精度。最初的研究人员是年轻的计算机科学家、物理学家、工程师和少数统计学家。他们在数据模型无法使用的复杂预测问题上试验他们的新的方法。这些问题包括语言识别、图像识别、非线性时间序列预测、笔迹识别以及金融市场的预测。

算法建模的势力迅速扩展，并且产生了数千篇文章。最初的算法建模的研究人员多数没有传统统计训练，或者不受传统统计的约束，现在也有一些著名的统计学家加入他们的行列。他们的问题不仅进入传统统计无用武之地的领域，比如处理由遥感卫星、互联网、光学和射电天文望远镜、基因研究等产生的海量数据之外，也进入了传统的数据建模的领地。目前的算法建模方法对于模型的评价主要是预测精度，比如利用试验数据集来对训练数据集所建立的模型进行交叉验证。他们的方法也逐步改进，比如支持向量机就比早期的神经网络更有效，助推法（boosting）或其改进型进行分类和回归的方法也在不断发展。这些方法许多是在机器学习、人工智能或数据挖掘等各种名称下产生和发展。

算法建模和传统统计不仅仅区别于前面所说的着重于预测精度和适用于海量数据，它还有其他一些优点。比如在基因数据中，变量个数可以达到 4682 个，而样本量仅有 81 个。它不仅不畏惧巨大的维数，而且认为变量越多，包含的信息越多。实际上，有大量的信息在各种预测变量的组合之中。算法建模文化不仅不减少维数，而且在预测变量中增加许多变量。这样巨大的变量和观测值数目的比例是传统统计不可想象的。比如，Diaconis&Efron 曾经说过，"统计经验表明，基于 19 个变量和仅仅 155 个数据点来拟合模型是不明智的。"此外，前面所说的数据建模文化所无法解决的模型多重性问题在算法建模文化中也是有利的，它可以把大量的竞争模型整合起来增加预测的精度。高精度总是与数据背后的机制更可靠的信息相关联的。因此，算法模型比数据模型提供更好的预测精度，也提供了关于数据背后机制的较好的信息。此外，应用算法模型需要较少的专业知识和专家干预，对于各领域的工作者来说，更易于掌握和理解。

尽管算法建模有如此广泛的应用和优势，但是，由于算法建模文化的研究成果基本上没有传统统计所固有的总体分布假定、假设检验、参数估计等标志性因素，这些成果多数发表在工程、计算机及其他非统计应用领域的期刊上。人们可能会问，按照（比如不列颠百科全书）统计是"收集、分析、展示和解释数据的科学"的定义，难道这些算法建模不属于统计吗？实际上，在统计学的社区中，统计的定义是由各个统计系研究生课程的内容来确定的，是由统计杂志的文章范围来确定的。当然，统计系的课程目录是由受过传统统计训练的教授确定的，而统计杂志的内容是由该杂志的主编和编辑来决定的。在这种自我贴标签和自我约束下，统计界过去更多地聚焦在模型形式本身，而不是作为建模目的之所在的实际问题上。统计也因此失去了大量的活力、创造力和领地。上面所提到的统计的形式定义从来没有被完全当真。坚持数据模型的损失在于统计学家把自己排除于一些最有意义和挑战性的统计问题之外，而许多有意义的结论最终由非统计学家找到。

五、回到统计的最初宗旨

最初，统计是为解决实际问题而产生的；现在，统计学必须重新回到它针对实际问题而与数据打交道，并且创造有关理论的传统。为了解决实际问题，必须毫无偏见地接受任何有效的建模方法。无论是数据模型，还是算法模型，还是它们的结合都可能很好地解决面对的问题。统计学家还需要与其他领域的科学家合作，共同工作。只有这样，我们才能应对新时代中不断产生的问题所带来的挑战。

第二节　常用算法建模概述

传统统计主要是用前边 Breiman 所说的数据建模方法，例如线性回归模型、广义线性模型、多元分析的各种方法、Cox 模型等。而数据挖掘既用适当的传统统计建模方法，也用算法建模。这里介绍的一些常用的算法都是在回归、分类和关联分析中最常用的。本书主要介绍决策树（decision tree）、关联分析（association analysis）、最近邻方法（nearest neighbor method）、人工神经网络（artificial neural network）、支持向量机以及组合方法（ensemble method）。在本章中我们主要介绍关联分析、最近邻方法、人工神经网络、支持向量机

一、关联规则分析

关于规则分析（association analysis）也称为关联规则挖掘（association rule mining），

它旨在一个很大的数据集中找出关联或相关的关系。所谓的关联规则（association rules）显示出在一个给定的数据集中频繁一同出现的变量。关联规则的概念由 Agrawal, Imielinski Swami 最先提出。

最著名的例子是购物篮分析。在超市收款台的条码机通过扫描记录了每一个顾客所购买的全部物品，这样，商家就获得了什么商品是最频繁购买的，哪些商品被同时频繁购买等信息。他们可以根据这些信息来以最优的方式安排货架，以确定哪些商品需要摆在一起，哪些商品需要促销，以及如何在广告上宣传商品。

我们先看一个有名的购物例子。

✍ 例 5.1（Groceries）

这是一个超市购物例子，数据中有 9835 笔交易，涉及 169 种商品。每个交易为一个顾客的购买记录，而每种商品是一个二分变量，比如，购买用 1 代表，未购买用 0 代表。通过对数据的初步计算，我们发现在单项计数中，全牛奶（whole milk）的频数最高，为 2513（频率接近 26%），其次其他蔬菜（other vegetables）为 1903，面包（rolls/buns）为 1809，苏打（Sofia）为 1715，酸奶（yogurt）为 1372 等。此外，还可以知道分别买不同数量商品的顾客人数，购买 1～9 种商品的人数展示在下表中：

表5-1　购买1～9种商品的人数

购买商品数（n）	1	2	3	4	5	6	7	8	9
购买n个商品的人数	2159	1643	1299	1005	855	645	545	438	350

在考虑各种商品组合之后，我们想要知道，购买其他什么物品的人会购买 whole milk。计算表明，和 whole milk 同时购买 other vegetables 的频率为 7.48%，但在购买 other vegetables 的人中却有 38.7% 的人买 whole milk 为在整个人群中购买 whole milk 的比例（25.6%）的 1.51 倍。为了更好理解这些数据代表的意义，我们需要引入下面的一些术语和基本概念。

在关联规则所使用的数据中，每一个观测称为一个事务或交易（transaction），而每一个二分变量称为一个项目或项（item）。一个数据为事务的集合，称为事务数据集。多个项目组成的集合称为项目集或项集（itemset）。用 X 表示一个项目或者项目集，用 Y 表示与 X 没有交的另一个项目或项目集，那么记号"X➡Y"表示 X 和 Y 同时出现的一个规则（rule）。在 X➡Y 中，称 X 为前项（也称为条件项或左项，antecedent, left-hand-side or LHS of the rule），而称 Y 为后项（也称为结果项或右项，consequent, right-hand-side or RHS of the rule）。而我们感兴趣的是涉及这个规则的有关频数或频率所导出或包含的信息。这些信息包括：

（1）X➡Y 的支持度（support）

定义为前项和后项在整个数据集中同时发生的频率。如果用 σ（Z）表示事务 Z 在包含

N 个事务的整个事务数据集中的频数，则 X⟹Y 的支持度为 supp（X⟹Y）= σ（X∪Y）/ N。如果用 A 表示事务包含 X 的事件，而 B 表示事务包含 Y 的事件，则支持度估计了概率 P（A∩B）。显然，支持度的前后项是对称的。有的文献用频数而不是频率来定义支持度。

（2）X⟹Y 的置信度（confidences 注意：和统计中的置信度有区别）

定义为支持度和前项频率之比，即 conf=（X⟹Y）=supp（X∪Y）/supp（X）= σ（X∪Y）/ σ（X）。如果用 A 表示事务包含 X 的事件，而 B 表示事务包含 Y 的事件，则支持度估计了概率置信度的前后项是不对称的。

（3）X⟹Y 的提升（lift）

定义为置信度和后项频率之比，即 lift（X⟹Y）=supp（X∪Y）/[supp（X）supp（Y）]。如果用 A 表示事务包含 X 的事件，而 B 表示事务包含 Y 的事件，则支持度估计了概率 P（A∩B）/[P（A）P（B）]。提升的前后项是对称的。

对于我们的例 5.1 数据，如果把 whole milk 作为右项，支持度最高的五个规则为：

表5-2　支持度最高的五个规则

规则	支持度	置信度	提升
{other vegetables⟹{whole milk}	0.07483477	0.3867578	1.513634
{rolls/buns}⟹{whole milk}	0.05663447	0.3079049	1.205032
{yogurt}⟹{whole milk}	0.05602440	0.3079049	1.571735
{root vegetables}⟹{whole milk}	0.04890696	0.4486940	1.756031
{tropical fruit}⟹{ whole milk}	0.04229792	0.4031008	1.577595

这个结果表明，other vegetables 和 whole milk 同时购买的频率最高，商家可以依据这个信息对货架或宣传进行合理安排。

而如果按照置信度和提升来排列的话，把 whole milk 作为右项的置信度和提升最高的五个规则为：

表5-3　置信度和提升最高的五个规则

规则	支持度	置信度	提升
{curd，yogurt}⟹{whole milk}	0.01006609	0.5823529	2.279125
{other vegetables，butter}⟹{whole milk}	0.01148958	0.5736041	2.244885
{tropical fruit，root vegetables}⟹{whole milk}	0.01199797	0.5700483	2.230969
{root vegetables，yogurt}⟹{ whole milk}	0.01453991	0.5629921	2.203354
{other vegetables，domestic eggs}⟹{whole milk}	0.01230300	0.5525114	2.162336

前面提到，买 whole milk 的人占总顾客人数的 26%。因此，如果在整个人群中推销 whole milk，则可能只有 26% 的人响应，而如果在购买 curd 和 yogurt 的人群中促销 whole milk，则可能有 58%（上表中 {curd，yogurt} ⟹ {whole milk} 的置信度）的顾客会响应，

是在整个人群中促销效率的约 2.28 倍（上表中 {curd，yogurt} $\Rightarrow$ {whole milk} 的提升）。

关联规则还可以应用于抽样调查或普查数据。这些数据中包含许多多选题和数量回答，为了进行关联分析，必须把多选题变成许多二分变量（每个题目的每个选择形成一个二分变量），也需要把数量变量离散化，并且变为多个二分变量。我们再看一个来自美国普查局政府网站的数据库的例子。

✏ 例 5.2（Adult）

这个例子原本有 48842 个观测值及 15 个变量。这 15 个变量经过挑选并转换成 115 个二分变量。原始的变量通过计算，我们得到下面以收入少为后项的结果。

表5-4　收入少为后项的结果

规则	支持度	置信度	提升
{workclass = Private，relationship = Own-child，sex = Male，hours-per-week = Part-time} $\Rightarrow$ {income= small}	0.01154744	0.7058824	1.394689
{workclass=Private，marital-status = Never-married，sex = Male，hours-per-week = Part-time} $\Rightarrow$ { income= small}	0.01517137	0.6951220	1.373428
{workclass = Private，occupation=Other-service，relationship= Own-child，capital-gain=None} $\Rightarrow$ {income= small}	0.01617460	0.6942004	1.371607

也得到下面以收入多为后项的结果。

表5-5　收入多为后项的结果

规则	支持度	置信度	提升
{marital-status = Married-civ-spouse，capital-gain=High，native-country = United-States} $\Rightarrow$ {income=large}	0.01562180	0.6849192	4.266398
{marital-status = Married-civ-spouse，capital-gain=High，capital-loss = None，native-country =United-States } $\Rightarrow$ {income= large}	0.01562180	0.6849192	4.266398
{relationship：Husband，race=White，capital-gain= High，native-country = United-States} $\Rightarrow$ {income = large}	0.01302158	0.6846071	4.264454

从这两个表格所展示的信息，我们可以看出，在私有企业的非全时职工或在服务业的职工有较少的收入，而有较大资产收益的在美国出生的人可能有较高的收入。

对于小的事务集，得到这些规则并不困难，但是对于大的事务集，各种项集组合而成的规则的数量可能很大。就拿例 5.1 中数据而言，只包括了 169 个商品，但可能的规则数目

为 $2^{169}-1 \approx 7.48^{50}$ 个。实际上，一个较大超市的商品数有成千上万种，规则数目就肯定达到天文数字了，计算量是相当可观的。许多文献是关于如何以较高的效率和较少的计算机资源来计算这些规则的频数。Agrawal，Imielinski&-Swami 提出了 AIS 算法，它应用精密调整估计技术、修剪技术及缓冲技术来进行规则寻找。Houtsma Swami 后来提出了 SETM 方法，Agrawal&Srikant 提出了 Apriori 方法、AprioriTid 方法及二者的杂交方法 AprioriHybrid 方法。后三种方法的性能较好，也较常用。本书对这些计算方法不做赘述。

得到大量的规则之后，如何从中挖掘出有用的信息则是主要的课题，因此许多人在支持度、置信度和提升等指标之外还使用其他度量。其中关于项目集的度量包括 Omiecinski 提出的全置信度（All-confidence）、Xiong，Tan and Kumar 提出的交叉支持比（Cross-support ratio），而对于规则的度量包括 Liu，Hsu and Ma 提出的 Chi square 统计量（Chi square measure），Brin et al. 提出的确信（Conviction），Hahsler and Hornik 提出的超提升（Hyper-lift）和超置信度（hyper-confidence），Piatetsky-Shapiro 的杠杆（Leverage），Bayardo，Agrawal and Gunopulos 的改进（Improvement），此外还有 Tan，Kumar and Srivastava 提出的几个度量（如：cosine，Gini index，ϕ-coefficient，odds ratio）。下面给出了其中一些度量的简单介绍。

（1）关于项目集的度量

一个项目集的全置信度（All-Confidence）定义为从该项目集中产生的所有可能规则中的最小置信度。

一个项目集的交叉支持比（Cross-S 叩 port Ratio）定义为其最小频率项与最大频率项的支持度之比。

（2）关于规则的度量

关于规则的 Chi Square 统计量用来检验该规则左项和右项的独立性，其值高时，说明它们不独立。

规则的改进（Improvement）定义为其置信度与同样后项的任何子规则的置信度之差的最小值。

规则的杠杆（leverage）定义为 $P(A \cap B)-P(A)P(B)$，这里 A 为包含 X 的事件，B 为包含 Y 的事件。

三、最近邻方法

最近邻方法（K-Nearest Neighbor 或 KNN algorithm）恐怕是最简单的统计方法了。它在数据挖掘、统计模式识别、图像处理等领域都有许多应用，在笔迹识别、卫星图像和心电图模式识别等具体应用上都很成功。

在分类问题中，K 最近邻方法把一个点划分到训练集里面它的 6 个近邻中多数所属于的类中。当然，首先必须定义距离，并且计算点间的距离。这对于数量变量很容易，对于属性变量则需要特别考虑其他度量距离的方法。然后可以选择已经知道划分了的点作为基础来确定一个新的点的类别；此外，还必须决定需要多大的近邻来做比较，也就是要选择适当的 k 的值。可以对于较近的点加更多的权重。此外，如果遇到打结（tie）的情况，则可以随机地把打结的若干点排出距离顺序。K 最近邻方法也可以用于因变量为定量变量的回归，只不过结果用训练集的 k 近邻点的因变量值的中位数、平均或加权平均来估计。当然，K 最近邻方法也可用于因变量为定序变量的分类。

实施 K 最近邻方法计算量可能会很大。这是因为对每个点的分类都要重新计算一遍，因此在计算机领域内对此有很多研究。在变量较少时，K 最近邻方法很容易理解。该方法不仅可以处理标准的数量型数据，也可以在存在非标准数据形式时进行建模，但必须确定合适的度量。

不失一般性，这里我们仅考虑分类问题，而回归问题的逻辑与比类似。假定我们有训练数据集

$$L=\{(x_i, y_i), _i=1, \cdots, N_L\}$$

这里；$y_i \in \{1, \cdots, c\}$ 表示其属于 c 个类别之一，而 $x'_i=(x_{i1}, \cdots, x_{ip})$ 表示预测变量。

下面介绍加权 K 近邻分类（Weighted k-Nearest-Neighbors, wkNN）。其原理是给训练集中离新观测点较近的点以较大的权重。有许多不同的方法来达到这个目的。我们叙述 Hechenbichler and Schliep 的方法。首先，假定使用 Minkowski 距离

$$d(x_i, x_j) = \left(\sum_{s=1}^{p} \left|x_{is} - x_{js}\right|^q\right)^{\frac{1}{q}}$$

这样，我们除了要确定 k 之外，还要确定 q。为了免除量纲影响加权，需要对协变量进行尺度标准化。对于数量变量，只要用标准差作为除数即可，不用减去均值。对于有 m 个水平（类）的有序变量，可以用 m-1 个哑元表示。比如，当 m=4 时，可以用下面 3 个哑元表示：

class	v_1	v_2	v_3
1	1	1	1
2	−1	1	1
3	−1	−1	1
4	−1	−1	−1

类似地，对于有 4 个水平的分类变量（名义变量），可以用下面的哑元表示：

class	v_1	v_2	v_3	v_4
1	1	0	0	0
2	0	1	0	0
3	0	0	1	0
4	0	0	0	1

对这些哑元变量的标准化，Hechenbichler and Schliep 提出了基于相应哑元的协方阵的迹的标准化方法，利用

$$\sqrt{\frac{1}{m}\sum_{i=1}^{m}\text{var}(v_i)} \text{ 和 } \sqrt{\frac{1}{m-1}\sum_{i=1}^{m-1}\text{var}(v_i)}$$

分别作为对分类变量和有序变量的除数。而计算距离时，由于水平较多的分类变量转换成较多的哑元变量，为了避免它们有更多的权重，对分类变量和有序变量分别要权以 $\frac{1}{m}$ 和 $\frac{1}{m-1}$。当然这种标准化不如单一数量变量的标准化精确，但比不标准化要好。其他对付分类和有序变量的方法参见 Fahrmeir et al. 和 Cost and Salzberg。

而权函数可用各种核函数（kernel function）K（d）。对于距离 $d \in R$，这些核函数必须满足而且在 K（d）≥ 0 处 K（d）达到极大值，此外当 $d \to \pm \infty$ 时，K（d）单调下降。

✏ 例 5.3（BreastCancer）

这是加州大学伯克利分校数据库提供的关于威斯康星大学麦迪逊分校医院的乳腺癌数据。一共有 699 个观测值和 11 个变量。目标变量（因变量）是关于病人是良性（benign）还是恶性（malignant）肿瘤的二分变量 class，而协变量包括病人的 ID、肿块厚度（Cl. thickness）、细胞大小（Cell, size）、细胞形状（Cell, shape）、边缘粘连（Marg. adhesion）、单独上皮细胞大小（Epith.c.size）、裸细胞核（Bare, nuclei）、淡染色质（Bl. cromalin）、正常细胞核（Normal, nucleoli）、分裂激素（Mitoses）。这些协变量都是数量型变量，除了 ID 之外，都转换成了 1 ~ 10 的整数。整个数据有 16 个缺失值。我们把缺失值去掉，随机选择 1/3 的数据作为测试集，而剩下的 2/3 作为训练集。选择 k=5，利用 triangular kernel 作为核函数进行加权 KNN 分类，对于测试集的预测结果在下面表中。

表5-6 测试集的预测结果

真实值	预测值（拟合值）	
	benign	malignant
benign	144	2
malignant	5	77

四、人工神经网络

人工神经网络（artificial neural networks）简称神经网络（neural networks）的研究已经有很多年的历史了，但现代人工神经网络的真正起源只有 20 多年的时间。目前它已经应用到相当广泛的领域中，这些领域包括金融、医药、工程、地质和物理等方面。实际上，凡是需要预测、分类或者控制的地方都离不开神经网络。从方法论的角度，人工神经网络是用来近似未知的函数，比如回归和分类，模式识别，指纹、笔迹和声音识别，以及信号处理。

更确切地说，人工神经网络是试图通过学习来做上述的课题。

人工神经网络是一个非常复杂的建模方法，能够建立非常复杂的函数，特别是非线性的函数。它非常容易使用，那些对传统非线性统计建模方法不熟悉的人也可以很容易地学会使用神经网络方法来建模。由于它有很多参数，因此神经网络可以非常灵活地近似任意的光滑函数。

由于神经网络的种类很多，这里我们仅限于介绍前馈式神经网络（feedforward neural network）。这方面的一般介绍可参看 Bishop, Hertz et al., Ripley。最简单也是最常用的前馈式神经网络有输入层、输出层及只有一个隐藏层，每一层由若干节点（unit, knot）或神经元组成。所有的连接都是从一层的各个节点（神经元）到下一层的各个节点，而且全部方向都是向前的，没有横向的。每一层到下一层任一节点的输出都是加权和，然后再通过激活函数（activation function）向下一层输出。

例 5.4（Shuttle）

该数据来自悉尼大学的数据库，有 58000 个观测值，9 个数量型的自变量及一个分类目标变量（因变量）。我们随机选择一半数据作为训练集，而其余的作为测试集。因变量Class 有 7 种取值，取值的名字及它们在整个数据、训练集及测试集中的分布为：

表5-7　因变量Class有7种取值

	Bpv.Close	Bpv.Open	Bypass	Fpv.Close	Fpv.Open	High	Rad.Flow
整个数据	10	13	3267	50	171	8903	45586
训练集	6	6	1616	24	90	4584	22674
测试集	4	7	1651	26	81	4319	22912

我们用仅有一个隐藏层的前馈式神经网络对训练集进行拟合，再分别看对训练集和测试集的拟合效果。我们进行了两次拟合，一次隐藏层有 2 个节点，而另一次有 9 个节点。

在隐藏层有 9 个节点时，训练集的误判率为 0.0003793103。

从这个例子可以看出，增加节点可能会增加精度，但是，训练集的精度增加得比测试集快。实际上，当节点不断增加时，训练集可以拟合得越来越好，但测试集的精度则有可能不会再增加或者下降，这就是所谓过拟合（overfitting）现象。

五、支持向量机

支持向量机（support vector machine）是很有用的分类工具，它也可以用在回归上。它最初是由具有两类的分类问题引起的，我们也从这样的两类问题介绍。首先我们考虑线性可以分辨的问题，然后考虑线性不可分问题，最后介绍非线性问题通过核函数的变换求解问题等。

（一）线性可分问题

假定我们的训练样本为 $\{x_i, y_i\}$，$i=1, \cdots, n$，这里 $x_i = (x_{1i}, \cdots, x_{pi}) \in R^n$ 为自变量，而 y 为作为目标的因变量，不妨假定 $y \in \{-1, 1\}$，也就是只有两类的情况。我们先看一个简单的二维点的分类问题，这时，每个自变量点为一个属于 R^2 的二维向量。

我们的问题是，如何根据这些样本点找出一个规则来对一般的点进行分类。在这个二维点的问题上，线性的解答是画一条能够区分这两类点的直线，而且这条直线在某种意义上是最优的。一个新的点的类别的确定依赖于它在该直线的哪一边。对于高维数据上（假定维数等于），我们要寻找的是一个能够区分这两点的超平面 $W^Tx+b=0$，这里 $w=(\omega_1, \cdots, \omega_p,)$，$x=(x_1, \cdots, x_p)$，对于任意的新点 u，则根据判别函数 $f(u)=W^Tx+b$ 大于零还是小于零来确定该点属于哪一类。

那么如何选择一条按照某种准则最优的直线或超平面呢？在支持向量机的应用中最常用的一个准则是分隔直线或超平面两边的不包含观测点的区域越宽越好。这就是所谓的最大间隔原则。

（二）近似线性可分问题

近似线性可分问题也称为线性不可分（linearly non-separable）问题，它是指不存在一个可以明确地分隔两类的情况。也就是说，无论用什么超平面，至少有一边会同时有两种类型的点。这时，还是利用超平面把两类点尽可能地分开，但允许一些划分错误的状况存在。

（三）非线性支持向量机

在一些情况下，线性支持向量机不能成功地进行判别。因此，我们需要引进非线性支持向量机。我们先直观地看一个简单的例子。假定有一个一维的两分类问题，中间的三个黑点属于一类，两边的空心点属于另一类，这显然无法用一个点（在一维情况，一个点相当于高维的超平面）来分开。必须用复杂的曲线来分开。但如果进行一个二次变换，换到二维空间，则可以用一条直线把不同的类分开。

原本无法用简单的线性超平面分隔的点在经过变换之后就可以用较简单的超平面分开了。当然，这种变换在维数很高时对计算是个挑战。

✏ 例 5.5（Shuttle）

它有 9 个数量型自变量（$V_1, \cdots, V_9$）和一个有 7 个类别的因变量（Class），有 58000 个观测值。和例 5.4一样，我们随机选择一半数据作为训练集，而其余的作为测试集。经过支持向量机的计算，拟合结果如下：

表5-8　测试集分类结果真实类别

预测类别	Rad.Flow	Fpv.Close	Fpv.Open	High	Bypass	Bpv.Close	Bpv.Open
Rad.Flow	22911	6	28	4	13	3	7
Fpv.Close	0	8	0	0	0	0	0
Fpv.Open	0	0	49	0	0	0	0
High	0	9	1	4315	0	0	0
Bypass	0	3	3	0	1638	0	0
Bpv.Close	0	0	0	0	0	1	0
Bpv.Open	1	0	0	0	0	0	0

由此，测试集的误判率为 0.002689655。

数据挖掘的算法模型都是统计学习的问题，其要点在于模型选择。太复杂的模型能够对训练集数据过拟合，而过于简单的模型可能对于我们想要用来预测的函数是一个坏的近似，造成太大的近似误差。造成估计误差的原因在于我们不知道输入和输出的数据的真实总体分布。我们只能够减少依赖于训练数据的经验风险，而这个风险是一个随机变量，近似误差是用来度量我们的模型对输入输出中间的"黑匣子"近似的好坏。显然如果模型空间增大，近似误差会改进。

支持向量机的优点有以下几点：它相对容易训练；不像神经网络会导致局部最优，支持向量机寻求的是总体最优性；它向高维数据变换过渡比较方便；在平衡分类器的复杂性和误差时，能够很直观地控制；可以把诸如字符串那样的非向量数据作为输入。支持向量机的一个显著弱点是需要寻找好的核函数。

第三节　决策树

作为机器学习的表现工具，决策树被广泛应用于各个应用领域。决策树的一个突出特点是它再现了人类做决策的过程。我们先看一个例子。

✐ 例 5.6（wine）

这是关于意大利一个地区的葡萄酒数据，该数据是对该地区的三种不同培育品种的葡萄所酿造的酒的 13 种要素的化学分析结果，一共有 178 个观测值。我们希望用这些数据来建立一个模型，利用这些要素的特性来判断是哪个品种的葡萄所酿造的酒。因变量是 Class（品种），有 1、2、3 个哑元取值，而 13 个自变量为 .Alcohol（酒精）、Malic, acid（苹果酸）、Alcalinity of ash（灰的碱性）、Magnesium（镁）、Total phenols（苯酚总量）、Flavanoids、Nonflavanoid phenols（非flavanoid 苯酸）、Proanthocyanins、Color intensity（颜色强度）、Hue（色调）、OD280/OD315 of diluted wines（稀释的酒的蛋白质浓度的光谱度量）、Proline（脯氨酸）。

决策树就像人类的思维过程，先看 Flavanoids 含量，再根据其是否大于 1.570 来分别查看两个下一步的成分结果，再根据各自的结果来进行更下一步判断等。决策树就像一棵从根长出来的树（这里是倒着长的，也有横着长的）。最上面一个叫作根节点（root node），中间的三个变量所在的节点叫中间节点（internal node），而最下面放置判断结果的为叶节点或终节点（leaf node or terminal node）。上面的描述性决策树是二分的（binary split），即每个非叶节点（non-leaf node）刚好有两个叉。决策树也可以是多分叉的（multiway split）。决策树的节点上的变量可能是各种形式的（连续、离散、有序、分类变量等），一个变量也可以重复出现在不同的节点。一个节点前面的节点称为父节点（母节点或父母节点，parent node），而该节点为前面节点的子节点（女节点或子女节点，child node），并列的节点也叫兄弟节点（姊妹节点，Sibling Node）。根据例 5.1 数据建立的这个决策树对训练集的误分率为 1.12%（有两个分错），它仅仅用了 13 个自变量中间的 3 个（有一个用了两次）。

任何人都能够根据成分来判断酿酒葡萄的品种，即使一点酒的常识也不懂。其实根据化学成分来鉴定酒的背景并不比许多高明的品酒师差。在许多领域，特别是需要通过计算机来做决策的领域，决策树是一个很好的、直观而又容易理解的模型。

决策树有很多优于其他类似方法的好处。它的图形输出能够直观地展示各种可能的结果和结果中误判的频率。这种展示帮助人们处理复杂的决策序列。它的效率较高，能够很快地清楚表示各种可能的决策。而且当获得新的信息时，能够很容易修正决策树。可以比较输入值的改变如何影响结果。一般标准决策树的概念很容易被接受。使用决策树，即使没有完全的信息，也能够比较各种决策的风险。预期的结果揭示了各种决策的总体优点。人们还能够利用决策树来协助其他管理工具。比如，决策树方法能够帮助评估项目计划。

在统计模型上，和其他诸如经典回归分析、多元分析等传统统计模型比较，基于树的回归和分类模型主要有下面几个优点：

（1）基于树的模型不被数据的单调变换所影响，因此结果独立于数据的尺度或量纲。

（2）很多基于树的模型不依赖于数据的背景分布（比如 CHAID 等除外），所以它是非参数的方法，即使数据是多个分布的混合，也没有关系。决策树不必要进行变换使得数据看上去正态。

（3）基于树的模型受到自变量的缺失值的影响较少，二分决策树能够利用现有数据来预测缺失值，或者仅仅利用目前的数据。

（4）基于树的模型允许自变量中的复杂交互作用，而在经典统计中必须要事先知道这些关系。在决策树模型中，复杂的交互作用比其他模型更容易理解。显然，一个树比一个非线性方程更容易解释。

决策树也是后面要讲的组合方法的一个最重要的基本方法，几乎所有组合方法的重要研究一开始都是以决策树为基本方法来实现的。本章要介绍的内容是，如何确定哪个变量占据根节点以及各个中间节点，决策树应该长到什么时候停止等。这方面有许多不同的方法。最著名的是 ID3，C4.5，CART，ITI，Newid，Itrule，CHAID，CN2 等。各种方法又有不同的变种，比如 C4.5 的商业版称为 C5.0；各种方法的结果和效果都不尽相同，甚至差异较大。其中用得最普遍的是 CART（classification and regression tree）和 C4.5 两种。CART 的每个节点只有两个子节点，而且 CART 可以解决分类和回归两种问题。而 C4.5 的每个节点可以有不限制数量的子节点数目，但不能解决回归问题。

一、决策树的构建

决策树的构造方法最先源自所谓 Hunt 方法（Hunt 1966），后来的一些方法，比如 ID3、C4.5 和 CART 等都是基于 Hunt 方法构造的。以分类为例，一开始的数据可能包含有若干类，Hunt 方法的要点是（假定在某一个节点）。

步骤 1 如果数据已经只有一类了，则该节点为叶节点。否则进行下一步。

步骤 2 寻找一个变量使得依照该变量的某个条件把数据分成纯度较大的两个或几个数据子集。而用其他变量所划分的子集不如该变量划分得那样纯。也就是说，根据某种局部最优性来选择变量。然后对于其子节点回到步骤 1。

实际上，上面的步骤会引出更多的问题需要澄清。首先，我们的决策树是二分的，即每个节点有最多两个子节点，是否允许有多个子节点？其次，上面步骤中说的"纯度"如何定义？也就是说用什么度量标准来根据数据在某节点选择变量？还有其他的一些问题，比如，是不是让决策树不断地长下去直到无法增长为止，还是适可而止？这涉及剪枝问题，因为我们总是希望模型既有效又简单。此外，变量可能是名义变量，也可能是有序变量或者连续变量，这又涉及一些细节问题等。当然，我们的目标不一定是分类，也可能是回归，从而决策树也会有所区别。

二、不纯度

以分类为例，如果所有的数据只有一类，那么数据就是最纯的，就没有必要进行分类。而如果数据中各类混杂，那么数据就是不纯的，就可能有分类的必要。决策树就是要把在根节点处不纯的数据通过树的构建，达到叶节点的比较纯的数据。因此，我们有必要确定在一个节点的不纯度（impurity）的度量，以帮助分割（split）一个节点，或者决定哪个节点需要分割。一个样本的不纯度越小，说明它的样本越纯。对于分类来说，如果所有观测值都属于一类，那么不纯度应该是 0，而如果一个节点的各类数目相等，那么不纯度应该达到最大值。

在实践中一般不用误分率，这主要因为下面的理由：（1）可能出现不分割节点能够改进误分率；（2）一个显然更好的选择和较差选择的误分率可能一样。

在一些方法中为了避免小数据的不纯度不合理地大，对于连续自变量，可用样本点的数目和方差的乘积作为不纯度的度量。而对于离散的自变量来说，可以用熵乘以样本点数。

有了不纯度的度量，我们要选择使得不纯度下降最快的树。具体来说，在某节点计算其不纯度，然后计算所有可能的变量及按照这些变量所生成的子节点的不纯度的总和（按照各个节点的样本比例求各子节点不纯度的加权和），这样，对于不同的变量，不纯度从母节点到子节点的变化不一样，我们于是选择使其下降最快的变量作为该节点的变量，比如按照先后不纯度的差，或者按照某种比例等来判断。

下面我们分别介绍几种算法。

三、ID3 和 C4.5 算法

1. ID3算法

我们先介绍 ID3。它只能处理定性变量，而且一个变量用过之后就不再使用了。

首先定义一个节点在选择了一个定性变量 X 之后，根据其取值产生若干子节点之后的信息增益（information gain）。我们用 T 表示母节点 t 处的数据样本，记该母节点的样本量为 |T|，熵为 I，而其各个子节点的样本及样本量分别为 T_1, …, T_n 及 $|T_1|$, …, $|T_n|$。如果母节点的熵为 I（T），而根据变量 X 所得到的各子节点的熵为 I（X, T_1），…，I（X, T_n），那么需要识别 T 中元素类别所需要的信息成为需要识别 $\{Ti\}_i^n=1$ 中元素类别所需要的信息的按照样本量的加权平均，即

$$I（X, T）= I（X, T）\sum_{i=1}^{n} \frac{|T_i|}{|T|} I\left(X, T_i\right)$$

在该节点对于变量 X 的信息增益定义为

$$\text{Gain}（X, T）= I（T）- I（X, I）$$

显然，源于变量 X 的信息增益代表了识别 T 中元素所需信息和在得到 X 之后识别 T 中元素所需信息之差。我们可以根据信息增益在每个节点把变量排序，并选择信息增益最大的变量在该节点继续构造树。这样做的意图在于产生最小可能的树，或者要使树增长最快。

下面是 ID3 方法的一个形式代码：

算法 4.1 ID3 算法（函数的参数为在当前节点的数据集、变量集和变量等）

function ID3（R：尚未用过的变量集，T：在该节点训练数据集）

If T 为空集，返回失败信息；

If T 包含所有同样的分类变量的值，返回一个具有该值的单独节点；

If R 为空，那么返回一个具有最大频率的当前变量的值；

Let D ∈ R 及具有最大 Gain（D, T）的变量；

Let{d_j|j=1, 2, …, m} 为 D 的值；

Let{S_j|j=1, 2, …, m} 相应于 D 的值的 T 的子集；

Return 以 D 为标签的节点及标为 d_1，d_2，…，d_m 的树枝；end ID3；

注：这时 ID3 的函数和参数为 ID3（R-{D}，T_1），ID3（R-{D}，T_2），…，ID3（R-{D}，T_m）。

2. C4.5算法

C4.5 算法为 ID3 的延伸。它可以处理缺失值、连续变量及剪枝等。为了弥补信息增益的一些缺点（比如当 I（X，T）=0 时，增益为最大，这就会产生小而纯的子集，例如企业代码、日期等），Quinlan 为 C4.5 提出了信息增益比（gain ratio）的概念。它定义为信息增益除以分离信息（split information），这里分离信息定义为

$$I_{split}（X，T）=-\sum_{i=1}^{n}\left\{\frac{|T_i|}{|T|}\log_2\frac{|T_i|}{|T|}\right\}$$

因此，信息增益比为

$$GainRatio（X，T）=\frac{Gain（X，T）}{I_{split}（X，T）}$$

从分离信息的定义可以看出，如果定义中的比例接近于 1，分离信息会接近于 0，使得信息增益比很大。因此，C4.5 仅仅对于大于平均信息增益的变量才采用增益比例。根据分离信息的定义，中间的那些比例 $\{|T_i|/|T|\}_i$ 越均匀，它也越大，因而信息增益比也越小。这也偏向于选择那些具有不均匀比例的变量。

对于连续变量，比如 X，我们考察这个变量在训练集中的值。不妨假定这些值有递增的次序 $d_{(1)}$，…，$d_{(m)}$ 排列，那么，对于每个 $d_{(i)}$，$i=1$，…，m，我们分隔观测值为两部分：一部分小于等于 $d_{(i)}$，而另一部分大于 $d_{(i)}$。然后对每个分划计算信息增益或信息增益比，并且依此选择最大增益的划分。于是，处理连续变量就和处理分类变量类似了。

对于观测值中关于某变量的缺失值的处理，C4.5 或者用该变量的众数、平均值或中位数来补上，或者用已知该属性的先验概率来处理。实际上，无论用何种方法，在一开始就应该弥补缺失值。一般方法有删除法、平均、中位数或众数方法、回归法、最近邻法等。这里不做赘述。

在 C4.5 和许多其他统计模型中都可以用交叉验证（cross-validation）的方法来估计误差和评价模型。通常都是用一部分数据作为训练集，而另一部分作为测试集来进行核对。所谓 m 折（m-fold）交叉验证就是把样本分成 m 份，每次轮流用 m-1 份建模，而用余下那一份来得到一个精度，最后把 m 个精度平均作为该模型（这里是决策树）的精度。

3.决策树的剪枝

决策树的剪枝（pruning）是把一完整子树用一个叶节点代替，或者说剪除一些节点的所有后续节点，并把这些节点作为叶节点。一般来说，如果（比如根据交叉验证）保留子树比不保留误差大，就不保留。一些人还建议了更加复杂的剪枝。

四、CART 算法

（一）CART 算法概述

CART（Classification and Regression Trees）算法包含了分类树和回归树，是由 Breiman et al. 提出的。CART 的方法是 AID 和 THAID 算法的发展和提高，而且克服了经典统计中判别分析、核密度估计、K 最近邻方法、Logistic 回归等方法中的一些固有问题。Breiman et al. 以及 Steinberg&Colla 提供了使用 CART 的一些理由，部分理由如下（其中一些是前面提到的其他基于树的模型所共有的）：

1.CART 对于自变量和因变量不做任何形式的分布假定；

2.CART 中的自变量可以是分类变量和连续变量的混合；

3.CART 具有对付一个观测中具有缺失值的功能，但用变量的线性组合来分割节点时除外；

4.CART 不受离群点、共线性、异方差性或者（如在经典回归中的）误差结构的影响。在一个节点处的离群点是孤立的，不会影响分割；

5.CART 能够探测和揭示数据中的交互作用；

6.CART 的结果不受自变量的单调变换的影响；

7. 在一些背景知识不清楚的研究中，CART 能够作为探索和分析的工具，其结果能够揭示关于问题背景结构的许多重要线索；

8.CART 的主要优点在于它有效地处理大数据集和高维问题，也就是说，它能够利用大量变量中的最重要的部分变量来得到有用的结论；

9.CART 分析所产生的树的结构很容易被任何领域的人所理解。

（二）CART 算法的分类预测精度

任何算法都会产生误差，但都需要对模型进行评价。由于 CART 不对自变量总体做任何涉及分布的假定，因此，不可能做假设检验。对于分类问题，对模型的评估主要基于 CART 对于训练集误分类的考察以及基于对实际问题的经验。检验一个树的预测精度的最好方式是取一个未参加建模的类别已知的独立检验集，并且通过训练集建立的树来确定误分率。Breiman et al. 提供了三种检验树的分类精确度的方法。为此，我们定义几个符号：令 $H(X)$ 表示一个树分类器，这里 X 为一个观测值向量；令 $R^*[H(X)]$ 表示该分类器不可能确切了解的真实误分率；再令 L 表示一个训练样本。我们的目的是建立一个分类树 $H(X)$，并找到 $R^*[H(X)]$ 的一个估计。

（1）代回误差估计（resubstitution estimate）

首先根据训练集 L 建立一棵分类树 $H(X)$，然后让训练集通过该树做出分类，再计算误分率。这个误分率 $R[H(X)]$ 称为真实误分率 $R^*[H(X)]$ 的代回估计。它的主要弱点在于它用建立模型的训练集本身来检验误差，因而它会低估误分率。

（2）测试样本估计（test-sample estimate）

如果样本很大，把 L 分成不必相等大小的两部分 L_1 和 L_2，比如 2/3 观测值属于 L_1，余下的 1/3 属于 L_2。然后用 L_1 来建立分类树 H（X），再用 L_2 来通过该树找到误分率，这个误分率 $R^t[H（X）]$ 称为真实误分率 $R^*[H（X）]$ 的测试样本估计。在大样本情况下，这个估计提供了真实误分率的无偏估计。

（3）K 折交叉验证（K-fold cross-validation）

这是对于小的样本建议使用的方法。把 L 分成相等大小的 k 个样本 L_1，…，L_k，然后轮流把一个 L_i（i=1，…，k）排除，用其余 k-1 个样本的总体建立分类树 H（X），再用被排除的 Li 通过这个树，每次得到一个误差估计 $R[H^i（X）]$，这样一共得到 k 个误差估计 $R[H^1（X）]$，…，$R[H^k（X）]$。而对 $R[H（X）]$ 的 k 折交叉验证估计为这些估计的平均：$R[H^k（X）] = \frac{1}{k}\sum_{i=1}^{k} R[Hi（X）]$。一般推荐 10 折交叉验证。

（三）建立分类树的一些规则

为了建立一棵分类树，CART 利用先验分布。CART 一共有三种先验分布供选择。令 N 为样本量，N_i 为第 i 类的样本量，π_i 为第 i 类的先验分布。这三种先验分布为：（1）数据先验（priors data）。假定样本中各类的比例和总体的一样，即；（2）同等先验（priors equal）。假定总体中各类的概率相等。（3）混合先验（priors mixed）。对于在一个节点的任何类，它是同等先验和数据先验的平均值。

在构造一个分类树的时候需要三个成分：①为了产生分割而需要的问题集合；②分割规则和分割优度准则；③在叶节点上确定类别的规则。下面分别论述这三个成分。

（1）问题的类型和形式

对于连续变量 X，问题的形式为是否"$X \leq d$？"，

这里 d 属于 X 的值域；而对于离散变量 Z，问题的形式为是否"$Z=\omega$？"，这里 ω 为 Z 的取值之一。显然，对于一个样本量为 N 的连续变量，可选择的分割方式不会超过 N，而对于取 m 个值的分类变量，可选择的可能分割方式为 2^m-1 个。除非另外说明，CART 的分割一般只基于一个变量。

（2）确定类别的规则（class assignment rule）

在叶节点确定类别有两种方式，基于两种误分损失。第一种为多数准则（plurality rule），把叶节点 t 划为 $p（j \mid t）$ 最高的类 j。这个规则所基于的是假定对每一类的误分损失是相等的，这是下面一种分类方法的特例。第二种为期望损失最小的一类。这里考虑了各类误分损失的不同的严重性，并且把损失的变化和 Gini 指数联系起来。记在节点 t，类 j 的先验概率为 $\pi_t（j）$，而把 j 类分划为 i 类的损失为

$$c\,(\,i\mid j\,) = \begin{cases} \geqslant 0, & i \neq j \\ = 0, & i = j \end{cases}$$

那么，在节点把 j 类分划为 i 类的误分损失为

$$r_j\,(\,t\,) = \pi_t\,(\,j\,)\,\mathrm{H}\,(\,i\mid j\,)$$

这样，我们确定叶节点的类型使 $r_j\,(\,t\,)$ 最小。显然如果所有 $\mathrm{H}\,(\,i\mid j\,)$ 相等，那就选择先验概率最高的那类。

（四）建立分类树的步骤

（1）树的生长

在根节点，数据是不纯的，所有的变量都是候选变量。我们进行下面的步骤来构造一棵分类树：

①对于每一个变量，都对其所有可能产生的分割计算

$$\triangle\,i\,(\,s,\,t\,) = i\,(\,t\,) - p_L[i\,(\,t_L\,)] - p_R[i\,(\,t_R\,)]$$

这样，对每个变量都选出一个最优的分割点：对于连续变量 X，要找出 d 而由是否 "X ≤ d？" 来确定分割；对于离散变量，要找出 ω，使得由是否 "Z=ω？" 来确定分割。

②对所有变量，比较它们在其最优分割点的 $\triangle\,i\,(\,s,\,t\,)$，选择相应于最大 $\triangle\,i\,(\,s,\,t\,)$ 的变量作为根节点的分割变量，并由此产生两个子节点。再对这两个子节点根据使误分损失最小的原则确定节点的类型。

③对每个非叶节点，重复上面①~②步。最终 CART 构造一个有很多叶节点的大树，它的每个叶节点或者只有一类，或者只有很少的几个观测值。

（2）缺失值问题

如果一个用来分割的变量具有缺失值，那么，CART 不会把该观测删除，它基于其他替代变量来为这些观测值分类，结果会和主要分割变量类似。替代变量还可以用来探测变量的掩盖现象，而且可以对变量的重要性排序。

（3）树的剪枝（tree pruning）

大的树有两个问题：首先，虽然大的树对于训练集精确度很高，误分率也很低，甚至为零，但是对于新的数据集会产生很糟糕的结果。其次，理解和解释一个大的树是一个复杂的过程。一个大的树也称为复杂树（complex tree）。树的复杂性由其叶节点的个数来度量。我们必须要在精确性和复杂性中找到平衡。它们之间的关系由复杂性损失（cost complexity）来度量，它等于代回误分损失加上叶节点数目乘以惩罚常数 β：

$$复杂性损失 = 代回误分损失 + \beta \times 叶节点数目$$

这里，惩罚是对于每个增加的叶节点所进行的惩罚。当 $\beta = 0$ 时，树长得最大；而随着 β 的增加，树的叶节点数目减少；如果 $\beta = +\infty$，那么，就只有一个叶节点，也就是根节点，

这时复杂性损失最小。Breiman et al. 讨论了什么是合适大小的树。剪枝要从最大的树自下而上剪枝（假定树是从上往下长的），剪枝可以利用复杂性损失和交叉验证来评价，也可以用独立测试样本来评价剪枝后树的预测精度。随着剪枝的进行，复杂性减少（节点数减少），而代回损失增加，但交叉验证相对损失则呈现先下降后上升的下凸形状。Breiman et al. 建议选择距最小交叉验证损失一个标准差之内（也可以自己确定这个范围）的最少叶节点的树。

（五）回归树

前面提到，当因变量为分类变量时，CART 提供分类树；而当因变量为连续变量时，它提供回归树。建立回归树的过程类似于分类树。但建立回归树时不需要利用先验分布，也不需要确定类别的规则。而分割规则、拟合优度准则和回归树的精确性度量则和分类树不同。如分类树一样，回归树主要有三个组成：（1）一组问题，诸如是否"X ≤ d？"，回答是"是"或者"否"；（2）选择一个变量上的最好分割的分割优度准则；（3）叶节点的概括统计量的产生。最后的部分是回归树所特有的。对分类树，在叶节点根据确定类别的规则来确定该叶节点的类别；而对回归树，在每个叶节点计算因变量的概括统计量。

CART 回归主要是为了产生一个树结构的预测器或者预测规则，其目的首先是根据未来的或新的自变量的值来精确地预测因变量的值，其次是解释存在于因变量和自变量之间的关系。建立回归树的要点在于探测数据中关于因变量的非齐性，然后使得数据纯化。它重复地划分数据集成为许多比它们的前辈节点更加齐次的叶节点。在每个叶节点，因变量的平均值作为预测值。如果回归的目的是为解释，那么关注到某个特殊叶节点的路径就行了。

建立回归树的机制和分类树很类似，但回归树不需要确定先验分布和误分损失。由于在回归中的因变量是连续的数量变量，所用的分割准则是每个节点内的因变量值的残差平方和，而分割优度则由加权平方和的下降来度量。下面是建立回归树的步骤，仍开始于根节点。

（1）对于每个预测变量实行所有可能的分割，在每个节点应用事先确定的不纯度的度量，确定不纯度的减少程度。然后根据分割优度准则对该变量选择最好的分割。比较所有的变量，找出最适合的变量作为该节点的分割变量。

（2）对所有非叶节点重复上面步骤，产生最大可能的树。

（3）把剪枝方法应用于这棵大树，产生一系列不同大小的子树，并从中选出一个最优的树。

对于回归树有两个不纯度函数：一个是最小平方函数或最小二乘函数（least squares function，LS function），另一个是最小绝对离差函数或最小一乘函数（least absolute deviation function，LAD function）。它们的机制是同样的，因此这里只介绍前者，后者只是把均值用中位数代替，把平方和用绝对值的和代替。

回归树的剪枝也是利用交叉验证或独立测试样本来度量树的拟合优度。在用 LS 分割规则时，利用均方误差（mean squared error，MSE）来度量预测精度，并且依此对于剪枝时面对的子树排序。在用 LAD 分割规则时，利用平均绝对离差（mean absolute deviation，

MAD）来度量预测精度。无论用哪个度量，一旦最小损失树被识别，那么在其一个标准差内（也可以自己确定这个范围）的节点最少的树被选中。

选中树之后，计算每个叶节点的概括统计量。如果用 LS 分割规则，计算因变量的均值和标准差，均值则作为该叶节点的预测值；如果用 LAD 分割规则，计算因变量的中位数和 MAD，中位数则作为该叶节点的预测值。

和传统的最小二乘法（OLS）比较，回归树看上去可能有些粗糙。但是由于回归树不断分割样本并产生比前辈节点更加齐次的子类，Breiman et al. 指出，CART 成功地发现了存在于数据中的复杂结构，而 OLS 则对此无能为力。人们可以对回归树所产生的子类进行 OLS 回归，并对这些子类的 OLS 回归结果进行比较，可以发现这些回归结果非常不一样。

五、CHAID 方法

（一）CHAID 方法概述

CHAID（chi-square automatic interaction detector）是一个研究因变量和大量自变量之间关系的探索性数据方法。最初的 CHAID 方法是 Kass 为名义因变量而引入的。后来它又被 Magidson 推广到有序变量的情况。自变量可以是定性变量，诸如名义变量或有序变量，也可以是定量变量；因变量也是一样，可以是各种变量。对于定性变量，其各个水平也称为（最初始的）范畴（category）。对于定量自变量的数据，则事先分组，形成一些范畴。在每个节点，则要重组范畴，把与因变量关系类似的范畴合并，使每个范畴中的数据对于因变量的影响齐次。然后，在每个节点，挑选和因变量关系最密切的自变量作为分割变量，而其每个范畴都代表一个子节点。确定每个变量的范畴和挑选分割变量是通过统计检验来实行的，主要是卡方检验和 F 检验，得到的结果是一个分类树。CHAID 不是一个二分树，在树的任何水平，它可以产生的子节点可多于两个。因此，它的树比二分树要宽。

合并范畴是 CHAID 的一个特点。对于名义型自变量（所谓"自由型"），任何两个范畴都可以合并；而对于有序自变量或成组的连续型自变量（所谓"单调型"），只有相邻的范畴可以合并；另一种称为"浮动型"的变量可以当成单调型处理，但其最后一个范畴（通常是"不知道"或缺失类）可以和任何范畴合并。在一个节点，如果一个自变量被选为分割变量，那么，该变量的范畴分割等价于对节点的分割。

所谓彻底是针对最初的 CHAID 的某些弱点的一个改进。这是因为原先的 CHAID 方法当合并后余下的范畴在统计上有区别时就停止了合并，这可能导致找不到最优的范畴分割。而彻底 CHAID 则不停止合并，直到只有两大范畴为止，然后在所有可能的范畴组合中找到和因变量关联最强的一组，并计算相关检验的 p 值。因此，彻底 CHAID 可以对每个预测变量找到最好的范畴分划，并根据对这些 p 值的比较找到最好的分割变量。在统计检验上和在处理缺失值上，彻底 CHAID 和原先的 CHAID 是一样的。但由于在合并范畴上的不同，彻底 CHAID 要多花些计算时间，但要更加安全。

（二）CHAID 建模过程

首先，需要把连续变量分段转化为有序变量的范畴。对于连续型的自变量，必须事先把其观测值分组（称为范畴或箱），其分组原则是按照分位点，把数据分成大约相等的部分，通常分为 10 份，但如果等于某个数值的观测值频数很大，则需要减少箱的个数。其次，需要事先做些决定，比如选择 Pearson 卡方检验还是似然比卡方检验，对于合并的显著性水平和关于分割的显著性水平 αS 的大小的确定，以及选择停止规则等。

（1）原始 CHAID 的方法（即最初的 CHAID 方法是为了区别于彻底 CHAID 方法）

为了确定每个分割，所有预测变量都要合并成对于因变量来说没有统计区别的联合范畴。一个分割自变量 X 的每一个最终范畴都代表一个子节点。下面的步骤适用于每个预测变量：

①如果变量 X 有一个或不超过两个范畴，不需要再合并，可以开始分割节点。

②根据和因变量一起所做的关联检验的 p 值，寻找最类似（没有显著不同的）的范畴对。对于有序变量，只能合并相邻的范畴，对名义变量任何范畴对都可合并。

③对于大于 α_m 的 p 值的范畴对子进行合并，否则跳到步骤 6。

④如果用户愿意选择，对于包含三个或以上原始范畴的组合范畴，可以找到在该组合范畴内的最好二元分割（p 值最小的）。如果 p 值小于或等于显著性水平，实现分割，从组合的范畴产生两个范畴。

⑤继续从第一步开始的对预测变量的合并。

⑥任何少于用户需要的最小长度的范畴合并到最类似的一个范畴（根据大的 p 值）。

（2）彻底 CHAID 的方法

它和原始 CHAID 方法类似，仅仅是在合并范畴时更加彻底地进行了检验，以便对每个预测变量发现理想的范畴集。正如 CHAID 那样，一个分割预测变量的每个范畴都代表一个子节点。下面的步骤适用于每个预测变量：

①对于每个预测变量 X 根据相应检验的值找到关于因变量最类似的范畴对子。

②合并具有最大 p 值的范畴对。

③计算基于新的范畴集合的 p 值。记住各种范畴集和相应的值。

④重复①～③步，直到只剩下两个范畴。从前面出现的所有范畴集合中选择相应 p 值最小的那个。如果 X 被用来分割，这个范畴集定义了子节点。

（3）分割节点

当所有预测变量的范畴都被合理合并之后，每个变量都根据其与因变量的关联的检验 p 值来评估，如果 p 值小于或等于 α_S，那么相应的变量则作为目前节点的分割变量，而其每个合并后的范畴定义为一个子节点。对于这些子节点，再重复进行合并和分割过程，一直到符合停止规则为止。

（三）CHAID 建模过程所用的检验

（1）因变量为连续变量的情况

这时所有自变量都是具有若干范畴（水平）的分类变量。因而，我们用如同试验设计数据分析那样的方差分析的 F 检验。

（2）停止规则

下面是一些通常的停止分割规则：当节点是纯粹的（所有数据的目标值相同）；节点中所有预测值相同；树的深度，即当前节点及其祖先节点的数目，达到预先指定的值；当前节点的样本量小于事先规定的值；最好的分割所相应的 p 值大于事先确定的 α_s。

（四）风险评估

CHAID 的一个局限性在于，其分割是基于单独一个准则来确定的。如果有若干准则，它不清楚如何得到一个单独的共同划分。利用不同的变量可能产生不同的划分。而且一个预测变量的范畴可能以不同方式合并，这依赖于因变量，当然也导致不同的划分。而且，多个因变量存在时，它们可能是不同的类型（名义型、有序型、连续型、计数型等）。Magidson 表明，CHAID 在把因变量当成有序变量和名义变量时会产生本质上不同的划分。

第四节　物联网数据挖掘

本节针对物联网环境下分布式实时数据挖掘中资源约束的特点，研究物联网环境下的分布式数据挖掘方法。基于终端传感器节点计算能力、存储能力和电池电能的资源以及网络带宽等限制，对物联网的数据挖掘方法及路由协议方法展开研究。

一、物联网数据挖掘概述

有 3 个方面能为企业提升管理水平创造条件，它们是物联网、移动互联网以及云计算平台。

物联网（Internet Of Things，IOT）是"通过射频识别（RFID）、红外感应器、全球定位系统、激光扫描器等信息传感设备，按约定的协议，把任何物品与互联网相连接进行信息交换和通信，以实现智能化识别、定位、跟踪、监控和管理的一种网络概念。"从物联网的定义可以看出，它最终的目的就是实现管理。物联网的出现使得企业所管理的对象更加丰富，原来的管理对象是企业运营环节中的主要部分，比如原材料、产品、客户等；而物联网使得企业具有了管理更多对象的能力，比如原材料运输的工具、产品生产工具与运输工具、客户相关资料等。物联网中基于 ZigBee 技术的网络是一种新兴的短距离、低速率的无线网络，其以传感器、嵌入式系统为核心，构建了一个覆盖日常生活中万物的网络系统，被许多业内专家称为下一代的网络。

与此同时，移动互联网的快速发展使这些管理对象的管理内容更加细致，每个管理对象在任何时间的任何位置信息、运输状态等都可以被监控和管理。

随着物联网和无线互联网的飞速发展，传统的信息管理系统与计算资源建设与部署方式就显得越来越捉襟见肘，经过多年的技术积累，云计算恰逢其时地出现了。云计算不仅提供了企业需要的 IT 基础设施，更难能可贵的是，一些 IT 厂商适时推出了基于云计算平台的安全、ERP 等云服务。

从数据挖掘价值的角度来看，由于现代电子商务的所有信息都直接进入数据库，同时还拥有了网民具体的上网行为，因此，对这些数据的挖掘显然可以带来更高的价值。尽管数据挖掘的意义已经被多数企业认可，但是显然还没有切实地从数据挖掘中获得价值。

目前随着物联网中对各种各样信息的需求，大量的传感器应用在工业生产中，它们传达着温度、湿度、压力、角度、位移、气体浓度等不同的物理量信息。在大型的复杂系统中，传感器发挥着非常重要的作用，所蕴含的信息量极为丰富，具有数据容量大、测试对象较多、层次多等特点。针对如此特征的物联网系统，利用数据挖掘技术可以有效地获取感兴趣的知识，发现具有某种特点的知识，实现系统的检测功能，保证其正常运行；同时也能实现系统发生故障后的故障模式分析、故障模式分类，并对故障数据进行数据恢复，使得短时间内正常的数据代替故障数据输出，保证系统的安全生产。此外，根据多传感器产生的海量数据，运用数据挖掘技术从各种各样的、巨量的信息中获取所需的有价值数据，可以实现预测的功能，方便用户做出合理的决策。

物联网是由大量受限设备构成的，因此在研究物联网系统中要关注数据的实时性、移动性、分布性及资源受限的特点。物联网系统现在面临的困难是如何从海量实时数据中快速地进行挖掘，及如何将挖掘结果快速地传递到中央服务器端，以及在中央服务器端如何对多组数据进行挖掘结果汇总，得到有效信息。由于数据量及网络节点的不断增长，传统的集中式数据挖掘方式已不适应。随着网络和通信技术的迅速发展和普及，各类企业、个人应用产生了大量自治的、分布式的数据，如何从大量分布数据源中进行有效的挖掘抽取知识，已经成为一个重要的研究课题。为了从大量数据或分布存储的数据中抽取新的知识，最近研究者提出了分布式数据挖掘技术。该技术从分布的数据集中提取有趣的模式，使用分布式计算从分布的数据中发现知识。大量分布存储的数据使得数据挖掘系统必须具有分布式挖掘的能力，同时也需要根据分布式数据挖掘的特点设计出新的分布式数据挖掘算法，提出新的分布式数据挖掘系统的体系结构。

针对物联网规模大、节点资源有限、实时性、移动性和分布式等特点，本节提出了一种物联网挖掘系统——具有资源约束的分布式挖掘方法的物联网系统。该系统是将远端移动节点采集到的信号，先在本地对信号进行局部挖掘，提取有用信息。然后，将分析结果通过采用 AODVjr 路由的 Zigbee 网络传递到协调器，并存储在与协调器相连的服务器端数据中心的数据库中，再次进行全局挖掘。最后，将分析结果通过可视化方式输出。

美国麻省理工学院（MIT）首次提出物联网的概念：把所有物品通过射频识别（RFID）

等信息传感器设备与互联网连接起来，实现智能化识别和管理的网络。2005年国际电信联盟（ITU）的年度报告中对物联网的内涵进行了扩展。该报告中指出，信息与通信技术发展的目标已经从任何时间、任何地点连接任何人，发展到连接任何物品的阶段，万物的连接形成了物联网。从功能上来看：物联网可以归纳为是对物—物之间信息的感知、传输和处理。

1）物联网的三大要素

信息采集：将传感器或RFID等采集设备嵌入需要关注和采集的地点、物体以及系统中，实时获取其状态及状态的变化。

信息传递：建设无处不在的无线网络，对采集到的数据进行安全、有效的传递。

信息处理：借助云计算等新的运算处理系统来处理信息和辅助决策。

奥巴马就任美国总统后，与美国工商业领袖举行了一次"圆桌会议"。作为仅有的两名代表之一，IBM首席执行官彭明盛首次提出"智慧地球"这一概念，"智慧地球＝互联网＋物联网"。

温家宝同志视察无锡时，提出在无锡加快建立"感知中国"中心的指示。从此在国内不管是各级地方政府还是企业都很重视，并掀起了一个追逐物联网的行动热潮，"感知中国＝感＋知＋行"物联网就是物物相连的互联网。物联网的物联基础是单片机与嵌入式系统，智慧源头是微处理器，服务体系是云计算。

2）物联网的典型应用

物联网的典型应用项目包括：上海浦东国际机场入侵系统、"感知太湖、智慧水利"物联网示范应用项目、居民二代身份证、火车半价优惠卡、市政一卡通、校园一卡通等。物联网产业链中何处是真正的经济增长点。在整个经济增长模式的转变中，突出系统的信息服务。

3）物联网网络特征

物联网与普通的无线网络有许多相似之处，但同时也存在很大差别。物联网主要的网络特征是：

（1）网络自组性

分布式无线传感器网络可以在任何时刻、任何地点，不需要任何现有基础网络设施（包括有线和无线设施）支持的条件下，快速构建起一个移动通信网络。网络的运行、维护、管理等完全在网络内部实现；但是还需要一些基站节点，建立起传感器网络与外界的联系。不过网络中没有严格的控制中心，所有节点地位平等，各个节点协调各自的行为，自主完成网络的配置，自动形成独立的无线系统。

（2）资源有限

传感器节点是一种微型嵌入式设备，由于受价格、体积和功耗的限制，导致其计算、存储与通信能力非常有限，因此在应用中传感器节点不能够处理较复杂的任务。传感器节点一般由电池供电，而电池容量有限，并且在一般应用中电池不可充电或更换，导致其能量有限。因此，高能效的网络协议是分布式无线传感器网络节点设计的最重要的策略。

（3）分布式控制

一般情况下，基站节点与传感器节点使用了集中式的控制结构，但是各个传感器节点之间，是一种无中心的分布式控制网络。网络中的终端一般均具有路由器和主机双重功能，主机之间地位平等，网络控制协议以分布式的方式实现，因而具有很强的鲁棒性和抗毁性。

（4）无线网络的局限性

由于无线信道本身的物理特性以及其本质上是一个广播式的竞争共享信道，因此而产生的碰撞、信号衰减、噪声干扰、信道间干扰等多种因素，网络的有效带宽远小于理论值。

（5）多跳无线网络

网络中节点通信距离有限，节点只能与它的邻节点直接通信。如果希望与其传输覆盖范围之外的节点进行通信，则需要通过多路径跳跃进行通信。固定网络的多跳通信一般使用网关和路由器来实现，而分布式无线传感器网络中的多跳通信是由普通网络节点完成的，没有专门的路由设备。

（6）动态网络拓扑结构

分布式无线传感器网络拓扑结构随着时间的推移会发生改变。这是因为：节点可能会因为电池能量耗尽或其他故障而失效；由于监测区域的变化或者需要提高被监测区域的监测精确度，新节点可以添加到现有的网络中；分布式无线传感器网络节点虽然没有移动自组织网络中的节点那样快速移动，但仍具有一定的移动性。因而分布式无线传感器网络具有动态拓扑重构功能。

（7）数量多、规模大、密度高

传感器节点价格一般比较低，并且由于大量冗余节点的存在，使得分布式无线传感器网络具有较强的容错性和抗毁性，且具有较高的监测精度，并避免了出现盲区。因此在实际应用中，特别是军事领域，大量部署传感器节点，一般是数以千计或者数以万计，而且节点分布得非常稠密。

（8）安全性较差

由于采用无线信道、有限电源、分布式控制等技术，网络主机更加容易受到被动窃听、主动入侵、拒绝服务、剥夺睡眠（终端无法进入睡眠模式）、伪造等形式的攻击；而且，传感器节点往往直接暴露在外部，安全性很差。

（9）数量冗余与汇聚

由于传感器节点部署稠密，因此，相邻传感器节点感知的信息，很多是相同、冗余的。为了节省网络带宽，提高效率，一般情况下，在传感器网络节点与基站路径上的中间节点会对转发的数据进行汇聚，减少数据冗余。

二、物联网数据挖掘技术分类

（一）物联网环境下基于分类的数据挖掘方法

在物联网系统中，大量的传感单元感测的数据隐含着为用户做出各种合理决策所需要的数据。最初的数据挖掘方法大多是基于这些方法所构造的算法，目前的数据挖掘算法更具有优势，主要是有能力处理大规模数据集合且具有可扩展能力。分类就是针对这些测量数据形式进行分析，充分发挥数据挖掘的技术优势，抽取能够描述一些较为有意义的数据集合或者建立预测未来的数据趋势的模型。基于数据挖掘技术的一些智能分类方法用于对数据对象的离散类别划分。各种基于数据挖掘的机器学习、专家系统、统计学和神经生物学等领域的研究人员，已经提出了许多具体的分类方法。

在进行物联网分布式数据挖掘前，首先要准备好需要挖掘的数据。一般是需要对数据进行预处理，以帮助提高分类的准确性、效率和可扩展性。

首先，数据转换。物联网的故障诊断中需要根据故障模式划分不同的故障特征，基于数据挖掘技术提取数据的故障特征，匹配各种特征，实现分类的目的。经典的算法有基于决策树的分类。

其次，数据清洗。这一步主要是去除多个终端采集节点获得的测量数据中的噪声，它能帮助有效减少学习过程中可能出现的互相矛盾的情况．同时是传感器信号处理中极为关键的部分。

最后，相关分析。由于终端节点蕴含的信息是多个物理量的，有些物理量可能与数据挖掘任务本身是无关的，因此需要对数据进行相关分析，以帮助在基于数据挖掘技术的各种智能算法在学习阶段就消除无关或者冗余属性，比如基于主元分析法，粗糙集等方法降维和数据约简。

（二）物联网环境下基于关联规则的数据挖掘方法

物联网中有时需要多个冗余的敏感单元来保证监控系统的安全性，它们之间的信息在正常工作下存在冗余，数据挖掘算法将会对它们进行关联分析，降低冗余程度，减小数据的计算量，提高效率。在某种特殊的场合，为了提高测量的精度。需要挖掘其关联特性，充分融合其内部关系，实现测量分辨率的提高，比如采用一致性检验的数据融合方法可以提高数据的准确程度。关联挖掘是从大量的数据中挖掘出有价值描述数据项之间相互关系的有关知识，随着物联网中需要收集和存储在数据库中的数据规模越来越大，人们对从这些数据中挖掘相应的关联知识越来越有兴趣。物联网终端传感器感测对象是多种的，这些被测量者之间总会存在或多或少的信息关联，这些关联信息一直未被充分的利用。这些信息可以反映其测试对象内在关系的实质，可以利用它们作为传感器数据恢复的一个参考量。具体来说，当物联网中局部的敏感单元发生故障时，可以利用数据挖掘技术探索出被测对象的内在关系，建立相应的解析模型，利用该模型实现其发生故障的敏感单元的数据恢复，如此即保证了整个物联网的健康运行。

（三）物联网环境下基于聚类分析的数据挖掘方法

物联网中可以基于这种数据挖掘技术将本次探测的所有传感器数据按照一定的原则，如层次聚类方法、基于密度的方法、基于网格的方法等，通过观测学习进行相似度聚类。它是一种无教师监督的学习方法。

目前，随着物联网中无线传感器网络的迅速发展，为了节省通信带宽，需要动态组簇，这样就需要以无教师监督的方式选择合适的簇首和簇内节点，将它们聚成一起，完成整个物联网的检测任务。聚类分析是将一个数据集划分为若干组或类的过程，使得同一个组内的数据对象具有较高的相似度，而不同组内的数据对象是不相似的。相似不相似的度量基于数据对象描述属性的取值来确定，通常是利用各对象间的距离来进行描述。

（四）物联网环境下基于时间序列分析的数据挖掘方法

为了更深层地了解传感器系统的工作状况或未来趋势，数据挖掘技术将对这些传感器产生的时序数据和序列数据进行趋势分析、相似搜索、挖掘序列模式与周期模式。一个时序数据库包含着随时间变化而发生的数值或事件序列，时序数据库应用也较为普遍，如动态生产过程踪迹、看病医疗过程等。不同类型的传感器将在这些领域发挥重要作用。

时序分析就是研究其中的趋势、循环和无规律的因素，常用的就是曲线拟合方法，如自由方法、最小二乘法和移动平均法。通过观察和学习，可以帮助用户及时了解时序数据的长期或者短期的变化，做出高质量的预测或预报。

如果物联网产生某时序属于序列，相似搜索问题就是发现所有要与查询序列相似的数据序列（或者序列匹配）。相似搜索在实现数据分析中是非常有用的。例如，医疗传感器传递过来的一组时间序列数据，搜索到相似的历史序列数据，可以进行知识挖掘，推算出对应病症，达到医疗诊断的目的。此外，在语音识别中，一段语音特征数据时序搜索到相似性的时序数据，便可达到识别说话人的目的。基于数据挖掘技术的时序分析，在传感器的周期性干预检测方面也发挥着作用。一般在某测试系统会收到工频干扰，这个干扰是周期性的，基于数据挖掘的一些智能算法能实现这个噪声或者干扰的抑制。常用的有小波分析方法、盲源分离方法等。

三、无线传感器网络中的聚类算法

传感器网络是通过终端节点采集数据，所以传感器网络中的数据是分散到各个网络终端节点。把终端节点的数据全部传送到网络中心节点，集中进行数据挖掘会十分困难。因为传感器网络中的通信带宽有限，终端节点通过电池供电能源有限，终端节点一般由单片机等控制，处理能力有限。因此在传感器网络进行数据挖掘时要考虑这些问题，尽量减少数据传输，减少能量消耗，对传统数据挖掘算法要进行改进。

DKCSN（Distributed K-means Clustering Algorithm In Sensor Networks，基于传感器网络

的分布式 K- 均值聚类算法）的基本思想，是由网络中心节点协调器向网络终端节点发送 K 个簇中心的初始值，终端节点将数据归到离初始簇中心距离最近的簇中，并将簇中心的数据传送回网络中心节点协调器。协调器根据所有终端节点传回的簇中心进行计算，得到 K 个簇的平均值. 然后再往终端节点发送新的 K 个簇中心点，反复重复进行，直到不再产生新的簇平均值为止。最终得到 K 个簇中心聚类结果。

四、RA-Cluster 算法

近年来，针对物联网及传感器领域的数据流挖掘逐渐成为一个热点研究方向，如 Gaber 等人提出了 AOG 算法，第一次在资源限制的环境下注意到数据流量的变化，它通过调整算法的输出粒度来适应数据流量的变化。随后，Gaber 等人又提出了一种针对资源受限环境下的数据流聚类框架及 RA-Cluster 算法（Resource-aware Clustering Algorithm in Data Stream）。RA-Cluster 算法在资源的充分利用上体现出了很好的性能，通过调整聚类中参数阈值来控制聚类粒度，在一定程度上实现了根据现有计算资源的状况，动态地调整算法的运行。

Nhan Due Phung 等人对 RA-Cluster 算法进行改进，提出了 ERA-Cluster 算法。其目的是尽量减少由于资源使用率低，比如耗光电池、内存存满和 CPU 满负荷情况下几个节点死亡或停止工作而导致的精确度损失。针对 CPU、内存和电源资源使用线性外推法模型去估计动态迁移门槛。

RA-Cluster 框架有 3 个部分：资源监控部件、算法参数设置部件和挖掘部件。资源监控部件按照一定的时间间隔，周期性地对资源的消耗状况进行实时监控；算法参数设置部件调整聚类中参数阈值来控制聚类粒度；挖掘部件根据设置的参数进行挖掘。

RA-Cluster 算法步骤：

①首先在一段时间内对每一个新到达的数据点进行处理，根据设定的参数阈值来确定是归入离它最近的聚类中还是创建一个新聚类。

②计算系统当前可用的资源：内存可用量、CPU 剩余使用率和电池剩余能量。如果内存可用量小于规定的阈值，则增大聚类半径阈值，抑制新聚类的生成；否则，减小聚类半径阈值来促进新聚类的生成。

③如果 CPU 剩余使用率小于规定的阈值，则减小随机化因子来降低对每个新的数据计算量；否则，增大随机化因子，提高对每个新的数据计算量。

如果剩余电池电量（NoFBatt）小于规定的阈值，则降低数据取样率，这样可在一定程度上降低能量的消耗；相反，如果剩余能量在增加，则可以适当增大数据取样率，以充分利用能量。Gaber 等人利用该算法在真实的数据集和人工数据集上分别进行了实验，并且跟传统的 K-means 方法进行了比较。实验结果表明，在聚类精度上，RA-Cluster 算法与 K-means 算法相差不大；但是 RA-Cluster 算法在资源的充分利用上体现出了很好的性能，在一定程度上实现了根据现有计算资源的状况，动态地调整算法的运行。这一特性使 RA-Cluster 算法在无线传感、移动设备及航天等资源受限和实时性要求较高的领域具有广阔的应用前景。

自适应聚类算法根据数据点到簇质心的距离更新已形成的微簇结构，实时监测内存和 CPU 的使用情况，A 动调节界限半径和簇选择因子，调节聚类的粒度，存储微簇并删除过期的微簇，实现增量的联机聚类查询。

自适应聚类算法首先在一个时间窗口（TimeFrame）内，重复地对每一个新到达的数据点（DSRec）进行处理，根据预先设定的聚类半径阈值（Radiusthreshold），确定是为 DSRec 创建一个新的聚类，还是将它归入离它最近的聚类中。当 TimeFrame 处理完毕时，算法开始计算系统当前可用的资源：内存可用量（NoFMem）和 CPU 剩余使用率（NoFCPU），然后判断如果 NoFMem 小于规定的阈值（RTMem），则释放内存中孤立点所占的空间，增大 Radiusthresh-old，一定程度上抑制新聚类的生成；否则，减小 Radiusthreshold 来促进新聚类的生成。如果 NoFCPU 小于规定的阈值（RTCPU），则减小随机化因子（randomization factor）来降低对每个新的数据点进行处理的计算量；反之，则增大随机化因子。需要指出的是，随机化因子 randomization factor 主要用在对新数据点的处理中，其范围在 0 ~ 1 之间。当 randomization factor=1 时，对新数据点要检查每个已经存在的聚类与其他的距离，然后确定一个最佳的聚类来接收该数据点；当 randomization factor ＜ 1 时，根据随机化因子来选取一部分已经存在的聚类进行考察，确定新数据点的归属，计算量比前者要小一些。这样可以根据 CPU 的占用情况设置随机化因子，在牺牲一定的聚类精度的情况下，确保资源的有效性。如果剩余电池电量（NoFBatt）小于规定的阈值（RTBatt），则降低数据取样率，这样可在一定程度降低能量的消耗；相反，如果剩余能量在增加，则可以适当增大数据取样率，以充分利用能量。

五、物联网路由算法

物联网中传感器节点体积小，由电池供电，故而电源能力有限成为约束物联网应用的严重问题。无线分布式路由算法是指网络层软件中算法，其负责找到一条路径把收到的数据包转发出去。由于无线分布式网络自身节点多、节点资源有限并且复杂多变的动态特性，基于 Zig-Bee 技术的物联网系统路由协议的设计仍然是人们关注的热点问题。

针对电池等不可恢复资源的约束情况，通过对 Ad hoc 路由算法 AODVjr 及其资源受限数据挖掘算法的研究，结合物联网无线传感器采集终端节点电源能量等有限资源缺乏的特点，提出了一种基于资源受限聚类的物联网路由算法——资源约束按需距离矢量路由算法（Resource-Aware-the Ad Hoc on-demand Distance Vector simplified routing protocol，RA-AODVjr）。该算法根据物联网的相关特性，在终端节点资源受限时通过路由选取最佳邻居节点，在最佳邻居节点上实现网络流量的分流。

（一）无线分布式网络及其路由协议

1.无线分布式网络

无线通信网络按其组网控制方式可分为集中式控制和分布式控制。集中式控制系统，如蜂窝移动通信系统，其以基站和移动交换为中心；分布式控制系统，如 Ad Hoc 网络，其能临时快速、自动地将分布式节点组网。无线分布式网络主要分 3 类：Ad Hoc 网络、无线传感器网络及无线 Mesh 网络。Ad Hoc 为无线自动自组织网络，其不需要以基站或交换机为中心，而是在移动环境中由移动节点组成的一种临时多跳无线移动通信网络。无线传感器网络是 Ad Hoc 网络的一个特例，是由大量低功耗的具备信息采集、处理和传输功能的传感器节点组成的对设备进行实时监控的网络。无线 Mesh 网络是在 Ad Hoc 网络基础上解决无线接人发展起来的，具有更高的网络容量和故障，恢复性的多跳网络。现在人们关注比较多的物联网属于无线分布式网络系统。

无线分布式网络的主要特点：

（1）分布式

分布式网络由分布在不同地点的多个终端节点互连组成，数据可以选择多条路径传输。分布式网络没有中心，不会因为中心被破坏造成整体崩溃。

（2）自组织

节点能够随时加入和离开网络，节点的变化或故障不会影响网络的运行。

（3）多跳路由

无线分布式网络中的终端节点信息需要通过大量节点多跳多次传输才能到达目的节点，因此需要设计一个好的路由算法加快数据传输，并保证网络的健壮性。

（4）节点移动和动态拓扑

由于节点的移动，无线射频信号的有效范围也在发生改变。当节点移动到另一个节点传输范围时，这两个节点间通信的无线链路就形成了；当节点超出另一个节点的传输范围，这两个节点间通信的无线链路就断开，这样就形成了动态的拓扑网络。

（5）终端资源受限

移动节点一般由 MCU、Flash、电池组成。与 PC 机比较，PC 机采用性能高的 CPU，主频速度、计算能力比 MCU 微控制器都要高出上百倍。PC 机采用硬盘来存放数据，而移动节点由于造价和空间的限制一般采用 Hash 备份数据，Flash 存储容量比硬盘少得多，PC 一般使用不间断电源供电，而移动节点一般都使用电池供电，电池资源有限。一旦电池能源耗尽，该节点就失去作用，并且有些节点会处于不太容易更换电池的偏远地方，因此无线分布式网络设计时要考虑电能问题。

（6）安全性差

无线网络的信号散布在不可靠的物理通信媒体中，其广播式传播存在着安全隐患，因此在设计无线分布式网络时要考虑安全性问题。

2.无线分布式路由协议及分类

在无线分布式网络中，节点移动使得其网络拓扑结构不断变化。怎样迅速地将源节点数据准确地送到目的节点，路由选择很重要。用于无线分布式网络中的路由协议分类方式有：

1）根据路由发现的驱动方式

表驱动路由协议和按需路由协议。表驱动路由协议也称为先验式路由协议，是基于路由表的路由协议。网络中节点自己维护一个或多个路由表来记录路由信息，通过周期性地交互路由信息得到其他节点的路由。网络拓扑结构能够从路由表中反映出来，但这种路由协议会浪费网络资源来建立和重建没有被使用的路由。表驱动路由算法包括：DSDV、WRP、GSR 和 TBRPF 等。按需路由协议也称为反应式路由协议，只有需要相互通信的两个节点才会进行路由查找和路由维护。源节点发出建立路由请求，收到请求的目的节点选出最好路由建立链路。按需路由协议算法包括：DSR、AODV 和 TORA 等。当网络规模小、通信数据少时，主要采用表驱动路由协议；当网络规模大、通信数据量大时，为了节省路由开销，大多采用按需路由协议。

2）根据网络拓扑结构

平面式路由协议和分层路由协议。平面路由协议中节点的逻辑视图是平面结构，所有节点的地位和职责平等，节点移动简单，容易管理。平面结构中节点覆盖范围较小、费用低、路由经常失效。节点将数据以广播方式向邻居节点发送或接收，数据包直到过期或到达目的地才停止传播。该平面结构缺点是扩展性差，只适合于中小型无线分布式网络。平面式路由算法包括：SPIN、Directed Diffusion、Rumor Routing。分层路由协议中网络由多个簇组成，节点被分成簇，一些节点成为簇头，其他节点为簇成员。簇头负责收集簇内节点的数据后，转发到其他簇头。分层路由协议通过减少参与路由计算的节点数目，减小路由表大小，降低通信开销，扩展性好，适合于大型无线分布式网络。缺点是可靠性和稳定性对协议性能影响较大。分层路由算法包括：LEACH、PEGASIS、GSEN、EECS、EEUC 和 PEBECS。分层路由协议比平面式路由协议的拓扑管理方便、数据融合简单、能耗少，所以分层路由协议使用比较广泛。

（二）物联网路由算法分析

路由选择算法分自适应算法和非适应算法。自适应算法根据拓扑结构、资源变化情况自动改变路由选择，如距离矢量算法和链路状态算法；非适应算法不根据拓扑结构或资源变化情况改变路由选择，如单源最短路径算法。路由协议衡量指标包括端到端的平均时延、路由开销、丢包率等。在无线分布式网络中，节点在动态变化，网络资源情况也在不断变化，如节点电量变化，因此一般采用自适应算法进行路由选择。

1.自适应基本路由算法

1）距离矢量路由算法

距离矢量路由算法（Distance Vector Rooting Algorithm，DVA）是自适应路由选择算法，

旨在寻找两个节点间最短路径。该算法中每个节点路由器维护一张路由表。路由表中记录了每个目的节点的最佳距离和路径，通过与邻居路由表交换信息来更新路由表。其缺点是收敛速度慢。ford-fulkerson 算法属于距离矢量路由算法。

2）链路状态路由算法

链路状态路由算法（Link State Routing Algorithm）也是自适应路由选择算法，其构造一个包含所有邻居列表的链路分组时，每个分组标上序号。当一个路由器包括一整套链路分组时，其可以构造整个网络结构，并可以确定最短路径。OSPF 算法属于链路状态路由算法。

2. AODV算法及不足分析

1）AODV 算法

AODV（Ad Hoc On-Demand Distance Vector Routing，Ad Hoc 按需距离矢量路由）算法是一种按需路由协议算法，是 MANET 标准协议——RFC3561。各节点将动态生成并维护一个路由表，逐跳转发分组。路由表包括目的节点 IP 地址、目的节点序列号、路由跳数、最后有效跳数、下一跳 IP 地址、前向邻居链表、生存期、其他状态路由标志位、请求周期、路由请求数量。AODV 算法包括 3 种主要消息：RREQ（ROute Request，路由请求）、RREP（Route Reply，路由应答）和 RERRCRoute Error，路由出错）。

RREQ 的消息类型值为 1；J 表示加入标志位；R 表示修复标志位；G 表示 RREP 是否无偿回复标志位；D 表示目的节点唯一标志位；U 表示未知序列号标志位；保留位为以后扩展预留；跳数初值为 0；广播 ID 唯一标识了一个 RREQ 消息；目的节点序列号表示源节点可接收得到源节点前进路由新旧程度，等于过去接收到的目的节点的最大序列号，节点需要为每一个目的维护一个目的序列号；源节点序列号由源节点维护，用于表示到目的反向路由的新旧程度。RREQ 的作用是节点没有到源节点的活动路由时，向其邻居广播 RREQ 消息用于路由发现。

RREP 的消息类型值为 2；R 表示修复标志位；A 表示确认标志位；前缀 SZ 表示判断前缀是否为零，用于区别下一跳是不是源节点；保留位为以后扩展预留；跳数初值为 0；生存期以 ms 为单位，表示自收到 RREP 开始计时以保证线路正确。RREP 由源节点产生，如果收到相应的 RREQ 目的节点序列号与目的节点维护的当前序列号相等，则目的节点将自己维护的序列号加 1，否则不变。

RERR 的消息类型值为 3；N 表示禁止删除标志位，如果链路出错，当本地正在修复时禁止上游节点删除路由；保留位为以后扩展预留；不可达目的地址数目表示消息中包含不可达目的地址的数据，最少设置为 1；不可达目的节点 IP 地址表示由于链路断开而导致目的节点不可达的 IP 地址；不可达 B 的序列号表示路由表条目到目的地无法达到目的 IP 地址领域。

AODV 路由算法实现过程：当源节点需要向目的节点建立通信但没有有效路径时，会启动路由发现过程。AODV 的路由发现过程由前向路由建立和反向路由建立两部分组成。

前向路由是在节点回送路由响应消息过程中建立起来的，指从源节点到目的节点方向的路由，用于以后数据消息传送。反向路由是源节点在广播路由请求报文过程中建立起来的，指从目的节点到源节点的路由，用于将路由响应报文回送至源节点。源节点广播一个路由请求消息（RREQ），广播 ID 号加 1。RREQ 沿多条路径传播，中间节点收到 RREQ 时，建立或更新到源节点的有效路由。源节点序列号用来保持到源节点的反向路径的信息的最新序列号。目的节点序列号用来保持到目的节点的路由在被源节点接收前的最新序列号。当节点将 RREP 消息返回到源节点时，从源节点到目的节点反向路由已经建立。如果节点收到多个 RREP 消息，节点会更新路由表，并根据目的节点序列号和跳数更新。当所获新路由信息中的相关序列号比原路由表中相应路由的序列号大，或序列号相同而跳数比原来的小时，则改变相应路由的目的序列号或者跳数，并增加路由的生存时间；若中间节点有 RREQ 所查找的有效路由，则向上一跳节点回发路由应答消息（RREP），RREP 只沿最先到达的路径传回源节点，即时间度量最短路由选择。

2）AODV 算法的不足及 AODVjr 算法

① AODV 路由算法由于在路由请求消息的广播过程中建立的反向路由，因此要满足双向传输信道网络的要求。

② AODV 的分组只带有目的节点的信息，路由算法中节点路由表中仅维护一个到目的节点的路由。当该条路由失效时，源节点需要重新发起路由发现过程，对于网络拓扑频繁变化的环境可靠性下降，影响网络的性能。

③ AODV 路由算法中节点的路由发现机制采用泛洪机制，而在路由回复时只有最早收到请求的节点提供路由回复，大部分的请求发送被放弃，这样占用的路由资源白白浪费。

AODVjr 具有 AODV 的主要核心功能，但是对 AODV 做了相应的简化。AODV 去除了节点的序列号，只有目的节点对 RREQ 进行回复 RREP；目的节点响应的总是第一个到达的 RREQ 消息，所以该路径就会是最佳路径，其他的路径可以忽略；去掉了 HELLO 消息，不再定期地发送 HELLO 消息来确定链路状态。这样就避免了 RREQ 消息在网络中大量的泛洪，避免占用大量带宽。

在 AODVjr 算法的路由发现过程中，在 RFD 源节点 H 要给 FFD 目的节点 C 发送数据的时候，当源节点 H 没有找到节点 C 的路由时，源节点就会在网络层通过发送广播 RREQ 数据包，请求其他的邻居节点查找目的节点 C。当中间节点收到 RREQ 数据包的时候，它就会维护一条到源节点 H 的路由消息，并且帮源节点转发 RREQ 数据包，通过广播的方式，即泛洪方式，目的节点最终就会收到来自源节点的 RREQ 数据包。在目的节点 C 收到 RREQ（路由请求）数据包后，就会根据路由的代价来决定是否要对自己的路由表进行更新，同时使用最短的路径来给源节点发送 RREP 数据包。

AODVjr 为了减少控制开销和简化路由发现，规定只能是目标节点对最先到达的 RREQ 信号做出响应；RERR 仅转发给传输失败的数据包的源节点；在数据传输中，如果发生链路中断，采用本地修复，在路由修复的过程中，仅允许目的节点回复 RREP，如果本地修复失败，则发送 RERR 到数据包的源节点，通知它由于链路中断而引起目的节点不可达，RRER（路由出错）的格式被简化到仅包含一个不可达的目的节点；由目的节点定期向源节点发送 KEEP_A-LIVE 连接信息来维持路由，当源节点在一段时间内没有收到目的节点发来的 KEEP_ALIVE 信号时，它认为此条路径失效，必要时重新进行路由发现。

（三）RA-AODVjr 算法原理

1.基本思想

提出的基于资源受限聚类的物联网路由算法 RA-AODVjr，对原有 AODVjr 路由算法进行了改进。

RA-AODVjr算法在终端节点资源充足时，在本终端节点进行数据采集挖掘，即局部挖掘，挖掘结果采用 AODVjr 路由方式进行路由发现和路由维护，完成源节点向目的节点地发送信息。当终端节点资源受限时，如电池电量不足、信息量过大计算处理能力受限、存储器容量受限等情况时，该节点会启动 RA-Cluster 算法，在附近节点中寻找最佳邻居节点路由路径，将来不及处理的信息传递到最佳邻居节点。邻居节点继续将传递来的信息进行挖掘，然后将挖掘结果按照 AODVjr 路由算法传送到中央服务器端，由中央服务器再进行全局分析挖掘及显示。本算法实现其中 AODVjr 路由算法的改进部分。

2.无线信道建模

信息传送的路径称为信道。无线信道是指将电磁信号沿空间传输信息的路径。由于传输介质的不同及空间地域位置的差异，无线通道传播模型主要分为以下 3 种：

自由空间传播模型：自由空间模型是 3 种模式是最简单的一个直接无阻挡的发射端和接收端之间的视距路径。如果设备在发射端的工作空间的圆形范围内，它会接收所有数据包；否则，它将失去所有的数据包。自由空间模型仅适用天线远场区。

双线地面反射模型：这是一个对自由空间模型稍微改进的版本。除了直接视距链接，地面反射也被包含在此模型中。当在发送端和接收端之间的距离很长，双线地面反射模型比自由空间模型提供更精确的结果。该模型在预测几千米范围内的大尺度信号强度时是很准确的。阴影模型：上面两个传播模型主要适用于短距离通信。然而，在发送端和接收端之间的距离是相当大的，在移动通信中，发送的信号由于多径传播会衰减。前两个模型没有考虑到这一点，因此，这种模型在模拟不同的无线网络中被广泛使用。

1）自由空间传播建模

自由空间传播模型指发送端和接收端之间可直接通信完全无阻挡的视距路径，可预测接收到的信号功率强度。

2）双线地面反射建模

双线地面反射模型是指电波传播中遇到两种不同介质的光滑可反射平面时，如地球表面或水面，当界面的尺寸远大于电波的波长时就会发生反射，通过反射建立通信路径。

3.线性回归模型

利用线性回归法模型，估计动态迁移阈值。根据 CPU、内存资源缺乏和访问量过大等特点向附近端转移数据，以优化物联网资源平衡。线性回归模型的主要目标是给予一个用户指定的运行时间和收集数据等任务，其目的是使网络能够完成预设的运行时间和得到准确的结果；另一个目的是，尽量减少在资源缺少的情况下，因几个节点死亡或停止工作而导致的精确度损失。

举例来说，当 CPU 计算能力达到 30% 时，它开始搜索最好的邻居；而当 CPU 计算能力达到 10% 时，它开始迁移数据。这种方法是最简单，也最容易实现的。如果资源减少，则为了降低资源消耗，数据挖掘过程中会抑制新聚类的生成。然而在某些情况下，自适应资源无法显著改善这一情况。在这种情况下，我们选择在该节点死亡之前迁移现有的结果。当资源下降到低于这个搜索最好的邻居阈值时，启动搜索最好邻居算法，这个节点开始对其邻居广播要求。答复中的信息是剩余的资源水平。链路质也可以从答复中估算。在这些信息中，一个"最好"的邻居会被标记。最后，当资源达到迁移阈值时，启动迁移算法，这个节点利用剩余的足够的能量在它死亡之前把它的数据传送出去，将它的数据迁移到已选择的邻居那里。

4.算法描述

RA-AODVjr 算法步骤：

①如果源节点 H 资源充足，即内存可用量 NoFMem 大于或等于内存邻居阈值 nbMem，CPU 剩余使用率 NoFCPU 大于或等于 CPU 邻居阈值 nbCPU 和电池剩余能量 NoFBatt 大于或等于电池邻居阈值 nbBatt，则执行④。

②如果源节点 H 资源有限，减少到邻居阈值，即内存可用量 NoFMem 小于 nbMem，CPU 剩余使用率 NoFCPU 小于 nbCPU 和电池剩余能量 NoFBatt 小于 nbBatt，则执行⑤。

③如果源节点 H 资源有限，减少到迁移阈值，即内存可用量 NoFMem 小于迁移阈值 minMem，CPU 剩余使用率 NoFCPU 小于迁移 minCPU 和电池剩余能量 NoFBatt 小于迁移阈值 minBatt，则执行⑥。

④利用 AODVjr 算法建立路由路径路由发现、反向路由建立、正向路由的建立，即可建立起一条由节点到目的节点的有效传输路径。将源节点 H 的聚类结果传送到目的节点 C，结束。

⑤如果 NoFMem 小于规定的邻居阈值 nbMem. 或者 NoFCPU 小于规定的邻居阈值 nbCPU，或者 NoFBatt 小于规定的邻居阈值 nbBatt，则这个节点开始对其邻居广播，询问邻居节点剩余的资源水平，搜索最佳的邻居，链路质量也可以从答复中进行估算。在这些信息中，一个最佳邻居节点会被标记，重复④。

⑥如果 NoFMem 小于规定的迁移阈值 minMem，或者 NoFCPU 小于规定的迁移阈值 minCPU，或者 NoFBatt 小于规定的迁移阈值 minBatt，则这个节点将把它的数据迁移到已选择的邻居那里，最佳路由路径也被计算出来，将邻居节点代替原来源节点 H，作为新的

源节点，重复④。

RA-AODVjr 算法

输入：node H，node C，nbCPU，minCPU。

输出：最佳路由路径。

（1）重复。

（2）监控资源。

（3）计算当前节点 H 的 CPU 剩余使用率 NoFCPU。

（4）If NoFCPU > nbCPU。

按照 AODVjr 路由算法，找到从节点 H 到节点 C 的最佳路由路径。

（5）If NoFCPU > =minCPU&NoFCPU < nbCPU。

（6）启动搜索最佳邻居算法：搜索邻居节点中 CPU 剩余使用率最高的邻居节点 J。

（7）ElseIf NoFCPU < minCPU。

（8）迁移算法：找到从节点 J 到节点 C 的最佳路由路径。

（9）结束。

（四）RA-AODvir 算法实验分析

1. NS-2仿真软件

NS-2 从 NS-2.1 b6 版本开始，NS 加入了对无线移动节点的支持，可以用来对无线移动网络进行相关的仿真研究。

NS-2 可以对不同粒度抽象，实现在不同层次上网络协议研究，能仿真多数据流的汇聚和许多协议的交互，并在一组适当的网络场景下测试协议，根据用户的定义来创建复杂的业务模式、拓扑结构和动态事件。同时，用户也可以通过自己编写脚本来设置场景，添加新协议，并对结果进行验证，通过网络动画工具 Nam，对模拟结果作可视化的展示，方便用户更容易地理解网络模拟中的复杂行为。

NS-2 由 OTc1 和 C++ 两种语言编写而成，用 OTc1 语言编写模拟所需的脚本文件，用 C++ 语言编写特定网络元素的实现。可以构建由网络底三层设备 node 和物理传输链路 link 构成网络拓扑、实现 RTP 协议的 UDP Agent 和 TCP Agent。

NS-2 实现仿真的过程：

（1）构造一个基本的网络拓扑平台，确定链路的基本特性，如节点数、带宽、延迟等。

（2）建立协议代理或建立新协议，包括端设备的协议绑定和通信量模型的建立。建立新协议先定义 C++ 代码和 OTc1 代码之间的接口连接，找到相关程序编写新协议代码，重新编译 NS。

（3）配置节点，对节点进行代理、路由协议等初始化。

（4）编写 OTH 过程或构造 OTc1 类。

（5）设定通信的发送和结束时间 . 然后运行仿真。

2.实验结果

使用 NS-2（Network Simulator version 2）仿真软件作为对协议的仿真实验的工具。仿真一个包含 50 个节点的 ZigBee 场景，ZigBee 射频芯片采用 CC2420。CC2420 接受阈值为 -97 dBm。这些节点分布在 1200 m×1200 m 的正方形区域中，每个节点随机选择运动方向和运动速度，最大运动速度为 40 m/s，平均速度为 20 m/s，场景持续 200。

本次实验分别采用 MFLOOD、AODV、AODVjr、RA-AODVjr 协议进行仿真。NS-2 提供了 3 种传播模式：自由空间传播模型、两线地面模型和阴影模型。

经过 3 种算法时间延迟比较，AODV 时延比较长，采用 AODVjr 和 RA-AODVjr 方法可以缩短时延。RA-AODVjr 算法端到端平均延迟最小，均在 0。

比较 AODVjr 和 RA-AODVjr 两种算法在资源充足情况下包丢失率情况。比较结果显示，RA-AODVjr 包丢失率和 AOD-Vjr 差不多。在测试中，AODVjr 发送了 1121 个包，接收了 702 个包；RA-AODVjr 发送了 1119 个包，接收了 695 个包。实验显示，两种方法的丢包率接近。

为了验证 RA-AODVjr 算法在资源有限情况下的检测率和误报率高于 AODVjr 算法，本实验模拟实现了路由请求 RREQ 恶意泛洪路由攻击，即攻击节点通过不断发送虚假的 RREQ 路由请求包来消耗网络资源。

RA-AODVjr 算法对于路由请求 RREQ 恶意泛洪路由攻击具有很好的检测性能，检测率在 90% 以上，且误报率较低；而 AODVjr 算法检测率不到 80%，而且误报率也较高。由此可以看出，RA-AODVjr 算法在网络资源消耗大时也能保证物联网正常工作。

六、物联网数据挖掘新技术研究

物联网是一种新兴的短距离、低速率的无线网络，具有规模大、节点资源有限、实时性和分布式等特点，对物联网中数据的数据挖掘面临着如下的挑战：

（1）物联网系统可以通过远端的声音、图像、压力、温度、烟雾等信号的采集或通过 RFID、指纹、声纹、条码等身份识别，将信息通过物联网传送到中央服务器进行分析。当信息量比较大时，这种物联网传送信息的速度会降低，满足不了对速度和可靠性有高需求的实时系统。实时系统在数据传送过程中，对物联网的传送速度及带宽有很高的要求，需要快速、可靠地将远端的有效信息传送到中央服务器，对远端情况能及时掌握，如果出现异常现象能及时报警并处理。

（2）物联网的终端采集节点通过电池供电时能源有限，终端节点由单片机等控制时处理能力有限。许多数据挖掘算法需要多次遍历整个网络，耗费资源大，给算法运行造成了极大的负担。

（3）物联网是由大量终端节点、路由节点及协调器组成的一个大型的分布式网络，其挖掘是分布在各节点进行的。与预先收集数据再集中处理的挖掘方式不同，任务的分布使分布式数据挖掘更能适应动态的、变化较快的数据分析处理。

第六章 高维聚类算法

高维流数据聚类算法是一类特殊的聚类问题，即使在传统聚类领域，也具有较高的难度。现实中大量的应用领域存在高维的流式数据，如大型超市的交易数据流、在线新闻及大型搜索公司中所表现出来的文档数据流、网络连接数据流等。对于这种高维流数据的聚类分析具有极大的挑战性。

第一节 高维聚类算法概述

大多数的聚类算法都是针对低属性维设计的，当属性维度很高，超过十甚至上百上千时，这些算法往往不能有效进行处理。因为当属性维增加的时候，往往只有少数几个维度是与某一类相关的，此时其他不相关的维度会生成大量的噪声，并在一定程度上导致某些类被隐藏。此外，随着属性维的增加，数据往往变得异常稀疏，此时，常规的距离度量方法就失去意义了。数据挖掘面对的数据库中存放着数以 GB 级或 TB 级的数据，无论进行何种类型的数据挖掘，庞大的数据规模将大大降低挖掘效率、质量和结果的有效性。为了解决这些问题，一类高维聚类方法应运而生。

一、高维聚类算法

高维聚类算法（Clustering High-Dimensional Data）的研究成果很多，主要包括 CLIQUE、PROCLUS、pCluster 以及高维稀疏聚类 CABOSFV 算法等。即使在传统静态数据集上，高维数据的聚类问题也极具挑战性，由于高维空间中数据的稀疏性，数据点之间的距离趋于相等，传统的距离定义在高维空间中失效。子空间聚类、属性选择、稀疏特征提取等技术是静态高维数据聚类的常用技术。CABOSFV 聚类算法通过引入稀疏向量，记录扫描数据的相似性、差异度，同时该稀疏向量又具有累加性，因此可以非常简洁、快速地对数据库中的数据进行聚类。这种算法既降低了数据的存储量和计算量，同时又保证了稀疏差异度计算的精确性。

LOCAL-SEARCH 算法、STREAM 算法、CJuStream 算法、DenStream 算法、E-Stream 算法、Stream 算法等是目前专门针对数据流设计的聚类算法。但这些算法存在一个相同的问题：多数情况下，只适用于低维数据流；当被用于高维数据流聚类时，效果不佳。通常情况下，采用传统聚类方法对高维数据集进行聚类时，主要遇到以下 3 个问题：

①随着维数的增长，时间和空间复杂度会迅速上升，从而导致算法性能的急剧下降。②高维数据中存在大量无关的属性，使得传统聚类算法很难处理高维数据。③难于定义距离函数。高维情况下距离函数经常失效，在这种情况下，必须通过重定义合适的距离函数或相似性度量函数才能避开"维度效应"的影响。

二、高维度数据处理方法

1. 维归约

维度的归约是有关于数据的编码和转化的，这样做可以得到原始数据的一种压缩形式的表示。如果将刚刚压缩过的数据还原为原始的数据，其结果与原始数据一致，则说明这种数据的转化或者叫归约是无损归约；如果仅仅构造原数据的近似的一种表示，则可以说是有损的数据归约。一般较常见的数据归约的方法主要是小波变换和主成分分析法。

1）小波变换

小波变换是一种信号的处理技术。其中，离散的小波变换（DWT）将数据进行截短。对于刚刚存储的一小部分较强的小波系数作为压缩数据的结果。如果留下预先设定的阈值的全部的小波系数，其他为 0，那么最后的数据结果会较为稀疏，用于消除噪声，而且不会丢失数据集的主要特征。使用 DWT 逆有效地清除不相关的数据，得到原始的数据的近似。而且小波变换对局部性的细节处理得非常好。

2）主成分分析

主成分分析（PCA）就是研究如何通过原始变量的为数不多的几个线性组合来概括原始变量的绝大部分信息，它是由 Hotelling 在 1933 年第一次给出其概念的。主成分分析的基本思路是：如果不能从第一个线性组合中收集更多的信息，则再从第二个线性组合中收集，直到所收集到的全部信息能够包含原始数据集的绝大部分信息为止。主成分分析的基本步骤如下：首先是对数据的分析，确定是否有必要进行主成分分析；其次，是选择主成分的累积的贡献率与其特征值来考察要提取的主成分或因子的数目；然后，通过进行主成分分析来将提取新的变量作为存储，方便以后的处理。一般经过主成分分析后，可以获得较少的主成分，它们之中包含了原始数据集的绝大部分信息，用来作为原始全部属性的代表，如此一来就实现了对数据集的降维。一般来讲，如果数据集中存在 n 个属性列，经过主成分分析后最多可产生 n 个主成分，不过要提取 n 个主成分就会失去主成分分析降维的意义。所以通常情况是提取 90% 以上数据集信息的前 2～3 个主成分来做分析。

虽然采用降维方法会将数据集的维度大大降低，但完备数据集所有的可理解性和可解释性变得非常差，一些对完整数据集中聚类有用的重要信息也可能会失去，所以较难表达和理解聚类的效果。对于高维度数据处理，采用属性转换方式得到的聚类效果并不是很令人满意，存在一定的局限性，所以其不能满足目前高维聚类算法发展的需求。

2.特征子集选择

一般数据聚类算法的数据集可能包含大量的属性列，其中绝大部分属性列对数据挖掘任务来讲是冗余的。尽管人们可以根据挖掘目标挑出有用的属性列，但这是很费时的任务，尤其是当数据的行为无法准确表述时。丢掉相关属性或留下与挖掘任务无关的属性是不利的。这可能导致聚类结果质量很差。此外，不相关或多余维度和属性特征会增加数据量，大量消耗数据挖掘的时间。

通过删除不相关的属性列或者维度减少数据量，一般使用特征子集的方法进行选择。特征子集选择的目的是获得最小的属性列，使其数据类的概率分布最大限度地接近原始的属性列分布。在压缩的属性列上进行数据挖掘还有其他的优势，不但减少了挖掘结果属性列的个数，而且使得挖掘结果易于解释。

对于 n 个属性有 $2n$ 种可能子集的组合，尤其是当 n 的数值和数据集类别的个数增加时，进行列举筛选属性列的最佳特征子集在某种意义上讲是不现实的。所以涉及特征子集选择问题的时候，一般是采用压缩搜索空间的一种启发式的搜索算法，被称作是贪心算法。这种方法是关于局部的最佳选择，从而得到全局的最优解。在实践应用中，这种贪心算法是十分有效的，可以利用其逼近最优解。

相关的和无关的或者冗余的特征项通常使用统计显著性测试来选择，并假定特征之间是相互独立的。同时，也可以选用其他一些特征估计测量，例如使用信息增益度量构建的分类判定树。

特征子集选择的基本启发式方法包括以下几步：

①向前逐步选择特征

由空特征集开始，选择原始全部属性列中最好的特征，并将其加入该集合中。然后进行迭代，将原始属性列中剩下的属性列中的最好的特征添加到该集合中。

②向后逐步删除特征

从全部的属性列开始进行，逐步删除掉存在于属性列中的最坏特征项。

③前两种方法的组合

向前选择特征和向后删除特征方法可以结合在一起，每一步选择一个最好的特征属性，且剩下的特征属性列中删除一个最坏的属性。

④判定树归纳

例如 ID3 和 C4.5 以及 CART 这样的决策树方法最初是用来进行分类的。判定树归纳是一个流程图结构的显示与判定，将各个内部非树叶的结点衡量某个特征上的测试，各个支流对应于测试中一个输出；将各个外部树叶结点定义为某个判定类。利用节点中选出的最好的属性特征，将数据集划分成不同的类别。

在利用判定树进行特征子集选择时，树型结构是由特定的数据构造而成的。在树中的没有出现的属性定义为不相关的属性特征，而出现在树中的特征为归约后的特征子集。

方法①~④可以通过设定一个阈值来决定是否停止特征选择进程。

3.特征创建

特征创建是用来完成属性转换的。其目标是将原始数据集中的某些属性合并在一起组合为新的属性列，从而达到来降低数据集的维度的目的。例如，自组织特征映射（SOM）方法与多维缩放（MDS）等就是通过特征创建来实现降维的方法。

自组织特征映射（Self-Organizing Feature Map，SOM）方法是属于目前常用的神经网络聚类分析方法的范畴。SOM 将高维空间中的所有的属性列映射到二维或者三维空间中，这样就形成了高维特征向低维特征的转化和创建。SOM 方法从另一个角度来讲为 K-means 算法中类簇的中心投影到低维的特征空间中。对于 SOM 算法，是利用单元竞争中的记录来聚类的，其权重向量接近记录单元变成为目标单元。通过调整目标单元和与其最接近的权值来进入输入的记录。自组织映射网络通过选出最佳参考向量的组合来对输入模式的集合进行划分。所有的参考矢量分别为一输出对应单元的连接权组合的向量。和传统的模式聚类方法相比，其聚类中心被映射到 2 维平面或曲面上，但其拓扑的结构不发生变化。当遇到聚类中心的选择问题时，可以用 SOM 方法来解决。

多维缩放方法与聚类算法相似。多维缩放属于一种非监督的降维技术，其目标并非用来做预测，而是更加便于理解数据项之间的相关程度。多维缩放是一种数据集的低维度的投影形式的表现，使得记录之间的距离度量值更加接近原始数据集。关于多维缩放在屏幕或者纸张的打印输出，一般的处理方式是将其降至 2 维。

第二节　高维数据流聚类分类

高维数据流环境下的聚类分析，需要兼顾"维数"与"大量、快速、无序到达的数据"对于聚类效果的双重影响。传统静态高维聚类技术无法直接应用于高维流数据。现有的高维流数据聚类算法为数不多，其研究思路多遵循以下几点：

1）投影聚类技术

即在流数据的投影空间，而非全空间中寻找聚类。由于"维数灾难"的影响，流数据在高维空间具有稀疏性，全空间范围内的聚类模式发现难度较大且可能不具有实际意义，因此在投影子空间中进行聚类，是近年来高维聚类领域普遍采用的研究方法。

由于选择的搜索策略不同，对聚类结果有很大的影响。根据搜索策略方法的不同，可以将子空间聚类方法分成两大类，自底向上的搜索策略和自顶向下的搜索策略。

自底向上的策略很容易导致有重叠簇的产生，一般都需要两个参数：网格的大小和密度的阈值，这两个参数的值对最后形成簇的质量有很大影响。自底向上的搜索方法利用了关联规则中的先验性质（Apriori Property）：如果一个 k 维单元是密集的，那么它在 $k-1$ 维空间的投影也是密集的；反过来，如果给定的 $k-1$ 维单元不密集，则其任意的 k 维空间也是不密集的。这类算法将每一维划分为若干网格，并为各维的所有网格形成直方图，然后只选择那些密度大于给定阈值的单元格，不断重组临近的密集单元以形成 2，3，…，k 维单元，最后合并相邻的密集单元以形成簇。

自顶向下算法需要的参数有：簇的数量、相同或相近的簇的大小。通常自顶向下的搜索方法开始将整个数据集划分为 6 个部分，赋给每个簇相同的权值。然后重复采用某种策略改进这些初始簇，更新这些簇的权值。在自顶向下的聚类算法中，一个点只能赋给一个簇，不会有重复的簇产生。

2）基于网格和密度聚类技术

通过网格划分技术，利用网格内数据点的统计个数作为网格密度，利用密度阈值判断该网格是否稠密，稠密的类彼此连接，即形成新的簇。基于网格和密度的聚类技术，其算法处理速度不受数据集规模 N 的影响，只与划分网格数量以及密度阈值有关。该优点符合流数据处理算法的要求，传统数据库中经典的高维聚类算法 CLIQUE 也是用该技术进行聚类的。因此，基于网格和密度的聚类技术被理所当然地应用到高维流数据聚类领域。

3）基于双层结构聚类技术

分为在线微聚类和离线宏聚类两个阶段：在线微聚类统计相关网格信息，形成快照存储在特定的时间窗口模型内；离线宏聚类按照用户指定时间跨度对微簇（多为网格）进行聚类。双层结构的聚类算法能有效处理进化数据，同对在线微聚类能够对流数据进行降维处理，从而加快离线宏聚类的处理速度。

现有的高维流数据聚类算法均是基于投影聚类技术及网格和密度聚类技术提出的，结合流数据双层处理结构，制定在线存储快照模型、离线根据用户需求进行聚类分析的高维流数据聚类策略。这些算法具体包括：

HPStream 算法，是一个高维数据流子空间聚类算法，它同样使用微聚类压缩数据流信息。对每个得到的簇，HPStream 选择使簇的分布范围较小的维与其相关。在 HPStream 中，用户需要指定与各个簇相关的维的数目的平均值，即各个子空间的平均维度。HPStream 算法是对 CluStream 算法的改进，使用聚类纯度估计聚类结果的性能，在数据维数较高的情况下，都优于后者，但响应时间是尚待解决的问题。

SHStream 算法将数据流分段，在每一数据分段上统计密集网格单元，如第一分段用于统计一维密集网格单元，它将作为第二分段处理的输入，即利用第（$k-1$）分段上获得的（$k-1$）维密集网格单元，作为第 k 个数据流分段的输入，以发现 k 维密集网格单元，最后利用所维护的密集网格单元以与 CLIQUE 类似的方法求出最终聚类结果。则在数据分布变化较大的数据流环境下，这种以前一段数据流分布所求得的结果作为统计下一分段数据分布的基础将使得算法不再适用。

HT-Stream 算法采用 Bloom Filter 对低维子空间网格单元密度近似估计。近似地对低维子空间网格进行统计信息的记录，再利用自底向上的搜索策略发现高维子空间密集网格单元，由此可减少需要保存信息的规模。然后采用倾斜时间窗存储数据流数据，利用在线网格信息统计与离线聚类相结合对流数据进行聚类分析。

CLIQUE 算法是一种适用于高维空间的聚类方法。该算法采用了子空间的概念来进行聚类，主要思想体现在：如果一个 k 维数据区域是密集的，那么其在（$k-1$）维空间上的投影也一定是密集的，所以可以通过寻找（$k-1$）维空间上的密集区来确定 k 维空间上的候选密集区，从而大大地降低了需要搜索的数据空间。该算法也可应用于大数据集，并给出了用户易于理解的聚类结果最小表达式；但是该算法的简洁性对聚类的质量有一定的影响。

这些基于网格和密度的数据流聚类方法的基本思想就是通过不断更新网格空间的信息，来维护具有时效特性的数据分布信息。在需要得到聚类结果时，针对某一时刻的网格空间状态进行聚类处理。另外，可以定时对数据流进行聚类处理操作，并将聚类结果按照一定的结构进行存储，以用于今后对数据流的历史信息进行查询。从本质上说，这种处理方法就是将数据流中的动态问题转化为静态的处理问题：让聚类过程处理带有时效性信息的静态数据集合。

高维流数据聚类分析仍处在起步阶段，现有的研究思路均有其弊病，仍待进一步研究突破：

①投影聚类技术在流数据空间中难以获得精确的子空间概要信息；

②基于网格和密度的聚类技术要求用户输入过多的聚类参数；

③双层聚类结构需要保存在线微聚类信息，离线翻译这些信息并进行聚类，聚类实时性较差。

此外，有效地距离度呈函数仍然是高维流数据聚类问题的关键问题。如何构造有效的距离函数，以适应增量式的流数据处理方式，以及减量式的流数据遗忘方式，是流数据环境下的高维聚类分析对距离函数构造提出的新要求。

第三节　维度对聚类算法精度的影响

对于聚类分析来讲，高维度数据集的聚类分析是非常有挑战性的。随着属性列的增加，关于数据的聚类分析变得相当的困难。一是由于要处理的数据在高维空间分布的较为"稀疏"，同时，用高维空间中的记录之间的"距离"来衡量数据记录之间的相似度显得有很少的区分度。这样对聚类算法起关键作用的记录的"距离"和"密度"对聚类结果几乎不起作用，因此基于距离或者密度的聚类方法在对较多属性数据集时表现得不是很好。另一方面的原因是由于随着维度的增加，在正常情况下，只有少数的属性列决定着最终的聚类效果，相关性较低的属性列会对最终的聚类的结果产生大量的噪声的影响，这样就导致真正的数据记录划分准确度的降低，影响到聚类算法的聚类结果。

针对以上所述的问题，常用的解决办法是进行特征转换与特征选择。通常来讲，特征转换办法主要有主成分分析（PCA）法与奇异值分解（SVD）法，其将数据集维度降低到一个较小的数据空间，同时确保数据记录之间原始的相对"距离"，完成确立的属性列的线性组合，或许可以发现记录之间潜在的数据结构。另一种关于解决"维灾难"的方式是将聚类中无关的属性列去掉，这也是特征子集选择中最常用方法。

子空间聚类为关于特征子集选择的一种衍生，其为完成高维度数据聚类的一种见效的方式。子空间聚类方法试图在某个数据集中不同子空间的映射中找到类簇，这就要选用一种检索策略和评估方法来筛选出需要聚类的簇，同时，涉及不同类簇分布于不同子空间中，要考虑对其评估方法作某种限定。

一、维度对数据对象间距离的影响

关于数据集维度对聚类准确度影响的研究，有必要研究数据记录之间的"距离"随维度增加的变化趋势。依据以上对数据记录之间的最大距离和平均距离的定义，数据记录之间的最大距离和平均距离的变化规律是随维度的升高而增加的。我们选用 UCI 数据库中的 Libras Movement 数据集，将数据集从最小到最大进行标准化处理，然后计算该数据集中数据记录之间随维度升高的最大距离和平均距离。

随着维度的升高，数据记录之间的最大距离和平均距离逐渐加大。当数据集的维度小于 30 时，数据记录之间的最大距离和平均距离变化得较快；当数据集的维度大于 30 时，数据记录之间的最大距离和平均距离变化得较慢，几乎趋近于一条直线。另外曲线中有一拐点，拐点处维度为 30。数据记录之间的最大距离和平均距离随维度的升高而增加，其显示数据记录之间的"距离"随维度的升高而增加。此时可以得到的结论是：基于"距离和密度"的聚类算法在数据集的维度小于 30 时有效。

同时，此实验结果也显示数据记录在高维度数据空间中会变得较为"稀疏"，这样处理距离的聚类算法往往得不到良好的聚类效果。为了取得较好的聚类结果，基于距离、密度与 CADD 等聚类算法就要重新确定相似度的计算公式。

二、维度对算法聚类精度的影响

在研究维度对算法聚类结果准确度的影响时，选用 K-means 与层次聚类算法来处理上述数据集。

实验表明，当数据集的维度小于 30 时，聚类结果表现得非常好；当数据集的维度大于 30 时，聚类结果的准确度会随维度的升高而降低。同时当数据集的维度小于 30 时，类似 K-means 和层次聚类算法这种基于"距离"的聚类方法是有效的；但是，当维度大于 30 时，上述聚类算法的效果却不是很理想。

三、传统方法降维实验

对于 Wine 数据集总共 13 维，在经过主成分分析（PCA）降维结束后，将数据集中原始的 13 维降到了 3 维。为了对比主成分分析方法在降维前后的实验效果，选用 K-means 与层次聚类算法分别对原始的 Wine 数据集以及降维后的数据集进行聚类。

实验显示，在数据集降维之后，K-means 聚类算法与层次聚类算法的聚类准确度有了一定的提高，但效果却不是很明显。此结果也显示了 K-means 聚类算法与层次聚类算法处理 30 维以内的数据集的准确度较高。

对于 Libras Movement 数据集共有 90 维，经过主成分分析降维后转化为 10 维。

实验结果显示，降维前和降维后 K-means 聚类算法和层次聚类算法的聚类准确度均偏低：

（1）上述两种聚类算法无法有效地处理高维度数据；

（2）主成分分析对聚类算法并非总是有效的；

（3）此数据集共有 15 个类别，聚类算法无法较好地识别。

第四节　混合类型属性聚类算法

对于目前绝大多数的聚类方法来讲，其处理的数据都是面向数值型的数据；但是，实际应用中的数据不只包含数值型的数据，更多的是非数值型数据，如姓名、字符标识、颜色等特征的数据都是字符型的，这就限制了大多数聚类算法在数据挖掘领域的实用性。因此，对基于混合类型的聚类处理方法的研究是非常有意义的。

一般对于混合类型的数据处理有以下 3 种办法：

（1）将非数值型特征的数据转换为数值型的数据，接着利用相关的相似度距离度量方法进行分析；

（2）将数值型的数据离散化，同时将混合类型的数据转换为非数值型数据再进行聚类的方法，其缺点是由于离散化将聚类过程中的重要信息丢失；

（3）用一种基于概率分布的评价函数去处理数值型数据与非数值型数据。

还有其他一些对混合类型数据聚类的方法：Ralam-bondrainy 提出的概念 K-means 聚类算法，该方法将非数值型数据转换为二元属性数据 0 或 1 这样的数值型数据进行聚类。同时，这种处理方式使得 K-means 算法处理非数值型数据成为可能，但要牺牲一定的计算效率与存储空间，另外还可能有"维灾难"的产生。对于 Huang 提出的 K-modes 算法和模糊 K-modes 算法来说，在 K-modes 算法中，聚类中心用模替代，并以基于频率的方法对聚类的模进行更新，对非数值数据的属性用非数值属性匹配的差异性计算方式进行处理。在 K-prototypes 算法中，将数值型数据和非数值型数据混合描述的对象进行聚类，缺点是无法将非数值数据在每个类内的每个对象上用单一的模表示其在该对象上的统计信息，同时，K-modes 算法的代价是可能会丢失其他非数值数据的值。

采用的方法把整型、浮点型、二元型和字符型的数据转化成数值型数据进行聚类分析，再对数值型数据进行标准化。将其转换为标准化的数据再进行聚类，并对前后的聚类结果进行对比，同时与传统的聚类算法进行对比。用此种方法处理流数据集 KDD-CUP99，取得了较好的聚类结果。

一、混合类型属性的处理

混合类型数据的具体处理步骤分为两个阶段：第一阶段是将原始的数据集转换为数值型的数据集，第二个阶段是将第一阶段的数值型的数据集标准化。

二、UCI 数据集实验分析

实验数据集分别选择 UCI 数据集中的 Chess dataset、Mushroom dataset 和 Cencus-income dataset 数据集。其中 Chess dataset 包含 3 个数值属性和 3 个非数值属性，而 Mushroom dataset 包含 22 个非数值属性，Cencus-income dataset 包含 6 个数值属性和 8 个非数值属性。

将标称型和二元型数据进行转换后，通过实验，分析聚类算法对混合类型属性数据集的有效性，同时将其与 K-means 算法与层次聚类算法的聚类精确度相比较，实验结果表明，把混合类型数据转换成为数字型数据后，K-means、层次聚类算法和 CADD 可以有效地处理这种混合类型的数据，且 CADD 算法的聚类效果最佳。

第五节　基于复相关系数倒数的降维

一、复相关系数

复相关系数是在多元线性回归中分析变量与变量之间和有某种关系的一种相关性的指标。复相关系数越大，表示其要分析的变量与其他变量的线性相关关系的程度越高。

复相关系数并非是可以直接进行计算的，其需要其他的方法去间接进行计算。例如，当需要去衡量变量 X 与另外的某些变量 X_1，X_2，…，X_k 之间的关系时，首先要考虑的是这些变量的相关的组合类型，接下来将刚刚计算的组合的类型分别与变量 X 的相关性进行对比，也就是计算其的相关性的系数，最后综合刚刚计算的各个简单的相关性系数，即计算其复相关系数。

复相关系数和简单相关系数的不同是，简单相关系数的取值范围一般为 $[-1, 1]$，而复相关系数的取值范围通常为 $[0, 1]$。其原因是，如果是有两个变量存在的前提下，回归系数会有正负的区别，所以对相关性的研究时，同样要正相关系数与复相关系数之间有一定的区别；但是在多变量存在的前提下，偏回归系数通常会出现两个或两个以上的情况，且它们的符号有正有负时，其系数不能按正负来加以区分，所以这时的复相关系数只能为正值。

二、复相关系数倒数加权

在计算密度时，CADD 算法不会对每个记录在聚类过程中所产生的作用加以考虑，统一对待，这样的公式计算出来的数据记录的相关密度并不是很准确。由于数据之间的密度是根据记录之间的距离（即所谓的欧式距离）来进行处理的，各个记录之间的距离即为记录之间的相似程度，而其相似性不但是衡量记录之间的相近程度，同时也是各个记录之间的内在的性质，也就是说对各个记录中每个变量重要性的衡量，而各个变量对聚类处理所起的作用一般情况下并不是完全相同的。

通常情况下，在高维度数据集中，仅有少数的属性列对聚类效果起至关重要的作用同时存在大量的相关性较低的属性维，会对聚类效果产生大量的噪声，形成一定的影响区而掩盖真正的类簇。基于上述存在的问题，CADD 聚类算法在对高维度数据集进行处理时，其聚类效果并不是很理想。

依据每个属性对聚类的不同影响，对每个属性赋予一个具有不同影响的权值。这样做的目的不仅有利于利用数据的分布特征，同时又可以提高聚类结果的精确度。假如数据集中存在的属性列容易划分，则这样在相同类型的数据记录将会较为集中；相反不同类型的数据记录就将相离，而不同类别之间的距离就会相对较大。经过对不同的赋权方法的比较，得出使用复相关系数的倒数作为其权值聚类的效果比较好。

复相关系数的倒数赋权法是继承了方差倒数赋权法而产生的。

三、降维实验分析

降维实验测试用的数据集是来自 UCI 数据库中的数据集，其中包括 Wisconsin Diagnosetic Breast Cancer，SPECT Heart 和 Libras Movement；但是因为 Libras Movement 的类较多，只是用截取的部分数据来对准确度进行测试。

对实验数据集 KDD-CUP99 网络入侵类型的数据集进行测试，证明经过降维实验后，KDD-CUP99 的聚类精度有了一定的提高。另外，从各个方面分析了实验结果。

为了测试改进的 CADD 算法的精度，将聚类结果的准确度定义为聚类结果中属于正确聚类的数据记录占总数据记录的百分比。对于以上 3 个测试数据集，均采用 ICADD 算法取得最佳的聚类效果所使用的参数。聚类算法在对高维度数据集进测试时，随着属性列的增加，聚类的准确度稍有下降，但是都取得了较好的聚类结果；同时节省了大量的聚类算法处理的执行时间，也就是算法的时间复杂度大大的下降，从而从另一个角度证明了经过复相关系数加权的 ICADD 算法的高效性。

现在将复相关系数倒数赋权法作为一种特征选择方法来使用。用此方法将对每个数据集的每个属性进行加权，而后计算得到了每个属性的权值。之后根据权值的大小，设定标明一个参数 σ，选择所有属性列中权值大于 σ 的属性列，完成数据集的降维。最后，对选出的这部分属性列中还有的数据集进行聚类分析。为了证明此算法的有效性，本节将 K-means 算法、层次聚类算法以及 CADD 算法对 WDBC 数据集与 SPECT Heart 数据集进行测试，以对比降维前后的聚类效果。

WDBC 数据集中有 30 个属性，将所有的属性列加权后，各个属性的权值如下：

表6-1 WDBC数据集中有30个属性

0.0321225877781641	0.0335614286109108	0.032122609755786	0.0321646305753262
0.0342779773930488	0.0324411398821677	0.0323477293998155	0.0323892227345082
0.0367681068579301	0.0331887743973963	0.0323333178066359	0.0367888006895212
0.0323490738659048	0.0325157585338284	0.0370443210045665	0.0332173994523648
0.0331932278014574	0.0336101466908587	0.0357582391673661	0.0339104469663297
0.0321384829557273	0.0300197330870118	0.032158091229883	0.0321660958159551
0.0336978982020358	0.0325616114172805	0.0326327761416693	0.032564307551985
0.0339508471697642	0.0330052170648008		

当权值的阈值取到 0.036 时，数据集此时为 3 维；当权值的阈值取到 0.034 时，数据集此时为 6 维；当权值的阈值取到 0.033 时，数据集此时为 15 维。利用 K-means、层次聚类和 CADD 聚类算法分别在该数据集的 3 维、6 维、15 维及原始维度上聚类。实验结果显示，当权值的阈值控制在 0.034 时，聚类效果最佳。

SPECT Heart 数据集有 44 个属性，将所有的属性进行加权后，所得的各个属性权值如下：

表6-2 SPECT Heart数据集有44个属性

0.0247329524741843	0.023577533571881	0.0254184317441695	0.02365419639675204
0.0248657962913331	0.022512950581931	0.0231734594133519	0.0228360678991956
0.0221081817657358	0.022129744162623	0.023609712709717	0.0230384494923698
0.0235464296260897	0.023476238260854	0.021983582955763	0.0221050213983347
0.021633982229505	0.0218454919257807	0.0233652548601713	0.0229113844602968
0.0260793902778867	0.0253381620118656	0.023010249351587	0.0228978760535548
0.0211955491349902	0.0214575322251289	0.0232995453562678	0.023229746844436
0.0213300899028856	0.0212708230280012	0.0231391659324281	0.0222349165062958
0.0239209414374772	0.022694412111824	0.0214380712388295	0.0215097425839164
0.0226739557252866	0.0219405008597102	0.0214822090947359	0.021440233999101
0.0215126958010421	0.0214759384581897	0.0215379934432719	0.0213653988304805

当权值的阈值取到 0.024 时，数据集此时为 5 维；当权值的阈值取到 0.023 时，数据集

此时为 18 维；当权值的阈值取到 0.022 时，数据集此时为 28 维。利用 K-means、层次聚类和 CADD 聚类算法分别在该数据集的 5 维、18 维、28 维及原始维度上聚类。实验结果显示：当权值的阈值控制在 0.023 时，聚类效果最佳。

Libras Movement 数据集有 90 个属性，将所有的属性进行加权后，所得的各个属性权值如下：

表6-3　Libras Movement数据集有90个属性

0.0111095392429847	0.011110997395018	0.0111090131822724	0.011109297843351
0.0111090924691791	0.0111096204430828	0.0111093467568486	0.0111107154279912
0.0111098724901947	0.0111115090281267	0.0111095650821066	0.0111110163313466
0.011109428269419	0.0111103922954466	0.0111097631762102	0.0111106801658532
0.0111098616054258	0.0111110055309246	0.0111095895763898	0.0111113845625558
0.0111096659971015	0.0111111873990486	0.011109737389875	0.0111116747198592
0.0111096110066969	0.0111144975699746	0.0111095691270892	0.0111121236445855
0.0111095467243331	0.0111116277265002	0.0111099421951216	0.0111148062964838
0.011110265887981	0.0111142222647684	0.0111095160408815	0.0111113001404327
0.0111096029958484	0.0111113389701819	0.0111098613991906	0.0111127012115712
0.0111096731070258	0.0111159925914541	0.0111096716007276	0.0111199192617353
0.011109716547934	0.0111143701744524	0.0111098389839051	0.0111123623391654
0.0111097358163689	0.0111119452477196	0.0111101134458395	0.0111125514523706
0.0111098786444004	0.0111119005625727	0.0111095694899433	0.0111129158341334
0.0111097388358716	0.0111138592387136	0.0111099700558627	0.0111123373708053
0.011109518792343	0.0111108574815092	0.0111095864982955	0.0111110511241789
0.011109729236354	0.0111114465486166	0.0111096465795401	0.0111115269602612
0.0111093238480719	0.011115602842961	0.0111094333780777	0.0111110434646908
0.0111100955920957	0.0111112200792301	0.0111097680068624	0.0111138381690477
0.0111094625991344	0.0111124582293762	0.O111093368172764	0.0111122509546027
0.0111095905106556	0.0111112127165154	0.0111094582545344	0.0111107554164537
0.0111092964218999	0.011J115338207599	0.0111094281817951	0.0111135639637834
0.0111126171375405	0.0111288387489481		

当权值的阈值取到 0.011 113 时，数据集此时为 10 维；当权值的阈值取到 0.011 111 时，数据集此时为 34 维；当权值的阈值取到 0.011 110 时，数据集此时为 47 维。利用 K-means、

层次聚类和 CADD 聚类算法分别在该数据集的 10 维、34 维、47 维及原始维度上聚类。实验结果显示：当权值的阈值控制在 0.011 110 时，聚类效果最佳，同时 CADD 聚类效果相对好一些，显示其算法的优越性。

在实验中，使用抽样的方法从 KDD-CUP99 整体数据集中选取 717 条记录进行试验对比，其中包括正常的连接、各种入侵和攻击等。该数据集中各个类所包含的数据对象个数分别是：normal 为 212、back 为 72、buffer_overflow 为 6、ftp_write 为 6、guess_passwd 为 10、imap 为 12 upsweep probe 为 85、land dos 为 3、loadmodule 为 2、multihop 为 3、neptune dos 为 67、nmap probe 为 22、perl 为 2、phf 为 1、pod dos 为 18、portsweep probe 为 31、rootkit 为 5、satan probe 为 30，smurf dos 为 68、spy 为 2、teardrop dos 为 21、warezclient 为 30、warezmaster 为 10。数据集中数据对象有 41 个属性，计算得出的所有的属性权值如下：

表6–4　数据集中数据对象有41个属性

0.0262429756997453	0.0235775337993438	0.02541843398830573	0.0236540974258312
0.0258657830480531	0.0265597671254313	0.02617354387338741	0.0234547665798942
0.0241023153535487	0.0234544769879823	0.02565465467689815	0.0236778980988243
0.0235454375322251	0.0244763432543348	0.02198358295979086	0.0222974392742439
0.0226339432524042	0.0218456664767673	0.02334354301744557	0.0223773854542954
0.0260654656586563	0.0253545245654764	0.02367654557689735	0.0226565658787557
0.0211955467637607	0.0214575008525876	0.0232995453562678	0.023229746844436
0.0213432698743249	0.0212768768921273	0.02313859238742814	0.0222349165062958
0.0239209414374732	0.0235464120793942	0.0214309492882956	0.0215097425839164
0.0227343219789732	0.0219836204939234	0.0214822454373567	0.0234546402533443
0.0214354864540239			

当权值的阈值取到 0.025 时，数据集此时为 8 维；当权值的阈值取到 0.024 时，数据集此时为 12 维；当权值的阈值取到 0.022 时，数据集此时为 30 维。利用 K-means. CADDJCSCF 和 ICADD 聚类算法分别在该数据集的 8 维、12 维、30 维及原始维度上聚类。实验结果显示：当权值的阈值控制在 0.024 时，聚类效果最佳。

对数据集 KDD-CUP99 进行降维后的聚类算法的时间复杂度有了明显的降低，同时，聚类结果的准确度在一定程度上得到了提升。利用 ICSCF 算法对 KDI > CUP99 数据集聚类。随着滑动窗口大小以及维度变化的聚类时间统计，降维后聚类的时间有了明显降低。

上述实验结果说明：

（1）将复相关系数倒数降维法作为一种属性特征的选择方法是有效的，同时数据的计算量低，便于处理高维数据；

（2）降维过程中维度太大或者太小，会导致数据信息量的丢失或者冗余，严重影响聚类算法的效果；

（3）通常的聚类算法不能方便地处理较多属性列同时属性类型总数较多的数据集，所以进一步研究此方面的聚类算法是很有必要的。

第七章　数据挖掘技巧

第一节　聚类在审计实务中的应用技巧

聚类就是依据样本特征，将事例（case）分到多个簇中，使得同一个簇中的事例尽可能"相似"，而与其他簇中的事例尽可能"不相似"。事例就是被挖掘的实体，可能是一个产品，也可能是一笔业务。一种比较直观的聚类做法是先选取若干事例代表（可能是随机选择），然后计算其他事例与这些代表的距离，距离哪个代表最近，就把事例划分到那个代表所在的簇中。在审计数据挖掘中，不属于任何簇或者事例较少的簇，往往就是审计疑点。常见的聚类算法有 K 均值、期望最大化、自组织图、层次聚类、相异矩阵计算、模糊 C- 均值、围绕中心点划分等。以期望最大化和 K 均值为例介绍聚类方法在审计实务中的应用技巧。

期望最大化算法是使用概率而不是使用严格的距离进行度量，以决定哪些事例属于哪个簇。这种算法把事例的特征看作随机变量，期望就是随机变量的加权平均数，其权值就是相应的概率或概率密度。期望是随机变量最重要的数学特性，由随机变量的分布唯一确定。算法首先估计每个点属于每个簇的可能性，接着重新估计每个簇概率分布的参数向量。这两个步骤反复进行，直到满足指定的条件。使用该算法，事例可能属于多个簇。

K 均值是基于距离的聚类算法中最常见的一个。算法首先随机从事例中选取 K 个事例作为初始聚类的中心，然后计算各个事例到聚类中心的距离，把事例归到离它最近的那个聚类中心所在的簇。然后再计算新形成的每一个簇事例的平均值来得到新的聚类中心，如果相邻两次的聚类中心没有任何变化或者变化小于某一个阈值，则说明聚类准则函数已经收敛。K 均值算法的特点有两个：一是通过选择"事例代表"使得算法很容易理解；二是通过迭代逐步逼近最好的聚类结果。

一、医保审计中期望最大化算法挖掘技巧

✎ 例 7.1：应用期望最大化算法发现医保住院违规报销线索

（1）背景、目标与思路

背景：此次审计在摸清医保中心管理体系的基础上，揭露医疗保险基金在筹集、管理和使用中存在的突出问题和潜在风险，提出建议，以规范资金管理、保障资金安全、提高

资金使用效率。

目标：检查有无违反规定虚报医疗费用套取医保基金的情况。

分析思路：本次数据挖掘审计思路是按照医疗机构和病种进行聚类分析，把所有住院事例划分为 3 到 5 簇。观察这些簇中事例的个数，事例个数明显少于其他簇的，确定为疑点，进行重点审查。医保病人的一次住院就是一个事例。在住院事例中包含了在哪家医院住院（医疗机构）、什么病（住院诊断）以及报销了哪些诊疗项目等信息。从经验看，某个病种，如冠心病，所报销的诊疗项目和数量应该是类似的。但究竟是什么诊疗项目，这是医疗领域专家所熟悉的，审计人员并不懂得。那么在不熟悉医疗行业专业知识的情况下如何发现违规报销线索呢？经过调查了解，审计人员认为该医疗机构内控比较完善，从总体上说，大部分诊疗项目是合理的，报销是合规的，如果存在个别的住院事例，其医保报销项目与其他大部分事例的医保报销项目有较大差异，则可认为是疑点事例。聚类方法能够用来解决此类问题。由于 Microsoft 聚类算法要求嵌套表具有键和属性，所以选择诊疗项目作为嵌套表键，数量作为属性。其他诊疗项目属性，如单价与住院事例无关，因此在数据挖掘模型中仅使用诊疗项目和数量即可。

挖掘模型中事例为住院事例，以住院 ID 标识；嵌套表为诊疗项目。输入属性为诊疗项目和属性。

（2）数据准备

审计人员根据医保中心提供的文本数据，将所需数据采集后导入 SQL Server 数据库。本案例中使用的主要数据表有：入院登记表、住院报销主表、住院报销明细表。本案例中原始数据量为 3.7GB。

在提取上述数据后，根据数据挖掘需要的事例表和嵌套表对数据进行抽取。从经验上看，某类病，比如冠心病（住院诊断码 6703）的报销情况应是一类。因此，如果分别以病种进行聚类，则可能发现一些异常报销事例。

①以住院 ID 为住院事例标识，创建视图作为住院事例主表。其中包含的属性有住院 ID、住院诊断码和发生日期。住院 ID 由医疗机构码和入院登记号经过字符串连接形成。为了减少聚类的时间消耗，使用入院时间条件对住院事例的个数进行限制。

②由住院报销主表和住院报销明细表创建住院事例的报销明细视图，包含的属性有住院 ID、单据号、项目、单价和数量。其中住院 ID 和单据号分别由医疗机构码和入院登记号、医疗机构码和单据数序号经字符串连接形成。

③在全部住院报销明细视图（VDETAILSBYSHE-ETS）中根据住院 ID 和项目分类汇总消费项目的数量，共得 2270629 行，存入中间表 TEMP2DETAIL BYGROUPS 中。这个中间表作为事例的嵌套表。

（3）分析技巧

在 SQL Server 2008 企业版 BI Visual Studio 中心新建一个"商业智能项目"，保持默认的"Analysis Services 项目"项目模板不变，把项目名称命名为"S 医院冠心病住院报销"。

在解决方案资源管理器中，就会看到"S医院冠心病住院报销"项目下自动创建了"数据源""数据源视图""多维数据集""维度""挖掘结构""角色""程序集"和"杂项"等文件夹。右击"数据源"，在弹出菜单中选择"新建数据源"，就会出现数据源向导，创建数据源"医保中心"。

在数据源向导的"如何定义连接"对话框中选择"新建"，保持默认的"本机 OLEDB\SQL Server Native Client 10.0"作为提供程序，选择数据库所在服务器的名字和数据库名字，从"使用 Windows 身份验证"和"使用 SQL Server 身份验证"两个选项中选择登录服务器方式。

"模拟信息"用来定义分析服务使用何种 Windows 凭证连接到服务器。供选择的凭证有 4 个选项：使用特定 Windows 用户名和密码、使用服务账户、使用当前用户的凭据和继承。在"模拟信息"对话框中选择"继承"。保持默认的数据源名称，单击【完成】按钮。

一个数据源可被多个数据源视图使用。在"解决方案资源管理器"窗口中右击"数据源视图"，选择【新建数据源视图】，保持默认的关系数据源为"医保中心"不变，单击【下一步】。如果向导在数据源中找不到外键信息，将提示是否通过匹配列的名称来建立引用关系。可在"名称匹配"对话框中去掉"通过匹配列创建逻辑关系"前面的勾选，不通过匹配列的名称来建立引用关系。

在"选择表和视图"对话框中，从"可用对象"列表中选择前面建立好的住院事例表和嵌套表 VCASESH0006703 视图和 TEM2DETA1LBYGROUPS 表，单击【下一步】。在"完成向导"对话框中，把名称改为 VCASESH0006703。最后单击【完成】按钮。

在自动打开的"数据源视图"编辑器中右击 VCASESH0006703 中的【住院 ID】属性，选择【设置逻辑主键】。并把 TEMP2DETAILBYGROUPS 表中的【住院 ID】属性向 VCASESH0006703 中的【住院 ID】属性拖放，设置其为外键。

在"解决方案资源管理器"窗口中右击【挖掘结构】，选择【新建挖掘结构】，在"选择定义方法"对话框中列出了定义挖掘结构的两种方法："从现有关系数据库或数据仓库"和"从现有多维数据集"保持默认选项"从现有关系数据库或数据仓库"不变，单击【下一步】。

在"创建数据挖掘结构"对话框中，选择"创建带有挖掘模型的挖掘结构"，并从下拉列表中选择"Microsoft 聚类分析"数据挖掘技术，单击【下一步】。

在"选择数据源视图"对话框中保持默认不变，即设置前面刚建立的数据源视图 VCASESH0006703，单击【下一步】。

在"指定表类型"对话框中，指定 VCASE-SH0006703 为事例表，TEMP2DETAILBYG-ROUPS 为嵌套表。

在"指定定型数据"对话框中设置【项目】为嵌套表的键列，【数量小计】为输入列。保持"指定列的内容和数据类型"对话框中的设置不变。

在"创建测试集"对话框中的设置：测试数据百分比为 0，单击【下一步】。

保持"完成向导"对话框中的设置不变，单击【完成】按钮。注意勾选【允许钻取】。在打开的挖掘结构设计器中，选择【挖掘模型】标签页，单击【Microsoft_Clustering】。在"属性"窗格中，单击【calgorithmparameters】右侧的按钮，弹出"设置算法参数"对话框。

在算法参数对话框中，设置聚类的个数（Cluster_Count）为 3，聚类方法（Clustering_Method）为默认 1（Scalable EM），最大输入属性个数（Maximum_In-put_Attributes）为 512，最大状态（Maximum_Status）为 8，样本大小（Sample_Size）为 100000。

在"解决方案资源管理器"中右击该挖掘结构，选择【处理】，保持默认的设置不变，单击【运行】按钮。处理完成后，选择【关闭】按钮，回到"挖掘结构"设计器，单击【挖掘模型查看器】标签页。

在【分类关系图】标签页中，把鼠标移到表示分类的圆角框上，可以观察到，172 个冠心病住院事例被分到了"分类 1"中，8 个住院事例分到了"分类 2"中，4 个住院事例分到了"分类 3"中。也就是说，有 12 个住院事例异常，不同于多数冠心病住院事例。那么这 12 个住院事例就构成了疑点。

选择挖掘模型编辑器中"浏览"选项卡或者在"解决方案资源管理器"中右击【VCASESH0006703】并选择【浏览】，可观察聚类结果。

具有阴影的圆角框表示分类，连接线表示分类间的相似程度，连接线越粗越相似。分类圆角框颜色越浅，表示其中所包含的事例越少。事例最少的聚类也就是包含异常数据的聚类。默认各个分类中事例的计数来自全部事例总体，也可以通过改变【明暗度变量】使得能够从感兴趣的事例中观察分类情况。

在【分类 3】上右击，选择【钻取】和【仅限模型列】，可以看到住院 ID。

通过对异常数据的聚类分析，审计人员认为四个结果中的三种情况存在疑点，将结果提交审计组作为进行延伸审计的依据。由于在诊疗项目上和数量上与其他事例显著不同，所以这几个事例被划分到单独的簇中。

①曲××，63 岁，男。分析结果显示报销了"产前检查费用"，2 次 10 元。

②张××，69 岁，女。分析结果显示大量报销了百合、丹参、太子参、牡蛎（复方）等贵重药。

③张××，74 岁，女。分析结果显示大量报销注射用丹参多酚酸盐 13041 元，心脉隆注射液 12966 元，12 种复合维生素 1 1340 元。

本例以 SQL Server 2008 为数据库服务器，以 SQL Server 2008 分析服务为数据挖掘软件，使用 Microsoft BI Visual Studio 创建数据挖掘项目，建立数据挖掘模型，应用分析服务的钻取功能，结合 SQL 查询，发现了审计疑点。在实践中应注意以下两点：

①理解事例

一个住院事例以住院 ID 作为标识，该事例具有住院诊断和住院日期等属性。而该住院事例所发生的报销情况放在了嵌套表，一次住院包含报销多个项目。事例表与嵌套表是一对多的关系。

②在设置算法参数时

比如设置聚类的个数，本例中设置为 3，一般要经过多次尝试，比较不同参数的结果是否可解释，是否有明显异常事例。

二、企业资产审计中 K 均值算法挖掘技巧

✍ 例 7.2 运用 K 均值算法发现企业资产购入转出价格异常的线索

（1）背景、目标与思路

背景：为了达到粉饰报表，谋取非法利益等目的，企业存在以非正常价格购入、转出资产的情况，造成国有资产的严重流失。这也是企业审计中，审计人员应关注的重点。

目标：发现企业在股权及资产的购入处置交易中存在的疑点。

分析思路：设置"支付价 / 账面价""支付价 / 评估价""评估价 / 账面价"三个指标，运用 K 均值算法聚类，对聚类结果比例异常的情况进行分析，进而发现企业在股权及资产的购入处置交易中，存在账面价、评估价、支付价差别明显异常的交易行为。本案例仅用了与资产价格相关的指标，还可用成本费用、资产效益等相关指标。针对不同的审计问题，聚类都是一种通用的疑点筛查方法，只是指标设计不同。将数据挖掘技术与审计人员经验相结合，尤其是面对海量审计数据时，有助于开阔审计人员思路。

（2）数据准备

把获取的表导入到神通数据库，包括：收购、兼并情况表，购并及无偿划入企业情况表，资产（股权）转让情况表，转让及无偿划出企业（资产）情况表，子企业及股权处置情况表等。本案例中原始数据量为 200MB。这些表中字段很多，包括年份、购入方、方向、被投资单位、股权比例、投资成本、年末账面余额、减值准备余额、被投资单位经营状况、出让方、被转让企业名称、受让方、股权比例、账面净值（净资产）、评估净值（净资产）、转让价格等。着眼于购入价格和转出价格，经过抽取转换，得到如表 7-1 所示指标。

表7-1　挖掘指标

转出相关指标	购入相关指标
评估价/账面净资产	评估价/账面净资产
支付价/评估价	支付价/评估价
支付价/账面净资产	支付价/（账面净资产×收购股权比例）

（3）分析技巧

通过神通 K-Miner 工具中的 K 均值聚类算法，发现购入或转出价格存在异常的企业。

共聚出 6 类公司，大多数公司被聚类到簇 0（占比 97.92%），而簇标 1 到 5 的公司表现得与大多数公司（即簇 0）不同，因此被视为异常公司。簇 1 表现出支付价 / 账面价比值过高的异常特征，簇 2 表现出评估价 / 账面价比值过高的异常特征，簇 3 表现出公司的支付价 / 账面价、评估价 / 账面价呈现出比值负数的异常特征，簇 4 表现出支付价 / 评估价比值过高的异常特征，簇 5 公司的支付价 / 账面价、评估价 / 账面价两个指标都呈现出比值过高的

异常特征。典型疑点公司如下：

① A 企业某下属单位 B——Cluster1（比例：0.74%）。

疑点：2017 年支付价格为账面净值的 69 倍。

a.2015 年购买股权当年提大额减值准备（投资成本 4000 万元，减值准备 3400 万元）。

b.2017 年年末股权账面余额为 4000 万元，2018 年处置时账面净值降至 8.8 万元。

2015 年购入某证券情况如表 7-2 所示。2017 年转出某证券情况如表 7-3 所示。

表7-2　B公司2015年购入情况

年份	购入方	方向	被投资单位	股权比例	投资成本	年末账面余额	减值准备余额	被投资单位经营状况
2015	B	购入	某证券	0.34%	4000万元	4000万元	3400万元	清理整顿

表7-3　B公司2017年转出情况

年份	出让方	方向	被转让企业名称	受让方	股权比例	账面净值（净资产）	评估净值（净资产）	转让价格
2017	B	转出	某证券	某实业公司	0.34%	8.847万元	10.4万元	514万元

② A 企业某下属单位 C——Cluster3（比例：0.30%）。

疑点：评估价格高出账面净值 148 倍。

2017 年 C 集团本部账面显示持有某新材料股份有限公司 4% 的股权，初始投资成本为 200 万元，年末账面余额为 200 万元。2018 年，所持有的某材料公司的账面净值为 33.9 万元，评估价约 5000 万元，以 412 万元的价格将账面净值为 33.9 万元的股权转出。无受让方的相关记录。具体情况如表 7-4 所示。

表7-4　C公司2018年转出情况

年份	出让方	被转让企业名称	股权比例	账面净值（净资产）	评估净值（净资产）	转出价格
2018	C集团有限公司本部	某材料股份有限公司	4%	338439元	50357300元	4120000元

③ A 企业某下属单位 D——Cluster5（比例：0.15%）。

疑点：集团内部资产支付价格与账面净值差别较大。

a.2016 年，D 单位以账面净资产的 6 倍价格收购某开发企业，收购价 1.97 亿元；同年，D 单位把收购的该企业以 0.8 亿元卖给其母公司 A。一年中，对同一个企业在集团内部进行高买低卖。

b.2016 年在其财报软件中 A 企业包含有该企业，但 2017 年、2018 年 A 企业中已无此企业。

怀疑 2017 年又将此公司卖出，但没有转出记录。

具体数据如表 7-5 所示。

表7-5　D公司2018年购入转出某开发企业情况

年份	收购方	被收购企业	股权比例	账面净值	评估净值	支付价格
2018	D	某开发企业	100%	33488500元	186592300元	197791200元
2018	A	某开发企业	100%	70451140元	70451140元	80000000元

运用 K 均值聚类方法对二级企业财务数据中资产的转出购入价格相关指标进行聚类，从聚类结果发现存在异常的购入处置交易，将账面价、评估价、支付价差别明显异常的单位列为审计疑点。使用 K 均值算法应注意以下三点：

①K 均值适合处理连续型数据，而且对初始化聚类中心比较敏感。当数据量不足够大时，初始化聚类中心很大程度上决定了聚类结果，影响聚类效果。

②输入数据的顺序不同也会导致结果不同。

③当进行数据挖掘模型设计时，一般会对数据挖掘算法的参数进行设置，比如 K 均值算法中的 K 就是一个重要的参数。虽然数据挖掘工具提供了默认的值，但是对参数调优会提高模型的应用价值。

对数据挖掘算法参数调优的一般性方法如下：

a. 理解数据；

b. 理解算法的工作原理；

c. 在待挖掘的数据上依据算法原理人工"运行"，判断算法参数取值，比如状态空间大小，聚类的初始参数 K 等；

d. 向两个方向（正、负）上试探性增长或减小参数，根据数据挖掘工具提供的评价度量进行比较；

e. 继续向优的方向调整参数，直到收敛为止。

第二节　分类在审计实务中的应用技巧

分类就是把一些事例映射到给定类别中的某一个类别的过程。在实施映射之前，一般是利用一定的分类算法，从样本中计算得到分类规则，再依据该规则在另一组事例上进行类别的划分。例如，根据信用卡支付事例来判断哪些客户具有良好的信用。分类问题的特点是根据事例的某些属性，来估计一个特定属性的值。常见的分类算法有：朴素贝叶斯、决策树、K 最近邻、神经网络分类、支持向量机等。

朴素贝叶斯分类的想法比较简单：先计算待分类事例在所有类别中出现的条件概率，

然后把此待分类事例划分到概率最大的类别。朴素贝叶斯模型有着坚实的数学基础，以及稳定的分类效率。另外，朴素贝叶斯模型还具有需要估计的参数很少、对缺失数据不太敏感和算法比较简单等特点。理论上，朴素贝叶斯模型与其他分类方法相比误差率最小。但是，因为朴素贝叶斯模型假设特征之间相互独立，这个假设在实际应用中往往是不成立的，这给朴素贝叶斯的分类正确率带来了一定影响。

一、地税代开票审计中朴素贝叶斯算法挖掘技巧

📝 例 7.3：应用朴素贝叶斯算法发现地税代开票业务税率异常线索

（1）背景、目标与思路

背景：20××年，×××省审计厅统一组织全省地税系统预算执行财务收支和税收征收管理情况审计。代开发票业务是目前地税机关普遍开展的一项业务，通过现场调查了解，税务机关在代开发票时，营业税、城建税及教育费附加一般都能做到按比例按规定征收，但是所得税的征收往往存在征收不到位的情况，所以将所得税的征收情况检查作为审计重点。

目标：检查代开发票业务是否存在多征或少征所得税的情况。

分析思路：为实现审计目标，审计人员对税收征管业务进行了调查研究，并对代开发票情况、代开发票税款征收情况特别是所得税征收情况进行重点分析。经了解，代开发票业务征收所得税的税率主要与收款单位注册类型和行业性质有关。单位注册类型可分为私营有限责任公司、有限责任公司、股份有限公司、国有独资公司、集体企业、个人独资企业、个体工商户、私营企业、其他有限责任公司、内资个人、事业单位、国有企业、（港澳台商）独资经营公司、个人合伙、内资个体等；单位所属的行业性质可分为居民服务和其他服务业、农林牧渔业、住宿和餐饮业、金融业、制造业、批发和零售业、信息传输、计算机服务和软件业、科学研究、技术服务和地质勘查业、建筑业、电力燃气及水的生产和供应业、房地产业、租赁和商务服务业、交通运输、仓储和邮政业等。根据数据挖掘思想，结合注册类型和行业性质等影响所得税税率的因素，可以认定所得税税率的判定问题为一个分类问题。应用数据挖掘的分类技术发现审计疑点一般可分两个大的步骤：首先把获取的事例分成两部分，一部分是合法合规的事例集，称为可信事例，一部分是可能有问题的事例集，称为可疑事例；其次，让计算机在可信事例上进行学习，让计算机发现分类规则，然后应用这些分类规则对可疑事例重新分类，重新分类的结果与实际分类不一致的事例就是需要核查的审计疑点。

在本例中，每一笔代开票业务构成了一个事例，该事例的属性有发票号码、项目、收款单位、企业类型、行业大类、行业小类、发票金额和税率等。审计人员从行业经验可以知道，税率与发票项目、企业类型、行业分类等属性相关，而与发票号码、收款单位等属性无关。因为税率仅有几种情况，所以这是一个分类问题。由于税率的地区差异和时间差异较大，所以选择基于概率的朴素贝叶斯分类，以期得到较好的分类效果。

在挖掘模型中输入属性有项目、企业类型、行业小类，输出属性为税率。

（2）数据准备

通过对地税征管业务系统进行分析，从几百张数据表中，审计人员分析出其中主要与代开发票业务相关的 11 张数据表，包括：纳税人信息表、纳税人辅助信息表、申报征收表、税种表、税目表、行业表、注册类型表、代开发票表、代开发票项目表、发票税款计收表、发票税款计收税单号表。本案例中原始数据量为 18.9GB。

审计人员安排省地税局系统管理员通过 Oracle 自带的 EMP 工具按系统用户将全省税收征管业务数据导出为数个 DMP 文件。审计人员采集 DMP 文件后，按被审计单位的表空间结构重建表空间后，以 IMP 工具将 DMP 文件导入自行搭建的 Oracle 审计数据库。为便于各级审计机关开展审计，将税收征管按行政区划分割为省、市、县（区）数据。随后通过 Oracle Provider for OLE DB 数据连接，将 Oracle 数据导入审计人员熟悉的 SQL Server 2008 中开展数据挖掘工作。

①生成代开发票金额表

将代开发票表与代开发票项目表进行关联，同时剔除作废的代开发票，生成一张包含代开发票的金额和发票内容的数据表。

②生成含税单号的代开发票表

将代开发票金额表与发票税款计收表进行关联，生成一张包含对应税单号的代开发票表。

③生成新申报征收表

将申报征收表和代开发票税单号表进行关联，筛选包含税单号的记录，生成一张包含代开发票纳税信息的新申报征收表。

④生成代开发票征收表

将含税单号的代开发票表与新申报征收表按税单号进行关联，生成代开发票征收表。

⑤生成代开发票多税种征收表

按代开发票号对代开发票征收表进行分组汇总，生成按横向多税种排列的代开发票多税种征收表，即原来代开发票征收表一条记录一个税种字段改为一条记录包含多个税种字段（如营业税、城市维护建设税、教育费附加、个人所得税、企业所得税、印花税等）。

⑥生成代开发票征收汇总表

将代开发票多税种征收表按代开发票号进行分组汇总，生成代开发票征收汇总表。

（3）分析技巧

以 2018 年 ×× 县审计为例，经过前期数据准备，审计人员获得 2018 年 ×× 县地税局代开发票的数据表。在该数据表中，每张发票对应一个事例，并使用发票号码进行唯一标识。所得税税率原来是浮点类型，为了适应分类算法，这里把它转换成了字符类型，使之成为离散型的分类数据：0、1 和 2。

①建立和评估数据挖掘模型

创建视图 VDKP2007，该视图中包含了发票号码、项目、收款单位、企业注册类型、行业大类、行业小类、发票金额和税率等与代开发票业务本身相关的属性。

经审计人员根据税务征收特点初步分析，每年前三季度所得税征收不到位的概率较小，第四季度是审计重点，可以将前三季度的代开发票数据视为可信事例进行学习。所以下面审计人员选取 2018 年前三季度的事例进行挖掘学习。

首先在 Business Intelligence Development Studio 中基于 Analysis Services 项目模板定义 Analysis Services 项目新建一个分析项目，并命名为"代开票"。那么，在 Business Intelligence Development Studio 中就会创建并打开一个新项目，其中包含了进行多维分析和数据挖掘有关的文件夹，可在其中定义数据源、数据源视图、多维数据集、维度、角色以及其他 Analysis Services 对象。

然后在解决方案资源管理器窗口中右击【数据源】，选择【新建数据源】，在数据源向导的"选择如何定义连接"对话框中，单击【新建】按钮，选择事例数据库所在服务器的名字：SQL EXPRESS，并选择事例表所在的数据库名字："代开发票"。

Microsoft SQL Server 分析服务的数据源是为分析服务提供连接到数据源所需的信息的一个对象。一般地，如果要访问 SQL Server 2000 服务，则使用 SQL OLE DB 或 .NET Native OLE DB 提供程序；如果要访问 SQL Server 2008 R2 服务，则使用 SQL Server Native Client OLE DB 或 .NET SqlClient 提供程序；如果要访问 Oracle 9.0 服务，则使用用于 Oracle 的 NET Native OLE DB 或 Microsoft OLE DB 提供程序；如果要访问 ACCESS 数据库，则使用 Microsoft Jet 4.0 OLE DB 提供程序。

如果在出现的"数据源向导"对话框中发现"数据连接"列表为空，也就是说，没有现有连接，则需要新建连接，选择【新建】。在本案例中，因为要与 SQL Ser 数据库服务器连接，所以保持默认的"本机 OLE DB\SQL Server Native Client 10.0"提供程序不变，指定 SQL Server 数据库管理服务器的名字、身份验证方式以及所要连接的数据库名字："代开发票"。单击【下一步】按钮。

在"模拟信息"对话框中选择【继承】，使用数据源向导的"模拟信息"对话框可以设置分析服务用于连接到数据源的凭据。"使用特定 Windows 用户名和密码"选项将使分析服务使用指定 Windows 用户账户的安全凭据。指定凭据将用于执行处理、ROLAP 查询、外部绑定、本地多维数据集、挖掘模型、远程分区、链接对象以及从目标到源的同步。但是，对于数据挖掘扩展插件（DMX）OPENQUERY 语句，则忽略此选项，并且只能使用当前用户的凭据。

其中"用户名"是分析服务使用的用户账户的域和名称。使用以下格式：

〈域名〉\〈用户名〉

"密码"是分析服务使用的用户密码。

"使用服务账户"选项使分析服务使用与其相关联的安全凭据。服务账户凭据用于处理、ROLAP 查询、远程分区、链接对象以及从目标到源的同步。但是，对于数据挖掘扩展插件（DMX）OPENQUERY 语句、本地多维数据集和挖掘模型，使用当前用户的凭据。外部绑定不支持此选项。

"使用当前用户的凭据"选项使分析服务用当前用户的安全凭据来处理外部绑定、DMX OPEN-QUERY，本地多维数据集和挖掘模型。处理、KOLAP 查询、远程分区、链接对象以及从目标到源的同步不支持此选项。

"继承"选项使用通过 DataSourceImpersonation 数据库属性设置的、在数据库级别定义的模拟行为。

在"完成"对话框中，把数据源命名为"代开发票"。

一个数据挖掘解决方案中可以定义多个数据源对象，也就是说，分析服务可以从多个数据源获取数据。定义数据源之后，可以创建数据源视图。数据源视图不仅定义了挖掘结构对应的数据表，还可以自定义向挖掘模型提供数据源中的数据的方式。可以在数据源视图编辑器中修改结构，使其与数据挖掘项目的关系更密切，也可以选择列或者筛选行。一个数据源上可以创建多个数据源视图。

在解决方案资源管理器中右击【数据源视图】，选择【新建数据源视图】，在弹出的属于视图向导的"选择数据源"对话框中保持默认的关系数据源选项"代开发票"不变，单击【下一步】按钮。

创建数据源视图时，如果数据源中表之间存在外键约束，则将根据数据源中的外键约束创建表之间的关系，并且手动定义要包括在数据源视图中的其他关系（包括逻辑主键）。分析服务需要使用这些关系来构造相应的数据挖掘查询。如果包含多个表的数据源没有外键约束，则数据源视图向导会提问如何通过匹配不同表中的列名来建立约束。一般可根据"源表中的外键列名与目标表中的主键列名相同"的启发式方法自动创建。例如，主键列"法人.身份证号"与外键列"代开票.身份证号"相同。在"名称匹配"对话框直接单击【下一步】按钮。

在"选择表和视图"对话框中从左部"可用对象"列表中选择【VDKPMO7】视图，单击【＞】按钮将其移动到右侧"包含的对象"列表中，单击【下一步】按钮。

在"完成"向导中，把该数据源视图命名为"代开发票事例"。打开的数据源视图编辑器中设置这个对象的逻辑主键为【发票号码】。

接下来创建"挖掘结构"。挖掘结构（Mining Structure）是对问题数据结构的描述，包括可用的数据列以及事例键、输入、输出和数据类型（连续、离散）等信息，并且可以包含用以训练和测试模型的源数据，甚至可以包含对数据源的绑定，以便重新处理而不需再次提供数据源信息。另外，挖掘结构中可以包含多个模型。单击解决方案资源管理器【挖掘结构】，选择【新建挖掘结构】。在数据挖掘向导的"选择定义方法"对话框中保持默认方法"从现有关系数据库或数据仓库"不变，单击【下一步】按钮。

在"创建数据挖掘结构"对话框中，通过"您要使用何种数据挖掘技术"下拉列表框改变默认的【Microsoft 决策树】选项为【Microsoft Naive Bayes】，单击【下一步】按钮。

在"选择数据源视图"对话框中，从"可用数据源视图"列表中选择【代开发票事例】，然后单击【下一步】按钮。

在"指定表类型"对话框中，把输入表 VDKP 2007 指定为事例表，单击【下一步】按钮。

在"指定定型数据"对话框中，设置【发票号码】为键列；设置企业类型、项目和行业小类为输入列；设置税率为可预测列，即要求算法寻找企业类型、发票项目、行业小类和适用税率之间的关系。

在一个 Microsoft Naive Bayes 模型中，有且仅有一个键列、至少一个可预测列和至少一个输入列。所有属性均不能为连续型；如果数据包含连续数值数据，则将会被忽略或离散化。有的工具中朴素贝叶斯分类器的实现支持连续型数据和分类数据。

"离散化"是切分连续数据从而获取有限个可能状态的过程。数值数据和字符串数据都可以被离散化。可以使用多种方法对数据离散化。如果在数据挖掘解决方案中设置了关系数据源，则通过设置 DiscretizationBucketCount 属性的值可以控制对数据分组所使用的存储桶数，默认存储桶数为 5。

分析服务提供了三种离散化数据的方法：自动、聚类和等区（Equal_Areas）。聚类算法可以对定型数据采样，初始化为一些随机点，然后使用 Expectstion Maximization（EM）聚类分析方法经过几次 Microsoft 聚类分析算法迭代后将数据分组。聚类方法可用于所有分布，但该方法所需的处理时间比其他离散化方法长，且只能用于数值列。等区（Equal_Areas）算法将数据分成值数量相同的若干个组，此方法最适用于均匀分布。如果想要离散化，比如离散化"营业收入"，那么，在数据挖掘向导结束后，在【挖掘结构】标签页的快捷菜单中选择【添加列】，从源列中选择要离散化的列"营业收入"，如果与挖掘结构中的现有列重名，则要改名。然后在该列的"属性（Properties）"窗口中展开【数据类型（Data Type）】，把其中"内容（Content）M 的值从"连续（Continues）"改为"离散化（Discretized）"。在新出现的属性中，把"离散化方法（Discretization Method）"的设置由"连续（Continuous）"改为"等区（Equal-Areas）"，把"离散化存储桶数目（DiscretizationBucketCount）"改为想要的数目。

保持"指定列的内容和数据类型"对话框中的选项不变。单击【下一步】按钮。

注意，朴素贝叶斯算法支持 Cyclical 和 Ordered 内容类型，但算法会将它们视为离散值。

在下一步中，保持"创建数据集"中的默认设置，单击【下一步】按钮。将数据分为定型集和测试集，用于模型的训练和评估。定型数据集中的数据用于训练模型。模型完成后在测试集上进行评估。用于定型的数据是随机选择的，因此由模型测试得出的准确性指标受数据差异的影响就很小。

在"完成"对话框中把该挖掘结构命名为"VD-KP2007"。

创建好挖掘结构后，在自动打开的挖掘结构设计器中，选择【挖掘模型】标签页。

在初次设计挖掘模型时选择了"项目"作为输入属性，但处理时发现项目的状态有 344 个，远远超出了默认值（100 个），导致处理时间太长。再仔细观察项目在数据库中取值情况，发现有"修房屋""修楼顶""修校舍"等类似表述，即相同的项目存在不同表述。

此时如果再返回清洗数据，可能会对数据的完整性和一致性造成破坏，所以修改挖掘模型，将"项目"忽略。

处理完毕，选择【挖掘模型查看器】标签页，就可以看到计算机学习到的结果。

由于朴素贝叶斯模型的主要用途之一是提供一种快速浏览数据集内数据的方法，因此 Microsoft Naive Bayes 查看器提供了多种方法来显示可预测属性与事例表的输入属性之间的关系。包括：依赖关系网络（Dependency Network）、属性概要（Attribute Profiles）、属性特征（Attribute Characteristics）和属性对比（Attribute Discrimination）。

"依赖关系网络"选项卡显示模型中的输入属性与可预测属性之间的依赖关系。关系的强度由查看器左侧的滑块控制：降低将只显示最强链接，提升滑块会显示更多的链接，但是这些链接越来越弱。

在查看器中如果单击某一个节点，则该节点被使用某个颜色突出显示，该节点特定的依赖项会被使用其他颜色突出显示。例如，如果选择一个可预测节点，将突出显示对该可预测节点有影响的各个输入属性节点。

查看器底部的图例说明了不同颜色所表示的节点类型。

使用"属性配置文件"选项卡可以对"可预测"下拉列表中选择的可预测属性与模型中的所有其他属性进行比较。该选项卡中展示了可预测属性及其状态在总体上的分布，以及在可预测列各个取值上的分布。如果可预测属性的状态很多，在选项卡中无法同时列出显示，则可以通过调整"直方图条数"来更改直方图的数目。如果设置的数目比可预测列的状态总数少，那么工具按照其特定的顺序依次显示各个设定数目的各个状态，把剩余状态汇合到最右侧的一个灰色条中。

从"属性特征"选项卡的"属性"列表中选择一个可预测属性，然后从"值"列表中选择所选属性的状态，"属性特征"选项卡将显示与所选属性的选定事例相关联的属性的状态。属性按概率降序进行排序。

从"属性对比"选项卡的"属性"下拉列表中设置一个可预测属性，从"值1"和"值2"下拉列表中可预测属性的两个状态，"属性对比"选项卡将以表格形式显示事例的所有预测属性及其所有取值倾向于这两个值的程度。

单击【挖掘准确性图表】，可以看到"数据挖掘提升图"。在该图中，从左下到右上方向的斜对角直线表示在总体 100% 的数据中，其准确预测 100% 的事例，这是一条理想模型参考线，其下方曲线表示模型预测结果的准确性。曲线与右侧竖直条的交点表示在 95% 的事例中，应用机器学习到的规则能够成功预测 81% 的事例，这个准确率是可以接受的。

②审计疑点挖掘

模型建立和评估后，下一步就是应用该模型对可疑事例进行挖掘。

然后在"解决方案资源管理器"中单击【挖掘模型预测】标签页，在"选择输入表"窗口中单击【选择事例表】。

从"选择表"对话框中选择【代开发票】数据源，并从中选择视图 VDKP2007W。

在【挖掘模型预测】标签页中自动出现了挖掘模型和输入表之间的连接关系。接下来在下面的窗格中定义输出列。在【源】下单击，选择视图 VD-KP2007W，然后在【字段】下单击，选择【发票号码】。重复对"源"和"字段"的设置，依次选择项目、收款单位、企业类型、行业小类、发票金额和税率。将视图 VDKP2007 中的列"税率"指定别名"征收税率"。在"源"列，选择数据挖掘模型"VDKP2007"，相应的字段为该模型的预测列"税率"，指定该列的别名为"预测税率"。

单击【保存】按钮，在"保存数据挖掘查询结果"对话框中，指定表名为"预测结果"，保存在"代开发票"数据源中。单击【保存】按钮，在 SQL EXPRESS 数据库中就产生了查询结果。

通过以下 SQL 语句，可查询出征收税率与预测税率不一致的发票。

根据数据挖掘的结果，可以发现上述代开发票事项可能存在少征所得税的情况。例如代开票的发票号码为"00004570"，其实际征收税率是 0，而 Microsoft 朴素贝叶斯算法预测的税率是 2，即可能应该按照税率 2 来征税。这些事例构成了下一步审计工作的疑点。

应用 Microsoft 朴素贝叶斯分类，在可信度较高的前 3 个季度的代开票事务上对分类器进行训练，然后把得到的分类器应用到可疑事例较多的第 4 季度事例上，发现了少征所得税的审计疑点。

朴素贝叶斯分类是将事例分到几个预先已知类别的过程。应用朴素贝叶斯对事例进行分类一般分两步：第一步，建立数据挖掘模型，定义用于训练模型的事例集，选择朴素贝叶斯算法和算法参数。计算机通过分析由特征描述的事例来构造模型。每一个事例都预先分配到了某个类中，由一个被称为类标签的属性确定；第二步，应用模型在新的数据集上进行查询。

应用 Microsoft Naive Bayes 模型注意以下 3 点：①要求每个模型都必须包含一个用于唯一标识每个事例的数值列或文本列作为键列，且不允许复合键。在朴素贝叶斯模型中，所有列都必须是离散列或经过离散化的列；②输入属性应相互独立；③至少有一个可预测列。可预测属性必须包含离散或离散化的值。

二、银行贷款五级分类审计中决策树算法挖掘技巧

📖 例 7.4：应用决策树算法发现掩盖贷款风险线索

（1）背景、目标与思路

背景：在金融审计中，审查信贷资产类别划分合规性是审计重点之一。审查信贷资产分类，一是检查不良贷款的划分是否符合规定，认定程序是否合规。二是关注贷款分类调整情况，检查是否存在将大量不良贷款反映在正常贷款中，掩盖贷款真实情况的问题。

目标：根据审计工作方案要求，审计组要对 S 省商业银行贷款五级分类的合规性进行核实，发现商业银行是否存在把应归于不良的贷款划归正常贷款的问题。

分析思路：贷款五级分类即正常、关注、次级、可疑和损失。前两级属于正常贷款，后三级属于不良贷款。由于种种原因，某些事实上的不良贷款被商业银行划归到正常贷款的分类中，从而掩盖了信贷风险。

按照通常的审计思路，审计人员需要解决两个问题：一是学习掌握该省商业银行的五级分类规则；二是按照上述规则验证每一笔贷款分类是否合规。让参审人员在短时间内掌握上述规则难度很大，即便掌握了上述规则，由于工作量极大，要逐笔审查每笔贷款也不具有可行性。

一个可能的思路是，让计算机自动地从大量贷款事例中学习到五级分类规则，然后应用该规则核对可疑贷款事例。根据调查得知，五级分类主要依据两个方面：一是法人有关属性，如经营状况、管理特征；二是贷款本身有关属性，如担保方式等。

贷款风险的五级分类问题可以用数据挖掘中的分类方法予以解决。由于决策树算法与人工分类方法的策略基本一致，都是依据相关属性的不同取值，选择不同的分支，而且我们希望通过树的形式理解输入属性与输出属性之间的关系，所以考虑使用决策树算法。完整的模型应包括法人属性和贷款本身的属性，为了简化模型，着重说明过程，这里略去了法人属性，数据挖掘模型中仅涉及借款金额、累计收回贷款、贷款余额、借款日期、到期日期、借期、展期到期日、展期等可能会影响贷款五级分类的属性。

（2）数据准备

将 S 省商业银行提供的数据进行整理，生成了借款凭证表和客户表。

查询发现，借款凭证的年度取值范围是从 1956 年到 2018 年。我们首先限定考虑 2015 年以来的贷款事例，然后对 2015 年以来各类贷款的分布有个大致了解。

贷款五级分类任务是个非常复杂的业务活动，涉及客户本身经营情况、信用情况、政策以及贷款本身的一些属性。我们仅考虑分类为正常贷款和不良贷款的事例。通常，每笔业务，即每个事例需要一个 ID 来标识。

下面我们把 2015 年以来的事例拆分成两部分：训练集和可疑事例集。训练集的事例必须真实可靠，以便让计算机学习到分类规律，把借款 B 期在 2010 年至 2015 年之间的贷款事例作为训练集；可疑事例集是我们有所怀疑的事例，里面可能隐藏着疑点，把借款日期在 2015 年以后的贷款事例作为可疑事例集。

通过上面数据库查询发现，正常类贷款比重太大，对算法不利。解决办法是首先从正常类贷款事例中使用随机抽样的方法抽取十分之一。除了年份约束外，抽取时我们还增加了筛选条件：本凭证贷款余额为 0 和到期日期与展期到期日相等。这两个条件的意思是正常类贷款应该到期全部归还，不应该存在展期的情况，这样就能把可能的错误分类过滤掉。通过这种方法最终抽样得到 5356 个事例。

抽样（Sampling）就是从组成某个总体的所有事例集合中，按照一定方式抽出部分事例的过程。Excel 的抽样工具支持简单随机抽样、分层抽样和过度抽样。

简单随机抽样（Simple Random Sampling）是概率抽样的基本形式，它按照等概率原则直接从 N 个事例的总体中随机抽取 n 个组成样本。本案例中选择了简单随机抽样。

分层抽样（Stratified Sampling）将总体样本按其属性特征（如贷款类别、贷款性质分类、贷款期限分类、还款方式、保证形式、担保方式）分成若干类型或层次，然后在每个类型或层次中采用简单随机抽样抽取子样本，然后将子样本合起来组成总体的样本。通过分层抽样，使得调查样本更具有代表性。该方法适用于总体情况复杂，各类别之间差异较大、类别较多的情况。优点是样本代表性好，抽样误差较少。

过度抽样就是加大样本在总体中的比例。因为在样本比例太小情况下，如果直接采用某种算法（比如决策树），可能会因为某类事例在样本中的比例太小而导致无法进行模型训练，但是过度抽样会带来负面效应，经尝试，本案例过度抽样效果不好，故未采用。

然后我们挑选不良类贷款事例。除了年份约束外，根据重要性水平，抽取了贷款损失金额在 1000 元以上的贷款事例，筛选条件：本凭证贷款余额 > 1000。把抽取出的正常类和不良类事例集合并形成了训练集。

考虑正常类贷款和不良类贷款的贷款余额、借期和展期应有不同的特征，所以我们在训练集中设置这些贷款事例属性，以期让计算机发现这两类贷款在这些属性上的具体特征。

下面我们把 2015 年（含）以来的、展期在 2019 年以前的已经分类为正常的贷款筛选出来，作为可疑事例集。目的是从这些事例中找出应分类为不良的事例。

最后在 Excel 中新建工作簿，然后在"数据"功能卡的"获取外部数据"区域选择"自其他来源"，选择"来自 SQL Server"，启动"数据连接向导"，设置服务器名称为"."，导入训练集和可疑事例集。

选择"数据准备"功能区的【清除数据】的【重新标记】，设置类别的名字（即进行显示的标签）。设置贷款五级分类值为 1、2 的新标签为【正常】，贷款五级分类值为 3、4、5 的新标签为【不良】。

（3）分析技巧

"数据建模"功能区是在准备好的数据集上建立模型的地方。该功能区提供了基于任务的建模功能。在"数据建模"功能区，单击【分类】，启动分类向导，在"选择数据源"对话框保持默认的设置，即表 'Sheet1'! 表 _．S 省商业银行贷款数据挖掘 _TRAIN。

在"分类"对话框，设置要分析的列为"贷款五级分类"，输入列为"本凭证贷款余额""借期"和"展期"。"要分析的列"即模型的输出列。

单击【参数（P）】按钮可改变默认的决策树算法及算法参数。"分类向导"会将挖掘结构中的训练数据拆分到定型集合和测试集合两个集合中。默认情况下，分析服务使用定型集合来训练挖掘模型，使用测试集合测试模型的准确性。"将数据拆分为定型集和测试集"对话框用以询问用于测试模型的数据的比例，也就是在给定的表中选择多大百分比的行作为训练数据，多大百分比的行作为测试数据。有两种设置方法，上方是使用百分比的相对方法，下方是设置行数的绝对方法。允许同时设置这两个参数。如果同时设置这两个参数，则向导联合考虑这两个参数。如果"最大行数"小于"要测试的数据百分比"，则使用最大行数。如果将最大行数设置为 0，表示不使用此参数。向导在原始数据上随机选择，并将结果保存在分析服务中，不会对源数据造成影响。在"将数据拆分为定型集和测试集"对话框，保持默认设置（要测试的数据百分比 30%）。

在"完成"对话框，设置名字和选项。单击【完成】按钮，向导开始从训练数据中进行学习。学习完毕后，自动关闭对话框。处理完毕，选择【浏览】快捷工具按钮，就可以看到计算机学习到的结果。

在"准确性和验证"功能区选择【分类矩阵】，按照向导提示，保持默认设置，一直单击【下一步】按钮，直到完成，则该向导生成分类矩阵。

模型关于正常类事例的分类正确率是 94.59%，而关于不良类的分类准确率是 96.62%。如果这个准确率不可接受，则我们需要重新设计数据挖掘模型；如果我们接受这个准确率，则进行下一步。

"模型用法（Model Usage）"功能区提供了浏览模型、文档模型和查询等功能。其中，"查询"功能是最激动人心的地方。前期的所有数据准备、建立模型等步骤都是为了在一个可疑数据集上进行查询，以期缩小疑点范围。此时，我们需要指定使用哪个模型、在什么数据集上进行查询以及模型中的列与数据集中列的对应关系。

在"模型用法"功能区单击【查询】，弹出"数据挖掘查询向导"，在"选择模型对话框"中选择刚刚建立的模型，单击【下一步】按钮。

在"选择源数据"对话框单击【外部数据源】，并从分析服务器数据源"S 省商业银行贷款数据挖掘"中选择【TEST】表（可疑事例表），若无此数据源，则可在此新建。单击【下一步】按钮，在"指定关系"对话框中指定模型列和表列之间的关系。

在"选择输出"对话框，通过单击【添加输出】，设置查询结果集中的列，并把模型分类结果"输出 1"改名为"模型分类"。最后设置查询结果存放在新工作表上。

在"查询结果"工作表中筛选"模型分类"歹 U，发现在 21400 个正常事例中，有 224 个事例被模型分类成不良，这 224 个贷款事例就形成了疑点。通过 ID，就可以在数据库中发现借款凭证和客户的具体信息。

该笔贷款借款金额 3000 万元，累计收回贷款 1980 万元，贷款余额 1020 万元，借期 20 个月，实际分类为正常，模型将其分类为不良，该事例可列入需要进一步查证的范围。

介绍了在 Excel 中通过决策树分类的方法对银行贷款五级分类合规性进行审计的技巧。需要注意以下几点。

①首先识别银行贷款五级分类合规性问题是一个"分类"数据挖掘任务

在这个案例中"银行贷款"是待数据挖掘的事例，审计目标关心的是贷款五级分类的合规性，即每个事例的分类特征是否合规。而这个分类特征是事先已知的，即已经知道应该分成五类。但是，不知道的是分类规则。决策树算法就能根据贷款事例的一些特征和现有的分类，学习到分类规则，然后应用学习到的分类规则对可疑事例进行重新分类，重新分类的结果与实际结果不一致的事例就是审计疑点。这种方法大大提高了确定疑点的效率。

②用来训练决策树的事例必须是真实的

使用假的事例得到的结果显然不可靠。事例特征的选择也很关键。一般可以根据人工判断，选择那些对分类特征影响较大的特征。如果人工无法判断，则可以通过一些统计方法进行特征选取。

③抽样的目的就是为了让模型训练的时间短一些或者是使训练集中的事例分布更有利于分类规则的学习。

④建议通过设置不同算法参数

尤其是 Compkx-ity_Penalty 参数，来训练多个决策树以调优决策树模型，然后使用交叉验证寻找准确性和稳定性最高的决策树模型。

⑤在一个决策树模型中，有且仅有一个键列、包含若干输入列和至少一个可预测列 Microsoft 决策树算法支持连续属性和分类属性。但对 Cyclical 和 Ordered 类型，算法会将它们视为离散值，不会进行特殊处理。

第三节　回归在审计实务中的应用技巧

回归是研究一个随机变量 Y 对另一个（X）或一组（X_1，X_2，…，X_i）变量的相依关系的统计分析方法，在数据挖掘实践中常用来进行预测。从统计角度看，回归包括简单线性回归、多项式回归、多元线性回归、多变量回归、Logistic 回归、泊松回归、非线性回归等类型。数据挖掘中常见的回归算法有线性回归、神经网络回归、支持向量机回归等。本节以神经网络回归算法和多元线性回归算法为例，介绍回归方法在审计实务中的应用技巧。

神经网络回归算法基于人工神经网络数学模型，通常用来探索大量属性间的复杂关系。这个数学模型建立了输入属性和输出属性之间的关系。也就是说，需要可信的事例对神经网络进行训练，以寻找和建立节点间的路径，这些路径就可用于分类或者预测。与其他算法比较而言，神经网络回归算法对于检测大量输入属性和输出属性间的复杂关系尤为擅长。但是，发现复杂的关系需要更加错综复杂的计算过程。因此训练神经网络挖掘模型往往比其他算法要消耗更多的时间。Microsoft 神经网络使用由最多三层神经元组成的"反向传播 Delta 法则网络"。神经网络主要解决数据挖掘中的回归和分类问题。跟决策树类似，神经网络可以找出输入属性和输出属性之间的非线性关系，但由神经网络计算得出的非线性关系更加平滑和连续。

线性回归分析是一种应用很广的数据分析方法，用于分析事物间的统计关系，侧重数量关系变化。多元线性回归模型中含有多个自变量，用来揭示因变量与多个自变量间的线性关系。

一、住房公积金贷款审计中神经网络回归算法挖掘技巧

✐ 例7.5：应用神经网络回归算法发现违规发放公积金贷款线索

（1）背景、目标与思路

背景：20××年，×××省审计厅对全省住房公积金归集管理使用情况进行了审计。为确保住房公积金的安全运作，防范资金管理风险，本次审计将揭示违规发放、骗取公积金贷款作为审计重点。

目标：重点关注违规审批发放住房公积金贷款或违规骗取住房公积金贷款等问题。

分析思路：为了查证住房公积金贷款中有无违规审批或违规骗贷问题，应用神经网络数据挖掘算法，以贷款人相关特征作为输入变量，贷款金额和贷款期限作为输出变量，使用可信的公积金贷款事例对神经网络进行训练，经过评估满意后，应用该神经网络模型对某市2018年度的公积金贷款事例进行分析，分析结果与实际偏差较大的事例作为审计疑点。

按照政策，对于公积金的贷款额度和贷款期限都有一定的限制，比如某市规定：

①购买家庭首套自住住房

a. 建筑面积在90平方米（含）以下的，公积金贷款比例不得高于总房价的80%；b. 建筑面积在90平方米以上的，公积金贷款比例不得高于总房价的70%；c. 购买二手房的，公积金贷款比例不得高于总房价的60%。

②购买家庭第二套自住房的，个人公积金贷款额度不得超过房屋评估价值或实际购房款（以两者中较低额为准）的40%。

③住房公积金贷款最高额度为40万元。

④住房公积金贷款期限一般不超过借款人至法定退休年龄内的剩余工龄。

⑤住房公积金贷款期限最长为30年

可见，住房公积金的贷款人能够获得的贷款额度和贷款期限与年龄、房屋价值、建筑面积、是否二手房、是否第二套自住房等因素相关。依据实际获取到的贷款人年龄和房屋价值这两个属性，通过神经网络回归算法设计较为平滑的回归模型，以期缩小疑点范围。

（2）数据准备

将住房公积金信息管理系统的 SQL Server 6.5 数据库备份文件恢复到省厅服务器，采集所需数据导入到 SQL Server 2008 数据库。本例中原始数据量为2.3GB。

从数据表中抽取出的事例表包含如下字段：ID、合同号、贷款人、身份证、职工账号、贷款金额、贷款年限、贷款日期、还款状态。经与相关业务人员沟通了解，将贷款人的年龄、房屋价值和贷款金额作为神经网络模型中的主要属性。

（3）分析技巧

首先在 Business Intelligence Development Studio 中基于 Analysis Services 项目模板定义 Analysis Services 项目新建一个分析项目，并命名为"公积金贷款"。在 Business

135

Intelligence Development Studio 中就会创建并打开一个新项目，其中包含了进行多维分析和数据挖掘文件夹，可在其中定义数据源、数据源视图、多维数据集、维度、角色以及其他 Analysis Services 对象。

然后在"解决方案资源管理器"窗口中右击"数据源"，选择"新建数据源"，创建与 SQL Server 服务器的连接。Microsoft SQL Server 分析服务的数据源用法见前例。

由于"数据源向导"的"选择如何定义连接"对话框中没有现有的数据源连接，因此需要创建新的连接。单击【新建】按钮。

因为要与 SQL Server 数据库服务器连接，所以保持默认的"本机 OLE DB\SQL Server Native Client 10.0"提供程序不变，指定 SQL Server 数据库管理服务器的名字、身份验证方式以及所要连接的数据库名字："×××市住房公积金贷款"。

设置完成后，回到数据源向导"模拟信息"对话框，设置分析服务以"继承"方式连接数据源。使用数据源向导的"模拟信息"对话框，可以设置分析服务用于连接到数据源的凭据。"使用特定 Windows 用户名和密码"方式将使分析服务使用指定 Windows 用户账户的安全凭据。其中"用户名"是分析服务使用的用户账户的域和名称。格式为：<域名>\<用户名>。"使用服务账户"选项将使分析服务使用与其相关联的安全凭据。"使用当前用户的凭据"选项使分析服务用当前用户的安全凭据来进行外部绑定、DMX OPENQUERY、本地多维数据集和挖掘模型的处理。"继承"选项是使用 DataSourceImpersonation 数据库属性设置的、在数据库级别定义的模拟行为。

将数据源命名为"×××市住房公积金贷款"。数据源创建完毕后就会在"解决方案资源管理器"的"数据源"中出现新建的连接。

使用该连接创建数据源视图。一个数据挖掘解决方案中可以定义多个数据源对象，也就是说，分析服务可以从多个数据源获取数据。定义数据源之后，可以创建数据源视图。数据源视图不仅定义了挖掘结构对应的数据表，还可以自定义向挖掘模型提供数据源中的数据的方式。可在数据源视图编辑器中修改结构，使其与数据挖掘项目的关系更密切，也可以选择列或者筛选行。一个数据源上可以创建多个数据源视图。

然后在"解决方案资源管理器"窗口中右击"数据源视图"，选择"新建数据源视图"，设置本挖掘项目使用的表。把在 SQL Server 中创建的两个视图：VLoan 和 VLoanQuery 添加到数据源视图中，命名为"×××市住房公积金贷款"。在打开的数据源视图编辑器中分别设置两个对象的逻辑主键为 ID。

接着在"解决方案资源管理器"窗口中右击【挖掘结构】，选择【新建挖掘结构】，出现"数据挖掘向导"，在"选择定义方法"对话框中保持默认的设置："从现有关系数据库或数据仓库"。在"创建数据挖掘结构"对话框中，从【您要使用何种数据挖掘技术】下拉列表框中选择【Microsoft 神经网络】。

单击【下一步】按钮，在"选择数据源视图"对话框中保持默认的"×××市住房公积金贷款"选项。

在"指定表类型"对话框中，把 VLoan 设置为事例表。

在 Microsoft 神经网络回归算法的数据挖掘模型中，有且仅有一个表（或者视图），一个键列，包含一个或多个输入列以及一个或多个可预测列。

在"指定定型数据"对话框中，设置"房屋价值"和"年龄"作为输入列，"贷款金额"和"年限"作为可预测列。保持默认的 ID 作为键列。

在"指定列的内容和数据类型"对话框中，保持默认的设置。

Microsoft 神经网络算法支持下表中列出的特定输入列和可预测列。

在"创建测试集"对话框中，保持默认的设置："测试数据百分比 30%"。

在"完成向导"对话框中把挖掘结构名称命名为"贷款金额预测模型"。

最后单击工具栏中【处理】按钮，对模型进行处理。

使用 Microsoft 神经网络回归算法的数据挖掘模型与该算法参数值的设定紧密相关。这些参数定义如何对数据进行采样、数据在每个列中的分布方式或预期分布方式。

为了对不同内容类型的输入特征进行比较，需对这些特征值进行统一编码。比如将离散值转换为可与连续值进行比较且可在神经网络中计算权重的值。例如，如果一个输入特征为"行政区域"，其值可能为"石家庄"或"秦皇岛"，另一个输入属性为"营业收入"，其值是连续的，这两个特征的值不可直接比较，因此，必须编码到共同的范围，才能计算权重。

对于离散的变量，最简单的方法是将它映射到等间隔的点上，其范围是从 0 到 1。

在处理 Microsoft 神经网络时，也可以使用以下方法来对输入属性进行规范化：

$$V=(x-\mu)/\delta$$

对于连续的输入，μ 是平均值，而 δ 是标准偏差；对于离散的输入，$\mu=p$（一个状态的概率），$\delta^2=p\times(1-p)$。

通过设置 Microsoft 神经网络回归算法的参数，可以影响生成的挖掘模型的行为、性能和准确性。可用于 Microsoft 神经网络算法的参数有：

HIDDEN_NODE_RATIO：隐含神经元总数与输入和输出神经元总数之比。默认值为 4。

HOLDOUT.PERCENTAGE：设置定型挖掘模型时错误的事例的百分比。此百分比作为停止处理的阈值。默认值为 30。

HOLDOUT_SEED：设置伪随机生成器的种子。默认值为 0。表示算法将基于挖掘模型的名称生成种子，以保证可重复处理。

MAXIMUM，INPUT.ATTRIBUTES：设置算法可以处理的最大输入属性数目。如果实际的输入属性个数比设置值还要多，则算法选择使用其认为重要的属性。默认值为 255。

MAXIMUM_OUTPUT_ATTRIBUTES：设置算法可以处理的最大输出属性数目。如果实际的输入属性个数比设置值还要多，则算法选择使用其认为重要的属性。默认值为 255。

MAXIMUM_STATES：设置属性离散状态的最大数目。如果某个属性的实际状态数大于为该参数指定的数目，则算法将使用该属性最常见的状态，并将其余状态作为"缺失"

状态处理。默认值为 100。

SAMPLE_SIZE：设置用来给模型定型的事例数。默认值为 10000。

处理 Microsoft 神经网络完毕后，可以通过神经网络浏览器浏览模型的内容。神经网络浏览器与其他浏览器有些不同，它仅仅是基于预测的，并没有一个训练后的神经网络图形布局的可视化显示。浏览器的主要目的在于显示与预测特征相关的"特征值"对可预测列的影响。

因为数据挖掘模型的输出是连续类型，可使用散点图（Scatter Accuracy Chart）评估模型的准确性。

在【挖掘准确性图表】标签页中选择【输入选择】标签页，确认可预测列名称为"贷款金额"。

然后单击【提升图】标签页，保持图表类型为默认的"散点图"，由于年龄和贷款金额均为连续数值，因此，可以以图形方式将年龄、房屋价值显示为自变量，将贷款金额显示为因变量。这样，图中的直线显示理想预测，即预测值与实际值一致，而散布在该直线周围的点显示实际数据偏离预期值的程度。该散点图显示出所生成的模型与理想模型的差异程度。将鼠标悬停至散布在该直线周围的任一点上方，即可在工具提示中查看预测值和实际值。当然，散点与理想线越紧密，模型越准确。

回到【输入选择】标签页，设置"可预测列名称"为"贷款年限"。

再次选择【提升图】标签页。

如果认为该模型的预测准确度可以接受，则下一步就可以应用该模型进行预测。

使用散点图已经评估了模型的准确性，微软挖掘模型查看器提供了附加额外的分段查看功能。可以使用 Microsoft 神经网络查看器选择输入特征的特定状态，来查看模型中的其他输入特征如何影响输出特征（也称为可预测列）的状态。例如，已知某位公积金贷款人年龄在 50 岁左右，如果想要确定他公积金贷款的金额，他属于 48 ~ 66 岁的贷款人，其贷款金额倾向于 70000 元以下。

在挖掘模型查看器标签页上，使用"输入"列表，可以选择神经网络模型用作输入的属性和属性值。默认设置是包含所有属性，表示正在查询该模型哪些属性和属性值，对确定所选的输出属性的值最重要。

如果要选择输入属性，在"输入"列表的【属性】列内部单击，再从下拉列表中选择一个包含在该模型中的属性。在"输出"列表中设置要使用输出的神经网络的属性，以及要比较的两个输出属性值。只能从模型中选择被定义为 predict 或 predict only 列的属性。首先使用"输出属性"列表选择一个属性。然后，可以从"值 1"和"值 2"列表中选择两个与该属性关联的状态。这样，输出属性的这两个状态将在"变量"窗格中进行比较。

"变量"窗格中是一个表格，其中有 4 个列：输入属性、输入属性的值、倾向于输出属性的"值 1"和倾向于输出属性的"值 2"。横条的长短则表示输出状态倾向于输入状态的程度。

　　验证是评估挖掘模型对实际数据执行情况的过程。在应用挖掘模型进行查询之前，应先通过了解其质量特征进行验证。但是，没有规则可以说明什么时候模型足够好。

　　可以使用 Business Intelligence Development Studio 中数据挖掘设计器的【挖掘准确性图表】标签页来比较挖掘结构中挖掘模型的准确性。这里有四种图表：提升图、利润图、分类矩阵和交叉验证报表。前三个工具需要通过"输入选择"选项卡来定义用于生成该图表的数据。交叉验证报表是一个独立报表。

　　提升图用来显示和比较挖掘模型产生的结果、理想模型产生的结果以及随机推测结果。对随机推测结果的任何改进均称为"提升"。提升的程度越大，模型也就越有效。在提升图中只能比较具有可预测离散特征的挖掘模型。

　　如果模型预测的是离散值，则可以创建提升图或利润图。使用提升图来比较每个模型的预测准确性，利润图包含了与提升图相同的信息，但利润图还可以显示与每个模型相关联的利润预计增长。

　　可以在提升图中指定可预测列的目标值，或者不指定该值来创建两种类型的提升图。在"输入选择"选项卡和"提升图"选项卡之间切换时，该图表将进行更新以反映在列映射或其他设置中所做的任何更改。

　　随机线就是胡乱猜测的输出结果，一般是最下方那条曲线。理想线和随机线之间的两条曲线就是挖掘模型的曲线，这两条曲线分别表示两个输出属性：贷款金额和贷款年限的预测结果。

　　数据挖掘项目的主要目标是使用挖掘模型来对新的事例进行预测查询。创建预测查询时，通常会提供一些新事例，这些新事例的表结构通常与训练事例的表结构一致。可以通过在"预测连接"中将模型映射到一个外部数据源，以批量方式进行预测。也可以通过创建一个"单独"预测查询，一次预测一个值。所以，如果在查询中键入单个新事例或者多个新事例，则称为通过单独预测查询进行预测；而批量预测查询则是将外部数据源中的新事例映射到模型并进行预测的过程。

　　预测查询与关系数据库中的 SQL 查询不同：添加到预测查询中的每个预测函数都返回它自己的结果集。

　　首先选择【挖掘模型预测】标签页，然后单击【选择事例表】，从数据源"×××市住房公积金贷款"中选择事例表 LoanQuery。

　　在【挖掘模型预测】标签页的底部区域设置查询输出所包含的字段。这里需要被查询表的所有字段以及预测的贷款金额和贷款年限，所以首先在"源"列中选择输入表 VLoanQuery，然后在"字段"列中选择【ID】。类似的方法，把 VLoanQuery 的所有字段设置为输出字段。然后在"源"列中选择挖掘模型【VLoan1】，再到"字段"列中选择【贷款金额】，在"别名"列中设置该字段的别名为"预测金额"，最后在"源"列中选择挖掘模型【VLoan1】，到"字段"列中选择【贷款年限】，在"别名"列中设置该字段的别名为"预测年限"，设置别名的目的是避免在输出字段中重名。

单击【挖掘模型预测】标签页中的【保存】按钮，设置数据挖掘预测查询结果的保存位置。这里把预测查询结果保存到 SQL Server 数据库中，所以保持默认的数据源不变，指定存放预测查询结果的结果表名为 Prediction，勾选【如果已存在，则覆盖】选项。单击【关闭】执行查询。

审计人员将上述查询结果确定为疑点，提交审计组进行延伸审计。

由于使用的输入属性较少，这里仅有两个，所以数据挖掘的意义在于帮助审计人员有效地缩小可疑事例的范围，在审计实践中，应尽量获得较完整数据，以使数据挖掘的结果更有帮助。

二、上市公司所得税审计中多元线性回归算法挖掘技巧

例 7.6：应用多元线性回归算法发现上市公司漏缴所得税线索

（1）背景、目标与思路

背景：部分上市公司存在滞缴、漏缴税金等违规问题。比如根据财政部 2018 年会计信息质量检查结果，××××有限公司未按规定申报缴纳企业所得税 2.08 亿元。××××（中国）投资有限公司存在少计收入、少计缴所得税等问题。

目标：从大量上市公司中发现漏缴所得税的审计线索。

分析思路：上市公司公开披露的资产负债表、利润表、现金表，以及财经网站的财务分析指标为发现数据之间相关性提供了数据基础。从这些公开的数据中发现与所得税相关的指标，并进一步研究这些指标与所得税之间的关系，然后应用这种关系对审计单位进行回归分析。

把所得税作为因变量，记为 y。把资产负债表、利润表、现金表以及财经网站的财务分析指标作为自变量。假设 y 与这些自变量中的 $k-1$ 个自变量 $x_i(i=1,\cdots,k-1)$ 存在线性关系，那么这种线性关系可表示为：

$$y=\beta_0+\beta_1 x_1+\beta_2 x_2+\cdots+\beta_{k-1}x_{k-1}+u$$

其中 y 是因变量，x_i 是自变量，u 是随机误差项，$\beta_i(i=0,1,\cdots,k-1)$ 是回归参数（未知）。这说明 $\beta_i(i=1,\cdots,k-1)$ 是 y 的重要解释变量。代表众多影响 y 变化的微小因素。这就是多元线性回归模型。

回归的目的是找出一组数据最佳拟合的直线。如果针对某一个企业，采用重算的方法计算所得税是可行的，但对大量企业，逐一进行重算显然不现实。从公开的财务报表以及相关财务指标，选出 314 个指标与"所得税"进行相关分析，选出与其线性相关程度较高的若干指标建立线性回归模型，实际值与找到的线性回归方程上的值相差较大的企业应列为疑点。

（2）数据准备

通过神通数据库的数据导入导出功能，将 Excel 格式的资产负债表、利润表、现金表三大报表财务指标，财经网站的财务分析指标，财报加工指标、一级及二级配比指标导入到神通数据库。导入时选择如下变量：①资产负债表 99 个变量；②利润表 42 个变量；③现金表 88 个变量；④财经网站的财务分析指标 85 个变量。本案例中原始数据量为 66.5MB。

导入后进行必要的数据清洗和转换。

（3）分析技巧

第一步，应用神通数据挖掘工具 K-Miner 的"相关分析"功能，将三大报表财务指标、财报加工指标、一级及二级配比指标、财经网站的财务分析指标共计 314 个指标与"所得税"指标做线性相关系数计算，用于量化这些指标与"所得税"的线性相关程度，得到各财务指标与"所得税"的相关系数。

筛选出与"所得税"线性相关程度大于 0.8 的财务指标 43 个，包括净利润、利润总额、营业利润、管理费用等。

第二步，通过 K-Miner 的钱性回归分析功能，拟合出第一步筛选的与"所得税"高度相关的 43 个财务指标与"所得税"的多元线性回归模型。得到"所得税"的计算公式如下：

所得税 =−203573.86305554+0.00736889×（二、营业总成本）−0.12501985×（管理费用）+0.17552878×（四、营业利润）−0.21817417×（六、净利润）+0.11680320×（归属于母公司股东的净利润）+0.00565858×（非流动资产合计）+0.00050218(资产总计)−0.0480064×（应交税费）+0.00571435×（流动负债合计）−0.00076673×（负债合计）−0.02315817×（实收资本［或股东］）−0.04551899×（未分配利润）+0.01800464×（归属于母公司股东权益合计）+0.00327453×（所有者权益合计）+0.00050218×（负债及所有者权益总计）+0.01900313×（支付的各项税费）+0.01653859×（经营活动产生的现金流量净额 2）+0.06634771×（主营业务利润［元］）−0.01411990×（固定资产）+0−06177924×（扣除非经常性损益后的净利润［元］）−0.00719803×（营业收入）+0.22037015（营业外支出）−0.00479873×（应付账款）+0.02593737×（毛利润）+0.00335567×（投资活动产生的现金流量净额）−0.01121690×（资本积金）−0.05253337×（营业税金及附加）−0.00930736×（投资活动现金流出小计）+0.01092531×（构建固定资产、无形资产和其他长期资产支付的现金）−0.01333713×（存货的减少）+0.03428006×（盈余公积金）−0.07099690×（销售费用）+0.00194519（筹资活动现金流出小计）−0.21007803×（无形资产摊销）+0.00502804×（非流动负债合计）−0.01023042×（筹资活动现金流入小计）−0.01317436×（在建工程）+0.00675357×（偿还债务支付的现金）。

通过对比拟合值与实际值，发现拟合值与实际值差别并不明显。

第三步，对比该模型计算得到的"所得税"与财报公布的"所得税"即可发现异常。

本例应用多元线性回归模型，采集上市公司财报数据，经过相关性分析从 314 个指标中筛选了 43 个指标作为自变量，把所得税作为因变量，使用线性回归分析方法，建立了多元线性回归模型,并应用该模型进行预测,将预测值和实际值差别较大的上市公司作为疑点。通过回归模型预测所得税,找到了前十个所得税比较异常的企业,把这些企业列入了疑点范围,被发现异常的企业是否存在偷漏所得税的问题,还需审计人员进一步查证。本案例只是提供一种通过回归分析建立疑点范围的思路。

如果因变量的变化由几个而不是一个自变量的影响,就需要用两个或两个以上的自变量来解释因变量的变化,这就是多元回归。当多个自变量与因变量之间是线性关系时,所进行的回归分析就是多元线性回归。建立多元线性回归模型时,为了使得回归模型可解释性和预测效果都比较好,选择自变量时应注意:

①自变量与因变量的线性相关程度要高,而且必须有统计显著性;

②模型中的自变量应避免存在多重共线性。

第八章 传统思想方法与"小数据"建模问题

对于涉及数学建模的相关"小数据"实际问题，一般采用传统思想方法建模，本章主要介绍传统思想方法的基本原理、建模步骤以及思想方法的建模实例，主要包括直接法、模拟法、类比法、初等分析法、微分方程法和数学规划法，掌握这些思想方法对于解决实际问题有重要意义。

第一节 直接法及建模问题

直接法建模是指利用已有的数学、物理知识，根据实际情况建立解决实际问题的数学模型，从而将理论与实际结合起来，所用到的知识有代数、几何、概率等方面，建立的数学模型简单易懂，一般具有明确的实际意义。

利用直接法建立的数学模型为初等模型，常见的有关于自然数的数学模型、初等代数模型、初等几何模型、初等随机模型等，本节将介绍初等几何模型中的雨中行走问题。

一、问题的提出

当在外出行走的途中遇到下雨时，自然会想：到底要走多快才会使淋雨量最少，为了研究这个问题，先作简单考虑：沿直线走，且已知雨的速度。

该问题主要涉及降雨的大小、风的方向、路程的远近和人行走的快慢这些因素。

二、模型的假设

为了简化问题，这里做出如下假设：

（1）雨滴下落的速度为 r（m/s），单位时间的降水厚度为 I（cm/h）；

（2）人在雨中行走的速度恒为 v（m/s），雨中行走的距离为 D（m）；

（3）雨滴下落的角度固定不变为 θ；

（4）将人体视为长方体，高 h（m），宽 ω（m），厚 d（m）。

三、模型的建立

降雨强度系数 $p=I/r$，$p \leq 1$，当 $p=1$ 时即为大雨倾盆，当雨水是迎面落下时，被淋湿的部分仅是人体的顶部和前方，令 C_1，C_2 分别是人体的顶部和前部的雨水量。

对于顶部的雨水量 C_1：面积 $S_1=\omega d$，雨滴速度的垂直分量为 $r\sin\theta$，则在时间 $t=D/v$ 内

淋在顶部的雨水量为

$$C_1=D\omega dprsin\theta/v$$

对于人体前部的雨水量 C_2：面积 $S_2=\omega h$，雨速分量为 $rcosd\theta+v$，则在时间 $t=D/t$ 内，

$$C_2=[\omega ph（rcos\theta+v）]D/v$$

于是在整个行程中被淋到的雨水总量为

$$C=C_1+C_2=[drsin\theta+h（rcos\theta+v）]p\omega D/v$$

第二节　模拟法及建模问题

一、模拟法建模的原理

模拟法是先设计出与被研究现象或过程相似的模型，然后通过模型间接地研究原型规律的实验方法，其一般方法是依照原型的主要特征创设一个与其结构、性质相似的模型，通过模型间接研究原型。

当需要对变化过程进行建模时，一般通过分析、假设就可建立解释性模型，通常称为理论推动型模型；若需要对试验建模，可通过考察数据的倾向性建立经验模型，称为数据推动型模型。

模拟法适用于虽然了解模型的结构与性质，但其数量描述及求解都相当复杂的情况，此时，对数学问题不能或难以做分析性的解释，且数据无法收集或代价过于昂贵。例如以下问题：

（1）早高峰时电梯系统提供的服务模式的检验；

（2）大城市交通控制系统可供选择的运行模式的检验；

（3）确定一个新工厂的最佳厂址；

（4）确定一办公大楼中，通信网络哪个区域最好；

（5）发生核电站事故时，防护和疏散居民的方案。

二、哥尼斯堡七桥问题

在离普累格尔河入海口不远的地方，有一座古老的城市——哥尼斯堡，普累格尔河的两条支流在这里汇成一股，奔向蓝色的波罗的海，河心的克奈芳福岛上，矗立着哥尼斯堡大教堂，整座城市被河水分成 4 块。于是，人们便修造了 7 座各具特色的桥，若干年过去了，一个有趣的问题在居民中传开了：谁能够找出一条路线，经过所有这 7 座桥而每座桥都只经过一次？

许多年过去了也没有人找出一条合适的路线，大家一筹莫展，后来，"七桥问题"传

到了旅居俄国彼得堡的欧拉耳朵里。1736年，他研究后发现，不重复地经过七座桥的路线，以陆地为桥梁的连接点，那么桥梁的曲直、长短、陆地的形状、大小都是无须考虑的。因此，将4块陆地看成4个点、7座桥梁画成7条线，问题就变成了用笔不重复地画出几何图形，即"一笔画"问题。

欧拉发现，每当用笔画一条线进入中间的一个点时，必须画一条线离开这个点，否则整个图形就不可能用一笔画出，即单独观察图中的任何一个点都应该与偶数条线相连。

第三节　类比法及建模问题

类比法是根据两个事物在某些方面的相同或相似，推测二者在某方面也可能有相同的结论，是一种由个别性前提推出个别性结论的推理方式，其结论必须通过实验来检验，类比对象共有的属性越多，结论的可靠性越高。

根据类比中对象的不同，可分为个别性类比、特殊性类比和普遍性类比等；根据类比中的断定不同，可分为肯定式类比、否定式类比和肯定否定式类比等；根据类比中的内容不同，可分为性质类比、关系类比、条件类比等；根据结论的可靠程度，可分为科学类比与经验类比等。

第四节　初等分析法及建模问题

初等分析法是指在建模过程中所用到的数学方法与知识都是初等的，常用的初等分析建模方法有量纲分析法和集合分析法。这些方法主要是根据对现实对象的认识，分析其特性之间的因果关系，找出规律，由此建立的数学模型一般具有明确的物理意义或现实意义。

一、量纲分析法及建模问题

量纲分析法是常用的定性分析方法，所建立的数学模型可应用于物理和工程领域，它根据实验与经验，利用物理定律的量纲一致原则来确定各物理量之间的关系，从而达到建模的目的，运用这种方法从某些条件出发，对物理现象进行推断，将其表示为某种具有量纲的变量的方程以分析各物理量间的关系。

二、集合分析方法及建模问题

集合是数学中的一个基本概念，集合论是研究集合一般性质的数学基础分支，也是数学分析、实变函数论的重要基础，理论上认为，集合与集合论的有关概念和理论是非常抽象的，不便于在实际中应用。但事实上，对于实际中的许多问题，往往是问题所包含的相关因素之间的关系比较复杂，用简单的语言文字难以表达，但是用集合的概念、术语和子集之间的运算关系来解释、描述这个实际问题可能更清晰、更直接、更方便，同时借助集合论的相关理论可以得到具有实际意义的结果。

第五节 微分方程方法及建模问题

一、微分方程模型的建立

自然科学（如物理、化学、生物、天文）和社会科学（如工程、经济、军事）中的大量问题可以用微分方程来描述，在描述实际对象的某些特性随时间的演变过程、分析其变化规律、预测其未来形态时，要想建立该实际对象的动态模型，通常用到微分方程模型。

1.建立微分方程模型的过程及步骤

建立微分方程模型的过程为：首先，对具体问题作简化假设；其次，依据对象内在的或类比于其他对象的规律列出微分方程；最后，得出方程的解并将结果应用到实际对象，这样便实现了对实际对象的描述、分析、预测和控制，一般步骤为：

（1）根据实际问题确定要研究的物理量，包括自变量、未知函数、重要参数等；

（2）依据物理学、几何学、化学或生物学等学科的相关知识，找出这些量所满足的基本规律；

（3）运用这些规律列出方程和定解条件。

2.建立微分方程的基本准则

在建立微分方程时，需遵循以下几个基本准则：

（1）翻译

将研究的对象翻译成变量的连续函数。

（2）转化

将实际问题中涉及的概念与数学术语相联系。

如，在实际问题中，有许多与导数相对应的常用词：物理学中的"速率"，生物学、人口学中的"增长率"，放射性问题中的"衰变"，以及经济学中的"边际"等，要注意它们之间的相互利用转化。

（3）模式

找出问题遵循的变化模式，可分为下面三种方法：

①利用力学、数学、物理及化学等学科中的已有规律，对某些实际问题列出微分方程；

②模拟近似法，在生物、经济等学科中，许多现象满足的规律并不明确，此时，便可

遵循变化模式：

$$改变量 = 净变化量 = 输入量 - 输出量$$

从而得到微分方程；

③微分分析法，在建立微元间的关系时，需对微元运用已知的规律与定律。

（4）建立瞬时表达式，根据问题遵循的变化模式，建立在 $\triangle t$ 时段上的函数 $x(t)$ 的增长量 $\triangle x$ 的表达式，然后令 $\triangle t \rightarrow 0$，即得到 dx/dt 的表达式。

（5）单位，在建立微分方程模型过程中，等式两端应采用同样的单位。

（6）确定初始或边界条件，这些条件是已知的关于系统在某一特定时刻或边界上的信息，独立于微分方程而成立，用于确定有关的常数，为了完整地给出问题陈述，应将这些已知的条件和微分方程一起列出来。

二、传染病问题

随着人类文明的不断发展、卫生设施的改善与医疗水平的提高，以前曾肆虐全球的一些传染性疾病已经得到了有效的控制。但是，伴随着经济的增长，一些新的传染性疾病，如曾给世界人民带来深重灾难的 SARS 病毒和如今依然在世界范围蔓延的艾滋病毒，仍在危害着全人类的健康，长期以来，建立传染病模型来描述传染病的传播过程，分析受感染人数的变化规律，预报传染病高潮的到来等，一直是医学研究领域关注的课题。

三、捕鱼业的持续收获问题

作为一种再生资源，渔业资源一定要注意适度开发，不能为了一时的高产"竭泽而渔"，而应在持续稳产前提下追求最高产量或最大的经济效益。

渔场中的鱼量是按照一定规律增长的，如果人类的捕捞量等于鱼的增长量，那么鱼量将保持不变，现建立在捕捞情形下鱼量的模型，根据模型分析鱼量稳定的条件，并讨论应如何控制捕捞才可使持续产量和经济效益达到最大。

第六节 数据规划方法及建模问题

一、数学规划基本理论

在现实生活的诸多领域中，人们常常遇到如下问题：在满足强度要求的条件下选择材料的尺寸进行结构设计，使材料最轻；在有限资源约束条件下制定各用户的分配数量，使总效益最大；按照产品的工艺流程和顾客需求制订生产计划，尽量降低成本使利润最高，即在一系列客观或主观因素的限制下，如何使所关心的某个或多个指标达到最大或最小，通过对这类问题进行研究，产生在一系列等式与不等式约束条件下，使某个或多个目标函数达到最大（或最小）的数学模型，即数学规划模型。

二、投资问题

在线性规划和非线性规划中，所研究的问题只含有一个目标函数，常称为单目标规划问题。事实上，在实际中所遇到的问题往往需要同时考虑多个目标在某种意义下的最优问题，称这种含多个目标的最优化问题为多目标规划问题，投资问题是典型的多目标规划问题。

第九章 大数据挖掘模型探究

第一节 基于BP神经网络大数据挖掘模型

基于神经网络的数据挖掘技术是将神经网络中隐含的知识以一种易于理解的方式明确地表示出来。它综合了并行直观性和串行逻辑性两个侧面，通过对已知信息的学习来寻求未知信息，适合非线性数据和含噪声数据，特别是以模糊、不严密、不完整的知识（数据）为特征的或缺少清晰的分析数据的数学算法的情况下取得传统符号学习方法所难以达到的效果。不仅为设计者和使用者理解 ANN 的推理过程提供方便，还通过抽取规则，发现数据的重要关系，帮助用户进行决策处理。

神经网络是由大量神经元广泛连接而成的超大规模非线性动力系统，除具有一般非线性动力学系统的共性，如不可预测性、吸引性、耗散性、非平衡性、不可逆性、高维性等特性，在数据挖掘中采用神经网络的技术，主要是因为它具有一些传统技术所没有的特点：

（1）通过非线性映射，学习系统的特性具有近似地表示任意非线性函数及其逆的能力。

（2）通过离线和在线两方面的权重自适应提供给不确定系统自适应和自学习。

（3）可提供大规模动力学系统允许快速处理的并行分布处理结构。

（4）提供鲁棒性强的结构，因为网络自身有容错性和联想功能。

（5）信息被转换成网络内部的表示，这种表示允许定性和定量信号两者的数据融合。

一、神经网络在数据挖掘中的常用模型

在数据挖掘领域中广泛使用的人工神经网络模型有：BP 网络、自组织 SOM（Self-Organizing Feature Map）网络（包括 Kohonen 和 ART 模型）、Hopfield 网络、循环 BP 网络、径向基函数 RBF（Radial Basis Function）网络和 PNN（Probabilistic Neural Networks）网络、等等。

与传统的统计分析相比，BP 网络由输入层、中间层和输出层组成，采用多层前向的拓扑形状，它可以同时逼近多个输出，以满足多输入参数所造成的复杂情况并且实现简单。它可以被用于分类、回归和时间序列预测等 KDD 任务中，及模式识别问题、非线性映射问题的研究，如手写体识别、图像处理、预测控制、函数逼近、数据压缩等。

RBF 网络中隐层单元使用了非线性传输函数，这就使它在隐单元中矢量确定的情况下，

网络只需要对隐藏至输出层的单层权值进行学习修正，所以它具有更快的收敛速度，是一种非常有效的前馈网络。

如果 KDD 的目标是对时间序列进行预测时，用循环 BP 网络比普通的 BP 网络要好。自组织 SOM 网络模拟大脑的自组织特性，主要用于聚类，需要在线学习时，ART 和 RBF 的训练数据相对快一些。

连续型 Hopfield 网络是 20 世纪 90 年代提出的一种由 S 型神经元构成的单层全互联反馈动力学系统，它是一种连续确定型神经网络模型，该网络具有快速收敛于状态空间中一稳定平衡点的能力。可以用作优化计算，HopHeld 网络在求解优化问题方面应用很广泛。

KDD 系统的目标是通过分析和预测从数据库中抽取出特定的知识，因此，大多数情况下，对数据对象进行模式识别的规则预先是未知的，聚类方法也就成为数据挖掘算法的核心。SOM 方法是一种基于欧氏距离反复地进行聚类和聚类中心修改的过程，因此，它主要针对数据库中数据对象的数值属性。SOM 神经网络模型应用广泛，适合对数据对象进行聚类，也可用于语音识别、图像压缩、机器人控制、优化问题等方面。

二、BP 算法的基本理论

（一）BP 算法的思想

Rumelhart, Hinton 和 Williams 完整而简明地提出一种 ANN 的误差反向传播训练算法（简称 BP 算法），系统地解决了多层网络中隐含单元连接权的学习问题，还对其能力和潜力进行了探讨。Parker 也提出过同样的算法。后来才发现 Werbos 的博士论文中曾提到过有关 BP 学习算法及其几种变形。

误差反传算法的主要思想是把学习过程分为两个阶段：第一阶段（正向传播阶段），给出输入信息通过输入层经隐含层逐层处理并计算每个单元的实际输出值；第二阶段（反向过程），若在输出层未能得到期望的输出值，则逐层递归的计算实际输出与期望输出之差值（即误差），以便根据此差调节权值，具体些说，就是可对每一个权重计算出接收单元的误差值与发送单元的激活值的积。因为这个积和误差对权重的（负）微商成正比（又称梯度下降算法），把它称作权重误差微商。权重的实际改变可由权重误差微商一个模式一个模式地计算出来，即它们可以在这组模式集上进行累加。

反传算法有两种学习过程，这是由于在求导运算中假定了所求的误差函数的导数是所有模式的导数和。因此权重的改变方式就有两种：一种是对提供的所有模式的导数求和，再改变权重。这就是训练期（Epoch）的学习方式，具体些说，对每个模式要计算出权重误差导数，直到该训练期结束时才累加，此时才计算权重变化，并把它加到实际的权重数组上，每周期只做一次。由于权的修正是在计算每个模式的导数后，改变权重并求导数和，这就是模式（Pattern）学习方式。

（二）BP 算法的数学描述

多层前馈神经网络不仅有输入层节点、输出层节点，而且有一层或多层隐含节点。对于输入信息，要先向前传播到隐含层的节点上，经过各单元的特性为 Sigmoid 型的激活函数（又称作用函数、转换函数或映射函数等）运算后，把隐含节点的输出信息传播到输出节点，最后给出输出结果。网络的学习过程由正向和反向传播两部分组成。在正向传播过程中，每一层神经元的状态只影响下一层神经元网络。如果输出层不能得到期望输出，就是实际输出值与期望输出值之间有误差，那么转入反向传播过程，将误差信号沿原来的连接通路返回，通过修改各层神经元的权值，逐次地向输入层传播去进行计算，再经过正向传播过程，这两个过程的反复运用，使得误差信号最小。实际上，误差达到人们所希望的要求时，网络的学习过程就结束。

BP 算法是在导师指导下，适合于多层神经元网络的一种学习，它是建立在梯度下降法的基础上的。

三、改进的 BP 算法的比较

基于 BP 算法的神经元网络从运行过程中的信息流向来看，它是前馈型网络。这种网络仅通过许多具有简单处理能力的神经元的复合作用使网络具有复杂的非线性映射。尽管如此，由于它理论上的完整性和成功地应用于广泛的应用问题，所以它仍然有重要的意义，但它也存在不少问题：

（1）已学习好的网络的泛化问题，即能否逼近规律和对于大量未经学习过的输入矢量也能正确处理，并且网络是否具有一定的预测能力。

（2）基于 BP 算法的网络的误差曲面有三个特点

①有很多全局最小的解。②存在一些平坦区，在此区内误差改变很小，这些平坦区多数发生在神经元的输出接近于 0 或 1 的情况下，对于不同的映射，其平坦区的位置，范围各不相同，有的情况下，误差曲面会出现一些阶梯形状。③存在不少局部最小点，在某些初值的条件下，算法的结果会陷入局部最小。由于第二、第三特点，造成网络不能得到训练。

（3）学习算法的收敛速度很慢

（4）网络的隐含层层数和隐含层节点个数缺少统一而完整的理论知道（即没有很好的解析式来表示）。R.C.Eberhart 和 R.W.Dobbins 在他们的书"Neural Network PC Tools"中阐述"隐含单元的选择是一种艺术"。总的来说，隐含单元数与问题的要求、输入输出单元的多少都有直接的关系。

BP 算法是基于梯度下降法的思想，一旦编导信息已知，下一步就是计算权重更新值。权值调整最简单的形式是向梯度的相反方向进行，即负导数乘上一个常量，学习率。尽管基本的学习规则非常简单，选择合适的学习率却是一件麻烦的事。学习率太小导致学习缓慢，太大又容易形成振荡，不易稳定到某一个值。而且，尽管可以证明在某些条件下可以收敛到局部极小，却不能保证算法可以找到全局最小。梯度下降的另一个问题是更新权步的大小依靠学习参数的选择以及编导的规模。

近年来，学者们通过研究提出了许多技术来改进上述梯度下降的问题。这些技术被分为了两类：

1.全局调整技术

利用整个网络状态的全局知识，如权值更新向量的总体方向，来调整网络权值的方法称为权值调整技术。

其主要内容如下：

（1）加入动量项

在每个加权调节量上加上一项正比例于前次加权变化量的值。

（2）共轭梯度法和行搜索

J.Leonard 和 M.A.Kramer 将共轭梯度法和行搜索结合在一起。这种算法是用于全局自适应和批处理模式更新中最有力的一种，不过结果很差。

（3）变步长算法

这类自适应滤波器的变步长算法，用于基于 BP 算法的神经网络中，在选择最小均方算法的自适应步长时，有个折中问题，即选用较大的步长可得到较快的收敛速度，但要得到最终较小的失调就需要采用较小的步长。这种算法有多种变本，实验证明它有很好的收敛性能，并能很好控制训练过程中的振荡幅度。

2.局部调整技术

局部调整技术指导的是对每个可调节参数采用独自的学习速率，所以对每个权寻找到最优学习速率。局部策略用仅有的特定的信息（例如偏导数）去修改权特定参数。实践证明它是很有效的。主要有：

（1）Delta-Bar-Delta 技术

和以前的方法相反，Delta-Bar-Delta 方法通过观察指数平均梯度的符号变化来控制学习速率。通过加入常值代替乘这个值来提高学习速率。Delta-Bar-Delta 方法收敛比 BP 快，而且具有更强的鲁棒性。

（2）SuperSAB

SuperSAB 同样是基于符号独立的学习率调整的思想上的，它跟 Delta-Bar-Delta 技术的不同之处在于调整学习率的方式。调整规则可描述如下：

（3）Quickprop

Scott Fahlman 提出的一种方法，它是在传统的两类方法上做了些联系。Quickprop 方法是一种不精确的机遇牛顿法的二阶方法，但是在精神上它比正式的更富有启发式。

（4）RPROP（Resilent Backpropagation）方法

德国 Martin Riedmiller 和 Heinrich Braun 在他们的论文 "A Direct Adaptive Method for Faster Back-propagation Learning：The RPROP Algorithm" 中，提出了 RPROP 方法，这是一

种在多层感知器中实现有指导批处理学习的局部自适应学习方案。这种方法的原理是消除偏导数的大小对权步的有害影响，导数的符号被认为表示权更新的方向。权改变的大小仅仅由专门的权"更新值"确定。

四、BP 神经网络在数据预测中的应用

（一）BP 网络建模的特点

利用神经网络技术构建数据挖掘系统模型时，神经网络结构和算法的设计对模型的性能有很大影响，应用最为广泛和成熟的 BP 网络是多数研究的首选。

BP 网络的建模特点：

（1）非线性映照能力

神经网络能以任意精度逼近任何非线性连续函数。在建模过程中的许多问题正是具有高度的非线性。

（2）并行分布处理方式

在神经网络中信息是分布储存和并行处理的，这使它具有很强的容错性和很快的处理速度。

（3）自学习和自适应能力

神经网络在训练时，能从输入、输出的数据中提取出规律性的知识，记忆于网络的权值中，并具有泛化能力，即将这组权值应用于一般情形的能力。神经网络的学习也可以在线进行。

（4）数据融合的能力

神经网络可以同时处理定量信息和定性信息，因此它可以利用传统的工程技术（数值运算）和人工智能技术（符号处理）。

（5）多变量系统

神经网络输入和输出变量的数目是任意的，为单变量系统与多变量系统提供了一种通用的描述方式，不必考虑各子系统间的解耦问题。

（二）BP 网络预测领域的应用

众所周知，在数据仓库的海量数据集中蕴含了丰富的隐含信息，其中有代表性的包括客户消费行为趋势、商品销售量走向等，这些包含了巨大商机的行为模式如果能够被提前预测，将为企业经营决策、市场策划提供依据。

在金融领域，管理者可以通过对客户偿还能力以及信用的分析和分类，评出等级。从而可减少放贷的麻木性，提高资金的使用效率。在零售业，行为趋势分析可有助于识别顾客购买行为，发现顾客购买模式和趋势，改进服务质量，取得更好的顾客保持力和满意程度，提高货品销量比率，设计更好的货品运输与分销策略，减少商业成本。电信业利用此项技术来帮助理解商业行为、确定电信模式、捕捉盗用行为、更好地利用资源和提高服务质量。

在环境科学与工程中，对环境系统因素预测，可以更有效地评价环境质量，以便及时地做出改造措施。在工程技术中，对煤炭结渣程度的预测，对中药滴丸制剂成品率的预测，都能从理论上分析生产流程，从而提高生产率。

人工神经网络主要是根据所提供的数据，通过学习和训练，找出输入和输出之间的内在联系，从而求得问题的解答，而不是依靠对问题的先验知识和规则，所以有很好的适应性。神经网络能够根据数据集的分布特征自动地发现规律，并以权值表示之。这些权值实际上表征并隐藏着行为特征。当网络中的权值发生了变化，连带影响了它们对网络输出结果的贡献，使得最后得到的预测结果可以最大限度地逼近于真实。

李一平研究者构造了具有 3 层节点的 BP 神经网络模型，将太湖 2017 年 5 ~ 12 月全湖共 26 个采样点的实测值作为学习样本，一共有 26 × 8=208 组数据。从这些数据中分别随机抽取 1/4 的数据各 52 组作为检验样本和测试样本，其余的 104 组(占 50%)数据作为训练样本。用 2018 年 8 月的各点的浮游植物数据进行预测比较，可见该网络的合理性和可行性。从误差方面考虑，需要对网络进行优化，从而提高网络的收敛速度和精确度。

胡月研究者在传统的标准 BP 算法基础上并行，突破原有的只将算法本身并行化的方法，另辟蹊径，提出先并行找出搜索空间的最小极值区域，在此基础上再进行算法并行化的二次并行搜索策略，并利用该思想建立了销售预测系统，从一定程度上改进了 BP 算法的两个缺陷。但是，二次并行策略在划分权值搜索空间的方法上目前还是基于大量的实验和经验的基础上，显得不够严谨。另外，考虑到网络通信消耗及并行算法的适应性，因此在结构上还需要优化。

崔利群选取 BP 网络作为研究对象，根据梯度下降搜索算法的特点，分析出现局部极小状态的原因，探讨如何搜索到全局极小点，保证网络学习过程总是趋于全局稳定状态。关于 BP 网络的全局优化改进策略从两方面考虑：

（1）基于网络模型的优化

（2）基于网络算法的优化

根据以上两种优化策略分别进行阐述。文中介绍了多种优化方法并进行了比较，我们可以看出每一种方法仅仅从某一方面对 BP 网络性能进行改进，其中仍然存在一些缺点，如神经网络中离散变量的优化问题及如何利用更先进的优化技术实现对神经网络的全局优化等都需作进一步的研究。

五、基于 BP 神经网络预测模型结构的设计

BP 算法对网络结构非常敏感，不同的网络结构使网络解决复杂问题和非线性问题的能力不同。而 BP 算法并没有从理论上解决网络的设置问题，因此所有应用 BP 算法的网络结构都是根据经验设定的，这就不可避免地使网络的结构带有盲目性。不合理的网络结构使网络收敛缓慢或者不能收敛，可见提高网络的学习速度，非常需要一个合理的网络结构。

神经网络的拓扑结构由网络的层数、各层的节点数以及节点间的连接等组成，节点间

的连接方式因网络模型不同而有差异。对于经典 BP 神经网络来说，只有相邻层上的节点相连接，同层节点不相连接，因此其网络结构仅由一个输入层、一个输出层和几个隐含层组成，BP 网络的学习结果会因初始权值的选择及有关计算参数的经验选取不同而不同，以及如何合理的确定隐藏神经元，也关系着网络的收敛速度和化能力。

（一）输入层和输出层的确定

输入层的配置必须考虑那些可能影响输出的参数，这些参数随问题的变化而变化。虽然网络被假定为一个从输入到输出的未知函数和映射，但网络的性能对输入信息非常敏感，另外，输入参数的合理选取可以提高网络对未知问题预测的能力。对于具体问题，输入节点数目取决于输入数据求设计者尽量选取能表现事物本身的那些特性，剔除不可靠的、虚假的数据源，保证网络的正确训练。

输出层节点数的选取在构造网络的过程中是最简单的一项任务。一般而言，输出层节点数依据模式类别的多少而定，当模式类别较少时，可用模式类别数表示输出层节点数；较多时可将模式类别以输出节点的编码形式表示，即 n 类输出要用表示输出节点 log2n。

（二）层数的确定

根据 Kosmagoro 定理：在有合理的结构和恰当权值的条件下，三层前馈网络可以逼近任意的连续函数。所以从简捷实用的角度，一般选取一个隐层。在 BP 算法中，误差是通过输出层向输入层反向传播的，层数越多，反向传播误差在靠近输入层时就越不可靠，这样的误差修正权值，其效果是可以想象的。对于一个隐层的网络，若隐层的作用函数是连续函数，则网络输出可以逼近一个连续函数。具体来说，设网络有 n 个输入，m 个输出，其作用可看作是有 n 维欧氏空间到 m 维欧氏空间的一个非线性映射。

上述结论只是理论上的结论，实际上到目前为止，还没有很快确定网络参数（指隐层数和隐层神经元数）的固定方法可循，但通常设计多层前馈网络时，可按下列步骤进行：

（1）对任何实际问题都只选用 1 个隐层。

（2）使用较少的隐层神经元数。

（3）增加隐层神经元个数，直到获得满意的性能为止，否则，再采用 2 个隐层。

通常情况下，隐含层数的合理选取是网络取得良好决策性能的一个关键。隐层层数应根据问题的复杂性，综合考虑网络的精度和训练时间。当映射关系简单，网络精度满足要求的条件下，可选择较少的层数，这样可加快训练。有关研究表明，隐含层数的增加，可以形成更加复杂的决策域，使网络解决非线性问题的能力得到加强，合理的隐含层数能使网络的系统误差最小。

（三）隐层节点的确定

隐层节点的个数是网络构造中的关键问题，它对神经网络所起的作用就相当于光学中的分光镜，它们将混杂于输入信号中的相互独立的基本信号分离出来，再组合出新的向量——

输出向量，以实现网络由输入向输出的映射。当节点数太大时，可以增强信号处理和模式表达的能力，但同时也导致网络学习时间延长，网络所需的存储容量变大；节点数太少时，网络不能建立复杂的映射关系及有效地拟合样本数据，网络的容错性能差。从理论上讲，对于一个具体应用问题应该存在一个最佳的隐含层节点个数，该最佳个数与问题的重复性和网络的具体结构形式以及各隐含层节点函数的特性有关，对此尚无统一的标准。根据 Charence N.W.Tan 和 Gerhand E.Witting 的研究，一般情况下输入层，单个隐含层和输出层的神经元个数基本相等或呈金字塔结构时，BP 模型运行效果较好。一般采取的原则是：在能正确反映输入输出关系的基础上，尽量选取较少的隐含节点个数，这样可使网络尽可能简单。

确定隐层节点数时必须满足下列条件：

（1）隐层节点数必须小于 N-1（其中 N 为训练样本数），否则，网络模型的系统误差与训练样本的特性无关而趋于零，即建立的网络模型没有泛化能力，也没有任何实用价值。同理可推得：输入层的节点数（变量数）必须小于 N-1。

（2）训练样本数必须多于网络模型的连接权数，一般为 2 ~ 10 倍，否则，样本必须分成几部分并采用"轮流训练"的方法才可能得到可靠的神经网络模型。

目前，国内外针对隐含层的节点个数选择方法的研究，主要有：

（1）网络裁除法

先构造一个含冗余节点的网络结构，然后在训练中逐步删除一些不必要的、对网络性能不起作用的节点和连接权。该方法结构网络的算法较复杂。

（2）实验选择法

根据具体应用，通过实验选择使网络具有足够的泛化能力和足够输出精度的隐含层节点的个数。该方法结构网络的效率及网络的合理性难以保证。

（3）网络渐增法

先构造一个小规模的网络结构，然后在训练中根据实际情况逐步增加网络节点和连接权，直到满足网络性能的要求。

（四）结构参数的确定

1.初始权值的选取

BP 算法是先给予初始权值，经过反复的调整，获得稳定的权值。研究表明，初始权值彼此相等时，它们在学习过程中将保持不变，无法使误差降到最小。所以初始权值不能取一组完全相同的值。在网络的初始学习时，用一些小的随机数作为网络的初始权值，这样可以使网络中各神经元在开始阶段避开饱和状态的可能性增大，也可加快网络的学习速度。在网络的连续学习时，前次网络学习的权值可以作为后续学习的初始值。对网络初始权值的选取，利用遗传算法来优化神经网络的初始权值，取得了较满意的效果，此内容将在下一章中详细介绍。

2.学习系数 η 的自适应调整

网络中影响收敛速度的关键因素是学习系数，学习系数 η 实质上是一个沿负梯度方向的步长因子，它控制着沿负梯度方向移动的速度的快慢。

η 帮助避免陷入判定空间的局部最小（即权值看上去收敛，但不是最优），并有助于找到全局最小。若 η 取值较大，权值的修正量就较大，学习速度就较快，有可能长期不收敛，导致网络产生振荡；当 η 偏小时，收敛速度慢，误差相对较大。一个经验规则是将 η 设置为 $1/t$，其中 t 是已对训练样本集迭代的次数。

理论上，η 的选取应以不导致学习过程振荡为前提，通常情况 η 的取值范围为 $[0, 1]$ 之间。很多实验表明：η 取值较高，其误差函数值从迭代第一步起就无法下降，或根本就不下降。

η 变化策略其实质是根据误差曲面的"平坦区"和"振荡区"的特性而分别对步长加以改变。在"振荡区"利用前后误差变化的百分比来调节步长的增减，因此能够使得学习过程更好地逼近"最优路线"；而在"平坦区"则对步长进行快速增减，加速学习过程的收敛。

3.神经元的激励函数

前馈神经网络的激励函数应具有可导、有界、连续的特性，激活函数的标准前馈网络能以任意精度逼近任意连续函数的充分必要条件是该网络激励函数是非多项式，一般常用的激励函数因激活函数输出的范围极性不同，我们将其分为单极性激励函数和双极性激励函数。经典 BP 算法选用单极性激励函数 Sigmoid 函数作为神经元特性函数，原因有两条：第一，从生理学角度看接近神经元的输出信号模式，其曲线两端平坦，中间部分变化剧烈，在信号变化范围很大时，仍能保证正确的输出；第二，S 型函数不仅具有饱和非线性、单调性、可微分性，而且它有一个非常简单的导数，这对开发学习算法非常有用。

六、遗传算法优化神经网络

生物在其延续生存的过程中，逐渐适应其生存环境，使得其品质不断得到改良，这种生命现象称为进化（Evoltion）。生物的进化是以集团的形式共同进行的，这样的一个团体称为群体（Population），组成群体的单个生物称为个体（Individual），每一个个体对其生存环境都有不同的适应能力，这种适应能力称为个体的适应度（Fitness）。自然选择学说（Natural Selection）认为，通过不同生物间的交配以及其他一些原因，生物的基因有可能发生变异而形成一种新的生物基因，这部分变异了的基因也将遗传到下一代。虽然这种变化的概率是可以预测的，但具体哪一个个体发生变化却是偶然的。这种新的基因依据其与环境的适应程度决定其增殖能力，有利于生存环境的基因逐渐增多，而不利于生存环境的基因逐渐减少。通过这种自然的选择，物种将逐渐向适应生存环境的方向进化，从而产生优良的物种。

遗传算法是模拟生物在自然环境中的遗传和进化过程而形成的一种自适应全局优化概率搜索算法。它最早由美国密执安大学的 Holland 教授提出，起源于 20 世纪 60 年代对自然和人工自适应系统的研究。遗传算法为我们解决优化问题提供了一个有效的途径。

（一）遗传算法的基本理论

1.遗传算法的概述

生物的进化过程主要是通过染色体之间的交叉和染色体的变异来完成的。与此相对应，遗传算法中最优解的搜索过程也模仿生物的这个进化过程，使用所谓的遗传算子（Genetic Operators）作用于群体中，进行下述遗传操作，从而得到新一代群体。

选择（Selection）：根据各个个体的适应度，按照一定的规则或方法从上一代群体中选择出一些优良的个体遗传到下一代群体中。

交叉（Crossover）：将群体内的各个个体随机搭配成对，对每一个个体，以某个概率（称为交叉概率，Crossover Rate）交换它们之间的部分染色体。

变异（Mutation）：对群体中的每一个个体，以某一概率（称为变异概率，Mutation Rate）改变某一个或某一些基因座上的基因值为其他的等位基因。

2.遗传算法的运算过程

使用上述三种遗传算子（选择算子、交叉算子、变异算子）的遗传算法的主要运算过程如下：

步骤一：初始化。设置进化代数计数器 $t \leftarrow 0$；设置最大进化代数 T；随机生成 M 个个体作为初始群体 P（0）。

步骤二：个体评价。计算群体 P（t）中各个个体的适应度。

步骤三：选择运算。将选择算子作用于群体。

步骤四：交叉运算。将交叉算子作用于群体。

步骤五：变异运算。将变异算子作用于群体。群体 P（t）经过选择、交叉、变异运算后得到下一代群体 P（t+1）。

步骤六：终止条件判断。若 $t \leq$ T，则 $t \leftarrow t$+1：，转到步骤二；若 $t >$ T，则以进化过程中所得到的具有最大适应度的个体作为最优解输出，终止运算。

3.遗传算法的特点

从数学角度看，遗传算法实质上是一种搜索寻优技术。它从某一初始群体出发，遵照一定的操作规则，不断迭代计算，逐步逼近最优解，它有以下特点：

（1）智能式搜索

遗传算法的搜索策略，既不是盲目式的乱搜索，也不是穷举式的全面搜索，它是有指导的搜索。指导遗传算法执行搜索的依据是适应度，也就是它的目标函数。利用适应度，使遗传算法逐步逼近目标值。

（2）渐进式优化

遗传算法利用复制、交换、突变等操作，使新一代优越于旧一代，通过不断迭代，逐渐得出最优的结果，它是一种反复迭代的过程。

（3）全局最优解

遗传算法由于采用交换、突变等操作，产生新的个体，扩大了搜索范围，使得搜索得到的优化结果是全局最优解而不是局部最优解。

（4）黑箱式结构

遗传算法根据所解决问题的特性，进行编码和选择适应度。一旦完成字符串和适应度的表达，其余的复制、交换、突变等操作都可以按常规手续执行。个体的编码如同输入，适应度如同输出。因此，遗传算法从某种意义上讲是一种只考虑输出与输入关系的黑箱问题。

（5）通用性强

传统的优化算法，需要将所解决的问题用数学式子表示，常常要求解该数学函数的一阶导数或二阶导数。采用遗传算法，只用编码及适应度表示问题，并不要求明确的数学方程及导数表达式。因此，遗传算法通用性强，可应用于离散问题及函数关系不明确的复杂问题，有人称遗传算法是一种框架型算法，它只有一些简单的原则要求，在实施过程中可以赋予更多的含义。

（6）并行式算法

遗传算法是从初始群体出发，经过复制、交换、交叉等操作，产生一组新的群体。每次迭代计算，都是针对一组个体同时进行，而不是针对某个个体进行。因此，尽管遗传算法是一种搜索算法，但是由于采用这种并行计算机原理，搜索速度很高。

（二）遗传算法与神经网络的结合

1.遗传算法与神经网络技术的融合

将遗传算法（GA）与神经网络（NN）结合，可以使神经网络系统扩大搜索空间、提高计算效率以及增强 NN 建模的自动化程度。

染色体可以代表神经网络的不同属性，如权重矩阵、训练样本、隐层数量、节点配置等。目前遗传算法与神经网络融合的主要目标集中在改进神经网络的性能，得到一个实用有效的神经网络系统。其中 GA 用来解决 NN 中的一些难题，如对输入样本的高品质要求，解释神经网络的黑箱行为，减轻手工调整网络的负担等。GA 通过对 NN 进行预处理，把关于解空间的知识内嵌到 NN 初始化状态中，使 NN 计算工作量大大减少。同时遗传算法用于对神经网络的训练样本进行预处理，辅助选择数据的最优表示，对待定应用领域选出最合适的训练样本集。

对于一个具有稳定结构的神经网络，遗传算法可以减少针对某一特定应用的权重和参数的训练工作量。

目前在 NN 设计的较深层次上，也把遗传算法技术集成到神经网络内部，特别是成功地用遗传算法代替了神经网络的学习算法，如用 GA 代替 BP 算法。

在一个神经网络中，网络的描述信息由染色体表示，变异算子在一定约束下对当前群体进行改进，通过产生和检验代表不同参数（如学习率和隐节点数）的神经群体来实现参数优化。利用遗传算法设计面向特定应用的神经网络，可以使得算法系统独立于神经网络的类型，用户可以选择网络容量或学习速度作为优化准则，使系统适合于不同的硬件要求。

2.遗传算法优化神经网络的设计方法

目前神经网络结构的设计主要是根据实验来实现，这种启发式方法有两个主要缺点：第一，可能的神经网络结构空间非常大，甚至对小型应用问题，其中大部分结构也仍然没有探测；第二，构成一个好的结构的因素密切依赖于应用，既要考虑需要求解的问题，又要考虑对神经网络解的限制，但目前还没有一个好的技术或方法做到这一点。

由于以上原因，在得到满意的结构之前需要经过大量的反复实验。当前大多数应用采用简单的神经网络结构和保守的学习规则参数值，特别地神经网络设计中的结构一直没有受到足够的重视。

在一组给定的性能准则下优化神经网络结构是个复杂的问题，其中许多变量，包括离散的和连续的，它们以复杂的方式相互作用，对一个给定设计评价本身也是带噪音的，这是由于训练的效能依赖于具有随机性的初始条件。总之，神经网络设计对遗传算法而言是个逻辑应用问题。

遗传算法一般可以通过两种方式应用到神经网络设计中：一种方式是利用遗传算法训练已知结构的网络，优化网络的连接权；另一种方式是利用遗传算法找出网络的规模、结构和学习参数。

用遗传算法研究神经网络的设计工具，这种工具可以让设计者描述要求解的问题或问题类，然后自动搜索一个最优的网络设计；第二个目标是通过发现更多的依据来帮助建立神经网络设计的理论。

（1）遗传算法优化神经网络结构

利用遗传算法搜索可能的神经网络结构空间的主要过程如下：首先是从一个随机产生的网络群体开始，每个网络结构由一个染色体串来表示；然后应用感知机学习算法或LMS学习算法训练网络，并度量群体中每个网络的适应值，适应值的定义可以考虑到学习速度、精度以及网络的规模和复杂性等代价因素；再应用遗传算子产生新的网络群体。以上的过程重复多代，直到找到满意的网络结构。

（2）遗传算法优化神经网络权值

除了利用遗传算法找出最优结构外，也可以用遗传算法训练已知结构的网络（一般采用三层BP网络即可），优化网络的连接权。神经网络的权值训练问题实际上就是寻找最优的连接权值。连接权的整体分布包含着神经网络系统的全部信息，传统的权值获取方法都是采用某个确定的权值变化规则。在训练中逐步进行调整，最终得到较好的权值分布。BP算法虽然具有简单可塑的优点，但它是基于梯度下降的方法，因而对初始向量异常敏感，不同的初始权向量值可能导致完全不同的结果，而且在计算过程中，有关参数（如训练速率）的选取只能凭试验和经验来确定，一旦取值不当，会引起网络的振荡而不能收敛，即使会收敛也会因为收敛速度慢而导致训练时间过长，有易陷入局部极值而得不到最佳权值分布。用遗传算法来优化连接权，可以解决这个问题。

用遗传算法优化神经网络连接权的基本步骤：

①随机产生一组分布，采用某种编码方案，对组中的每个权值（或阈值）进行编码，进而构造出一个个码链（每个码链代表网络的一种权值分布），在网络结构和学习规则已定的前提下，该码链就对应一个权值和阈值取特定值的神经网络。

②对所产生的神经网络计算它的误差函数，从而确定其适应度函数值，误差越大，则适应度越小。

③选择若干适应度函数值最大的个体，直接遗传给下一代。

④利用交叉和变异等遗传操作算子对当前一代群体进行处理，产生下一代群体。

⑤重复②③④，使初始确定的一组权值分布得到不断的进化，直到训练目标得到满足为止。

不采用加速收敛技术的 GA 对于全局搜索有较强的鲁棒性和较高效率，但不适应候选解的精调，组合 GA 与 BP 可以避免各自的缺点，综合它们的长处，即 GA 的全局收敛性和 BP 局部搜索的快速性，使它们更有效的应用于神经网络的学习中，GA 和 BP 可以有不同的组合方法，可以先使用 GA 反复优化神经网络权值，直到这一代群体的平均值不再有意义的增加为止，也就是说进化状态停止，此时解码得到的参数组合已经充分接近最佳参数组合，在此基础上再用 BP 算法对它们进行精调，就能快速得到最优解。这种基于遗传算法的遗传进化和基于梯度下降法的反训练结合被称为神经网络的混合训练。也可以采用自适应交叉率和变异率来改善 SA 的运行性能，在较理想的情况下，Pc（交叉率）与 Pm（变异率）的取值应在算法运行过程中随着适应值的变化而自适应变化。用适应值来衡量收敛状况，对于适应值高的解，取较低的 Pc 和 Pm，使该解进入下一代的机会增大，而对于适应值低的解，则应取较高的 Pc 和 Pm，使该解被淘汰，当成熟前收敛法发生时，应加大 Pc 和 Pm，加快新个体的产生。

（三）遗传算法优化 BP 网络初始权值的求解过程

为了模拟生物进化过程与遗传变异来求解优化问题，遗传算法必须把优化变量 $X=(x_1, x_2, \cdots, x_n)^T$ 对应到生物种群中的个体，并指定相应的适应度。然后按照优胜劣汰的原则进行繁殖操作，直到寻到满意解，因此必须合理地设计遗传操作的各个要素。

1.编码方法

编码是应用遗传算法时要解决的首要问题，也是设计遗传算法时的一个关键步骤。那么，什么是编码呢？在遗传算法中如何描述问题的可行解，即把一个问题的可行解从其解空间转换到遗传算法所能处理的搜索空间的转换方法就称为编码。

针对一个具体应用问题，如何设计一种完美的编码方案一直是遗传算法的应用难点之一，也是遗传算法的一个重要研究方向。由于遗传算法应用的广泛性，迄今为止人们已经提出了许多种不同的编码方法，总的来说，可以分为三大类：二进制编码方法、符号编码方法、浮点数编码方法。下面介绍几种主要的编码方法：

（1）二进制编码方法

二进制编码方法是遗传算法中最主要的一种编码方法，它使用的编码符号集是由二进制符号0和1所组成的二值符号集{0，1}，它所构成的个体基因型是一个二进制编码符号串。二进制编码符号串的长度与问题所要的求解精度有关。二进制编码的方法有以下优点：

①编码、解码操作简单易行；②交叉、变异等遗传操作便于实现；③符合最小字符集编码原则；④便于利用模式定理对算法进行理论分析。

（2）格雷码编码方法

二进制编码不便于反映所求问题的结构特性，对于一些连续函数的优化问题等，也由于遗传运算的随机特性而使得其局部搜索能力较差。为改进这个特性，人们提出用格雷码（Grey Code）来对个体进行编码。格雷码是这样一种编码方法，其连续的两个整数所对应的编码之间仅仅只有一个码位是不同的，其余码位都完全相同。它的主要优点是：

①便于提高遗传算法的局部搜索能力；②交叉、变异等遗传操作便于实现；③符合最小字符集编码原则；④便于利用模式定理对算法进行理论分析。

（3）浮点数编码方法

对于一些多维、高精度要求的连续函数优化问题，使用二进制编码来表示个体时将会有一些不利之处。

首先是二进制编码存在着连续函数离散化时的映射误差。个体编码串的长度较短时，可能达不到精度的要求；而个体编码串的长度较大时，虽然能提高编码精度，但却会使遗传算法的搜索空间急剧扩大。其次是二进制编码不便于反映所求问题的特定知识，这样也就不便于开发针对问题专门知识的遗传运算算子，人们在一些经典优化算法的研究中所总结出的一些宝贵经验也就无法在这里加以利用，也不便于处理非平凡约束条件。

为了改进二进制编码方法的这些缺点，人们提出了个体的浮点数编码方法。所谓浮点数编码方法，是指个体的每个基因值用某一范围内的一个浮点数来表示，个体的编码长度等于其决策变量的个数。因为这种编码方法使用的是决策变量的真实值，所以浮点数编码方法也叫作真值编码方法。

浮点数编码方法有以下几个优点：

①适合于在遗传算法中表示范围较大的数；②适合于精度要求较高的遗传算法；③便于较大空间的遗传搜索；④改善了遗传算法的计算复杂性，提高了运算效率；⑤便于遗传算法与经典优化方法的混合使用；⑥便于设计针对问题的专门知识的知识型遗传算子；⑦便于处理复杂的决策变量约束条件。

由于网络节点之间的连接权值均为实数，用遗传算法优化网络权值时，如果用二进制编码，再转化为实数，这样引入了量化误差，使参数变化为步进，如目标函数值在最优点附近变化较快，则可能错过最优点。有鉴于此，本书采用实数编码。

2.适应度函数

在遗传算法中使用适应度这个概念来度量群体中各个个体在优化计算中有可能达到或接近或有助于找到最优解的优良程度。适应度较高的个体遗传到下一代的概率就较大；而适应度较低的个体遗传到下一代的概率就相对小一些。度量个体适应度的函数称为适应度函数（Fit-ness Function）。

适应度尺度的变换：

在遗传算法中，各个个体被遗传到下一代的群体中的概率是由该个体的适应度来确定的。应用实践表明，如何确定适应度对遗传算法的性能有较大的影响。有时在遗传算法运行的不同阶段，还需要对个体的适应度进行适当的扩大或缩小。这种对个体适应度所做的扩大或缩小变换就称为适应度尺度变换（Fitness Scaling）。由网络误差得到遗传操作的适应度函数 $F=1/E$，网络误差越小，评价函数越大。

3.算子的选择

（1）选择算子

遗传算法使用选择算子（或称复制算子，Reproduction Operator）来对群体中的个体优胜劣汰操作：适应度较高的个体被遗传到下一代群体中的概率较大；适应度较低的个体被遗传到下一代的概率较小。遗传算法中的选择操作就是用来确定如何从父代群体中按某种方法选取哪些个体遗传到下一代群体中的一种遗传运算。

选择操作建立在对个体的适应度进行评价的基础之上。选择操作的主要目的是为了避免基因缺失、提高全局收敛性和计算效率。比例算子，最优保存策略，确定式采样选择等都是常用的选择算子，本书采用比例算子，即比例选择方法（Proportional Model），是一种回放式随机采样的方法。其基本思想是：各个个体被选中的概率与其适应度大小成正比，适应度越高的个体被选中的概率越大；反之，适应度越低的个体被选中的概率越小。由于是随机操作的原因，这种选择方法的选择误差比较大，有时甚至连适应度较高的个体也选不上。

（2）交叉算子

在生物的自然进化过程中，两个同源染色体通过交配而重组，形成新的染色体。交配重组是生物遗传和进化过程中的一个主要环节。

遗传算法中的所谓交叉运算，是指对两个相互配对的染色体按某种方式相互交换其部分基因，从而形成两个新的个体。交叉运算是遗传算法区别于其他进化运算的重要特征，它在遗传算法中起着关键作用，是产生新个体的主要方法。

遗传算法中，在交叉运算之前还必须先对群体中的个体进行配对。目前常用的配对算法策略是随机配对，即将群体中的 M 个个体以随机的方式组成［M/2］对配对个体组，交叉操作是在这些配对个体组中的两个个体之间进行的。单点交叉、双点交叉及多点交叉、均匀交叉等都是适合于编码个体的交叉算子。本书依据选定的交叉率 Pc 选择双点交叉。双点交叉（Two-point Crossover）是指在个体编码串中随机设置了两个交叉点然后再进行部分基因交换。双点交叉的具体操作过程是：

①在相互配对的两个个体编码串中随机设置两个交叉点。

②交换两个个体在所设定的两个交叉点之间的部分染色体。

（3）变异算子

在生物的遗传和自然进化过程中，其细胞分裂复制环节有可能会因为某些偶然因素的影响而产生一些复制差错，这样会导致生物的某些基因发生某种变异，从而产生出新的染色体，表现出新的生物性状。模仿生物遗传和进化过程中的变异环节，在遗传算法中也引入了变异算子来产生新的个体。

遗传算法中的所谓变异运算，是指将个体染色体编码串中的某些基因座上的基因值用该基因座的其他等位基因来替换，从而形成一个新的个体。

从遗传运算过程中产生新个体的能力方面来说，交叉运算是产生新个体的主要方法，它决定了遗传算法的全局搜索能力。而变异运算只是产生新个体的辅助方法，但它也是必不可少的一个步骤，因为它决定了遗传算法的局部搜索能力。交叉算子与变异算子的相互配合，共同完成对搜索空间的全局搜索和局部搜索，从而使得遗传算法能够以良好的搜索性能完成最优化问题的寻优过程。

基本位变异、均匀变异、边界变异、非均匀变异和高斯变异等都是一些适合于二进制编码个体和浮点数编码个体的变异操作。

4.最大进化代数

终止代数是表示遗传算法运行结束条件的一个参数，它表示遗传算法运行到指定的进化代数之后就停止运行，并将当前群体中的最佳个体作为最优解输出。

对于一个具有稳定结构的神经网络，遗传算法可以减少针对某一特定应用的权重和参数的训练工作量。上面的介绍中给出了用遗传算法优化网络结构和训练已知网络优化其权值的两种算法过程。同时，还描述了用遗传算法优化 BP 网络初始权值的求解过程，即如何选择编码方法、选择算子、交叉算子等，并且比较了各种编码方法和算子的特点。

七、预测模型设计

根据构造 BP 网络进行数据挖掘的仿真实验，需采用遗传算法对初始权值优化。针对样本数据库的特点，需要一个合理的网络结构，所以在对网络模型的设计中也采用了一些优化方法。下面我们利用 BP 网络对某大型超市某类商品的销售趋势进行预测，这是一项由多因素集合而成的非线性行为模式，其中隐含了极大的不确定性，却又蕴含着某种必然联系。

（一）数据样本筛选与预处理

数据样本的筛选和预处理是模型建立开始就要解决的一个重要问题，是研究对象和网络模型的接口。数据选择的目的是辨别出需要分析的数据集合，缩小范围，提高数据挖掘的质量。将数据选择好之后，在进行挖掘之前还需对数据进行预处理。数据预处理是为了克服目前数据挖掘工具的局限性。数据预处理就是对选择的干净数据进行增强处理的过程，即解决数据中的缺值、冗余、数据值的不一致、数据定义的不一致、过时的数据等问题。还包括对时序数据的整理和归并，以此保证数据的完整性和正确性。数据挖掘过程中的数据选择与预处理是组成数据准备的核心。在这些步骤中所花费的时间或精力要比其他步骤的总和还多。

对于物流市场而言，样本数据要尽可能地正确反映交易规律，同时要顾及网络本身的性能，考虑以下几方面：

（1）数据样本的筛选

物流市场受到很多因素的影响，是个不太稳定的变化过程。因此，必须选取正常情况下（即没有或少有数据大起大落的不稳定现象）的物流样本数据。如果样本选取很特殊，就只能抽取到某种特定的规律，降低网络的推广能力。

（2）样本向量的确定

如果使用多个分向量，则各分向量应该选取能充分反映物流量特征的定量指标。同时需要考虑的是各个时刻的指标数据在一定范围内又是互相关联、互相影响的，也就是说样本内部特征是交叉的。这里不仅考虑了短期因素的影响，也兼顾了长期因素的平衡作用。

（3）样本的规范化处理

由于衡量的指标各不相同，原始样本各个分量数量级有很大差异，这就需要对样本进行规范化处理。通过将属性数据按比例缩放，使之落入一个小的特定区域，如 0.0 到 1.0，对属性规范化。在使用神经网络算法时，对于训练样本属性度量输入值规范化将有助于加快学习阶段的速度。三种常用的数据规范化方法是最小—最大规范化、z-score 规范化、按小数定标规范化。

（二）遗传算法优化 BP 网络的初始权值

BP 神经网络的训练部分分成两部分：首先用遗传算法来优化网络的初始权值；然后再用 BP 算法来训练样本数据，得到网络模型。

遗传算法的求解过程如下：

（1）确定种群规模、评价函数

随机产生 N 组 BP 网络的初始权值，N 即为种群规模，本书取 N=50，权重初始化空间 B=[-10, 10]。由网络误差 E 得到遗传操作的评价函数即适应度 F=1/E，网络误差越小，评价函数越大。

（2）根据适应度、选择率在 GA 空间进行选择操作

首先将最佳染色体直接进入下一代，再根据选择率 Ps 采用比例选择法进行选择，这里 Ps=0.08。

（3）依据选定的交叉率 Pc=0.9

采用双点交叉对父代个体的基因部分交换重组，产生新个体。其目的是将优良的信息

传到下一代的某个染色体中，使该染色体具有优于其父辈的性能。

（4）变异的目的是为了保持染色体的多样性

防止早熟现象发生，实现 GA 空间的全局搜索。本书选取变异率 Pm=0.003。

重复以上步骤，直到进化代数达到要求或网络误差满足条件时结束遗传算法，选择网络误差最小的一组权值作为 BP 网络训练的初始权值，再利用 BP 算法进行训练，使最终误差达到要求。本书取最大进化代数 gem=100。

BP 神经网络是目前应用最为广泛的一种神经网络学习算法，具有理论依据坚实，推导过程严谨，物理概念清晰及通用性好等优点。但是，BP 算法同时存在着收敛速度慢，有可能陷入局部最小，以及网络参数（如中间层神经元的个数）和训练参数（如学习率、误差阈值等）难以确定等缺点。遗传算法（Genetic Algorithm）是基于自然选择和遗传机制，在计算机上模拟生物进化机制的寻优搜索算法。它能在复杂而庞大的搜索空间中自适应地搜索，寻找出最优或准最优解，且有算法简单、适用、鲁棒性强等优点。本书通过介绍 BP 算法和遗传算法基本原理的基础上，将它们结合起来，用遗传算法优化 BP 神经网络的初始权值的方法建立预测模型，进行了商业行为趋势的仿真实验。

网络结构的设计直接影响到实验结果。因此，在输入输出参数、层数和节点的选取上，需要根据样本数据来选择。考虑到预测的目标和样本数据属性的复杂性，我们只选取六个参数作为输入节点和一个输出节点。隐层根据网络递增法，同时用 A.J.Maren 估值方法来确定。激励函数选择 Sigmoid 函数和双曲正切函数。误差函数选取经典 BP 算法的 LMS 算法。以此建立基于 BP 网络的预测模型。

在上述模型基础上，本书采用了遗传算法优化其初始权值，其中，也需考虑算法的性能。于是编码方式采用实数编码方法，选择操作采用比例选择法，交叉操作采用双点交叉。

由于用遗传算法来训练 BP 网络，可同时对网络的连接权值和结构进行学习，可得到更好的学习效果，所得到的网络具有良好的自适应特性。就遗传算法本身来说，交叉算子是试图使群体个体之间互相交换有效基因，通过结构上的变化来寻找更好的解的个体结构，反映一种质变的过程。对神经网络而言，有效基因显然是其隐节点的个数包括其相应的权值。因此，对遗传—神经网络而言，交叉算子为神经网络个体之间交换其隐节点的过程。这里参与交叉操作的两个个体交叉点可以不同，相互交换的基因数即隐节点个数也不同。这样交叉操作可引起基因数即网络规模的改变，于是在实现权值学习的同时实现了网络结构的学习。

第二节　基于支持向量机的黑客拦截模型

从 20 世纪 90 年代开始，计算机网络技术的迅猛发展在极大地便利了人们资源共享的同时也便利了网络黑客的快速发展。为了能在与黑客的斗争中取胜，计算机工作者们想尽了办法，于是各种各样的网络入侵检测技术应运而生。本章在对黑客入侵特征和对一般的入侵检测系统的分析和研究的基础上，通过比较传统的特征提取和选择的算法，提出了一种基于支持向量机的黑客入侵行为拦截的方法。

一、黑客攻击的特征与类型

（一）黑客

"黑客"是来源于英文"Hacker"的译音。Hacker 的原意是指用来形容独立思考，然而却奉公守法的计算机迷以及热衷于设计和编制计算机程序的程序设计者和编程人员。然而，随着社会发展和技术的进步，出现了一类专门利用计算机犯罪的人，即那些凭借其自己所掌握的计算机技术，专门破坏计算机系统和网络系统，窃取政治、军事、商业秘密，或者转移资金账户、窃取金钱，以及不露声色地捉弄他人，秘密进行计算机犯罪的人。本书所指的黑客指的是恶意的黑客。

（二）黑客攻击特征

黑客（Hacker）的攻击行为特征可以通过考查计算机系统提供信息服务的功能得到。通常，信息服务要通过信息传输实现，故存在以一文件或存储器作为源端，以另一文件或用户为目的的端的信息流。

中断（Interruption）：该攻击是通过破坏硬件基础设施。例如，中断通信线路或使文件管理系统瘫痪或对网络中间结点的破坏使得系统中断。

截取（Interception）：未授权的攻击方可以访问到系统，最典型的是对网络线路上的信息（包括明文与加密信息）的窃听与分析，这是对保密性的攻击。

篡改（Modification）：未授权的攻击方可以访问到系统，并能篡改系统的有关数据，如篡改系统的重要文件，非法执行某个程序，篡改网络中传输的信息内容，这是对完整性的攻击。

伪造（Fabrication）：未授权的攻击方利用伪造的信息诱骗系统。如在网络上发送伪造的数据被接收方接收，这是对验证的攻击。

（三）黑客攻击与安全漏洞

1.安全漏洞的概念

漏洞是在硬件软件协议的具体实现或系统安全策略上存在的缺陷，从而可以使攻击者能够在未授权的情况下访问或破坏系统。

具体举例来说，Microsoft SQL Server 是微软公司开发和维护的大型数据库系统。Microsoft SQL Server 对特殊构建的超大数据缺少正确检查，远程攻击者可以利用这个漏洞对程序进行拒绝服务攻击。攻击者重复发送 700000 字节长的包含特定字符的数据给"Mssqiserver"服务，可导致数据库服务崩溃，造成拒绝服务攻击。

2.安全漏洞与攻击之间的关系

漏洞虽然可能最初就存在于系统当中，但一个漏洞并不是自己出现的，必须要有人发现。在实际使用中，用户会发现系统中存在错误，而入侵者会有意利用其中的某些错误并使其成为威胁系统安全的工具，这时人们会认识到这个错误是一个系统安全漏洞。系统供应商会尽快发布针对这个漏洞的补丁程序，纠正这个错误。这就是系统安全漏洞从被发现到被纠正的一般过程。攻击者往往是安全漏洞的发现者和使用者，要对一个系统进行攻击，如果不能发现和使用系统中存在的安全漏洞是不可能成功的。对于安全级别较高的系统尤其如此。

系统安全漏洞与系统攻击活动之间有紧密的关系。因而不该脱离系统攻击活动来谈论安全漏洞问题，同样也不能脱离安全漏洞问题来谈论系统攻击。

（四）黑客攻击类型

1.拒绝服务DoS（Denial of Service）攻击

拒绝服务攻击是新兴攻击中最令人厌恶的攻击方式之一。因为目前网络中几乎所有的机器都在使用着 TCP/IP 协议。这种攻击主要是用来攻击域名服务器、路由器以及其他网络操作服务，攻击之后造成被攻击者无法正常运行和工作，严重的可以使网络一度瘫痪。拒绝服务攻击是指一个用户占据了大量的共享资源，使系统没法将剩余的资源分配给其他用户再提供服务的一种攻击方式。拒绝服务攻击的结果可以降低系统资源的可用性，这些资源可以是 CPU、CPU 时间、磁盘空间、打印机，甚至是系统管理员的时间，结果往往是减少或者失去服务。

一般的拒绝服务类型主要有两种：第一种就是试图破坏资源，使目标无人可以使用这个资源；第二种就是过载一些系统服务或者消耗一些资源。但这个有时候是攻击者攻击所造成的，也有时候是因为系统出错造成的。但是通过这样的方式可以造成其他用户不能使用这个服务。

（1）死亡之 Ping（Ping of Death）

描述：由于在早期的阶段，路由器对包的最大尺寸都有限制，许多操作系统对 TCP/IP 的实现在 ICMP 包上都是规定 64KB，并且在读取包的标题头之后，要根据该标题头里包含的信息来为有效载荷生成缓冲区，当产生畸形时，声称自己的尺寸超过 ICMP 上限的包也就是加载的尺寸超过 64KB 上限时，就会出现内存分配错误，导致 TCP/IP 堆栈崩溃，致使接受方死机。

（2）泪滴（Teardrop）

描述：许多系统在处理分片组装时存在漏洞，发送异常的分片包会使系统运行异常，Teardrop 便是一个经典的利用这个漏洞的攻击程序。其原理如下（以 Linux 为例）：

发送两个分片 IP 包，其中第二个 IP 包完全与第一个在位置上重合。

在 linux（2.0 内核）中有以下处理：当发现有位置重合时（offset2 < Cend1）。Met 向

后调到 end1（off set2=end1），然后更改 lent 的值：lent=end2-offset2；注意此时 lent 变成了一个小于零的值，在以后处理时若不加注意便会出现溢出。

（3）UDP 洪水（UDP flood）

描述：各种各样的假冒攻击利用简单的 TCP/IP 服务，如 Chargen 和 Echo 来传送毫无用处的占满带宽的数据。通过伪造与某一主机的 Chargen 服务之间的一次 UDP 连接，回复地址指向开着 Echo 服务的一台主机，这样就生成在两台主机之间的足够多的无用数据流，如果足够多的数据流就会导致带宽的服务攻击。

（4）SYN 洪水（SYN flood）

描述：TCP 连接的建立需三次握手，客户首先发 SYN 信息，服务器发回 SMACK，客户接到后再发回 ACK 信息，此时连接建立。若客户不发回 ACK，则 SERVER 在 TIMEOUT 后处理其他连接。攻击者可假冒服务器端无法连接的地址向其发出 SYN，服务器向这个假的 IP 发回 SYN/ACK，但由于没有 ACK 发回来，服务器只能等 TH-VIEOUT。大量的无法完成的建立连接请求会严重影响系统性能。

（5）Smurf 攻击

描述：一个简单的 Smurf 攻击通过把 ICMP 应答请求（Ping）数据包的回复地址设置成受害网络的广播地址，最终导致该网络的所有主机都对此 ICMP 应答请求做出答复，导致网络阻塞，比 Ping of Death 洪水的流量高出一或两个数量级。更加复杂的 Smurf 将源地址改为第三方的受害者，最终导致第三方雪崩。

（6）Fraggle 攻击

描述：Fraggle 攻击对 Smurf 攻击作了简单的修改，使用的是 UDP 应答消息而非 ICMP。

（7）Slashdot effect 攻击

描述：这种攻击手法使 web 服务器或其他类型的服务器由于大量的网络传输而过载，一般这些网络流量是针对某一个页面或一个链接而产生的当然这种现象也会在访问量较大的网站上正常发生，但我们一定要把这些正常现象和拒绝服务攻击区分开来。

（8）Jolt2 攻击

描述：Jolt2 是新的利用分片进行的攻击程序，几乎可以造成当前所有的 Windows 平台（95，98，NT，2000）死机。原理是发送许多相同的分片包，且这些包的 offset 值（65520 bytes）与总长度（48 bytes）之和超出了单个 IP 包的长度限制（65536 bytes）。

（9）电子邮件炸弹

描述：E-MAIL 炸弹原本泛指一切破坏电子邮箱的办法，一般的电子邮箱容量在 5 ~ 6M 以下，平时大家收发邮件，传送软件都会觉得容量不够，如果电子邮箱一下子被几百、几千甚至上万封电子邮件所占据，这时电子邮件的总容量就会超过电子邮箱的总容量，造成邮箱超负荷而崩溃。Kaboom3、Upyours4、Avalanche v2.8 就是人们常见的几种邮件炸弹。

（10）Land 攻击

描述：在 Land 攻击中，一个特别打造的 SYN 包它的源地址和目标地址都被设置成某一个服务器地址，此举将导致接收服务器向它自己的地址发送 SYN-ACK 消息，结果这个地址又发回 ACK 消息并创建一个空连接，每一个这样的连接都将保留直到超时掉，不同的系统对 Land 攻击的反应不同，许多 UNIX 系统会崩溃，NT 提供服务的速度会变的极其缓慢。

（11）分布式拒绝服务（DDoS）攻击

描述：这是一种特殊形式的拒绝服务攻击。它是利用多台已经被攻击者所控制的机器对某一台单机发起攻击，在这样的带宽相比之下被攻击的主机很容易失去反应能力。现在这种方式被认为是最有效的攻击形式，并且难于防备。但是利用 DDoS 攻击是有一定难度的，没有高超的技术是很难实现的，因为不但要求攻击者熟悉攻击的技术而且还要有足够的时间。而现在却因为有了黑客编写出的傻瓜式的工具的帮助，也就使得 DDoS 攻击相对变得简单了。比较杰出的此类工具目前网上可找到的有 Trin00、TFN 等。这些源代码包的安装使用过程比较复杂，因为你首先得找到目标机器的漏洞，然后通过一些远程溢出漏洞攻击程序，获取系统的控制权，再在这些机器上安装并运行 DDoS 分布端的攻击守护进程。

2.利用型攻击

利用型攻击是一类试图直接对被攻击的机器进行控制的攻击，最常见的有三种。

（1）口令攻击法

黑客攻击目标时常常把破译普通用户的口令作为攻击的开始。先用 Finger 远端主机名找出主机上的用户账号，然后就采用字典穷举法进行攻击。

若这种方法不能奏效，黑客就会仔细寻找目标的薄弱环节和漏洞，伺机夺取目标中存放口令的文件 Shadow 或 Passwdo 因为在现代的 Unix 操作系统中，用户的基本信息存放在 Passwd 文件中，而所有的口令则经过 DES 加密方法加密后专门存放在一个叫 Shadow 的文件中。并处于严密的保护之下。一旦夺取口令文件，黑客们就会用专解 DES 加密法的程序来解口令。

（2）特洛伊木马

特洛伊木马其实是很难定义的。原则上它和 Laplink、PCaywhere 等程序一样，只是一种远程管理工具。而且本身不带伤害性，也没有感染力，所以不能称之为病毒（也有人称之为第二代病毒）。但却被很多反病毒程序视之为病毒。原因是如果让有些人不当地使用，破坏力可以比病毒更大，也更具有威胁性。特洛伊木马的特征：

①不需要本身的使用者准许就可获得计算机的使用权；

②令程序体积十分稀少，执行时不会占用太多资源；

③执行时很难停止它的活动；

④执行时不会在系统中显示出来；

⑤一次执行后，自动登录在系统激活区，之后每次在 Windows 加载时自动执行；

⑥一次执行后，就会自动变更文件名，甚至隐形；

⑦一次执行后，会自动复制到其他资料夹中；

⑧做到连本身使用者都无法执行的动作。

经常被黑客使用的恶意程序包括：NetBus，Back-Orifice 和 B02k，用于控制系统的良性程序如：netcat、VNC、pcAnywhere。

（3）缓冲区溢出

缓冲区溢出漏洞可以使任何一个有黑客技术的人取得机器的控制权甚至是最高权限。黑客要达到目的通常要完成两个任务，就是在程序的地址空间里安排适当的代码和通过适当的初始化寄存器和存储器，让程序跳转到安排好的地址空间执行。

3.信息收集型攻击

（1）网络命令

通过网络命令收集网络信息时，需要熟悉各种命令。对命令执行后的输出进行分析。例如经常使用以下一些命令：

① Ping 命令

Ping 命令经常用来对 TCP/IP 网络进行诊断。通过对目标计算机发送一个数据包，让它将这个数据包返送回来，如果返回的数据包和发送的数据包一致，那就是说你的 Ping 命令成功了。通过对返回的数据进行分析，就能判断计算机是否开着，或者这个数据包从发送到返回需要多少时间。

② Tracert 命令

用来跟踪一个消息从一台计算机到另一台计算机所走的路径。

③ Rusers 和 Finger 命令

这两个都是 Unix 命令。通过这两个命令，你能收集到目标计算机上的有关用户的信息。

④ Host 命令

host 是一个 Unix 命令，它的功能和标准的 Nslookup 查询一样。唯一的区别是 Host 命令比较容易理解。Host 命令的危险性很大，能得到的信息十分多，包括操作系统、机器和网络的很多数据。

⑤ Finger 命令

该命令能告诉你谁登陆到了该系统，用户何时登陆，从何处登陆，最后一次登陆时间，空闲时间，是否有邮件，甚至他们的生日。在 Windows 系统中与之相似的命令是 Nbtstat。

（2）扫描器技术

扫描器并不是一个直接的攻击网络漏洞的程序，它仅仅能帮助我们发现目标机的某些内在的弱点。一个好的扫描器能对它得到的数据进行分析，帮助我们查找目标机的漏洞，但它不会提供进入一个系统的详细步骤。扫描器应该有三项功能：发现一个主机或网络的能力；一旦发现一台主机，有发现什么服务正运行在这台主机上的能力；通过测试这些服务，发现漏洞的能力。

（3）嗅探器（Sniffer）

通常在同一个网段的所有网络接口都有访问在物理媒体上传输的所有数据的能力，而每个网络接口都还应该有一个硬件地址，该硬件地址不同于网络中存在的其他网络接口的硬件地址，同时，每个网络至少还要一个广播地址（代表所有的接口地址）。在正常情况下，一个合法的网络接口应该只响应这样的两种数据帧：

①帧的目标区域具有和本地网络接口相匹配的硬件地址。

②帧的目标区域具有"广播地址"。

在接收到上面两种情况的数据包时，nc 通过 CPU 产生一个硬件中断，该中断能引起操作系统注意，然后将帧中所包含的数据传送给系统进一步处理。而 Sniffer 就是一种能将本地 nc 状态设成混杂（Promiscuous）状态的软件，当 nc 处于这种"混杂"方式时，该 nc 具备"广播地址"，它对所有遭遇到的每一个帧都产生一个硬件中断以便提醒操作系统处理流经该物理媒体上的每一个报文包。可见，Sniffer 工作在网络环境中的底层，它会拦截所有的正在网络上传送的数据，并且通过相应的软件处理，可以实时分析这些数据的内容，进而分析所处的网络状态和整体布局。

通过拦截数据包，攻击者可以很方便记录别人之间敏感的信息，或者干脆拦截整个的 E-mail 会话过程。通过对底层的信息协议记录，比如记录两台主机之间的网络接口地址、远程网络接口 IP 地址、IP 路由信息和 TCP 连接的字节序列号等。这些信息由非法攻击的人掌握后将对网络安全构成极大的危害，电子欺骗就是采用这种技术。

4.欺骗攻击

（1）IP 欺骗

在 TCP 序列号预测的基础上，IP 欺骗是一种典型的攻击方式，这在没设防火墙或路由器，或者防火墙配置不当的情况下很容易被突破。IP 欺骗是黑客假冒其主机是内部信任的主机，对外出的 IP 报文，黑客将其原 IP 地址替换成信任主机的 IP 地址，而且是目标主机上的 // etc/hosts，equiv 或 rhosts 文件中所列的信任主机，NFS 的 Mount 等操作都是基于 IP 地址的验证，一旦黑客知道双方基于 IP 地址的信任关系，远端主机就可以假冒信任主机发起 TCP 连接，并且预测到目标主机的 TCP 序列号，从而伪造有害数据包，被目标主机接受，如果进攻者发送了重要的系统命令被执行，后果极其严重。

（2）ARP 欺骗

ARP 欺骗是 IP 欺骗的变形，而且利用了相同的弱点。在 ARP 中，认证也是基于地址的。不同的是 ARP 所依赖的是硬件地址。

在 ARP 欺骗中，攻击者的目标是维持其地址不变，但是却假装其地址为可信任主机 IP 地址。要想达到这一目的，攻击者同时向目标主机和缓存区发送伪造的映射信息。这样来自目标主机的包就根据路由器被发送到攻击者的硬件地址。此时目标主机就以为攻击者的计算机是实际的可信任主机。

ARP 欺骗攻击受到几种限制。其一就是当包到达初始网段时，一定的智能硬件可以使这种攻击不造成什么危害。而且，默认情况下缓存中的内容很快就会过期（大约每五分钟一次）。因此，在攻击时，攻击者很少有机会再次更新缓存内容。

（3）DNS 欺骗

在 DNS 欺骗中，黑客危害 DNS 服务器，而且直接修改主机名 IP 地址表。而这些变化都被写入了 DNS 服务器中的转换表数据库。因此，当客户发出请求查询后，他或者她所得到的是一个伪造的地址。这个地址将是一个完全在黑客控制之下的计算机的 IP 地址。

二、一般的入侵检测系统

（一）入侵检测系统（IDS）的概念

入侵检测（Intrusion Detection）即通过对计算机网络或计算机系统中的若干关键点收集信息并对其进行分析，从而发现网络或系统中是否有违反安全策略的行为和被攻击的迹象。进行入侵检测的软件与硬件的组合便是入侵检测系统（Intrusion Detection System，简称 IDS）。

入侵检测系统主要通过以下几种活动来完成任务：

（1）监测并分析用户和系统的活动；（2）核查系统配置和漏洞；（3）评估系统关键资源和数据文件的完整性；（4）识别已知的攻击行为；（5）统计分析异常行为；（6）操作系统日志管理，并识别违反安全策略的用户活动。

除此之外，有的入侵检测系统还能够自动安装厂商提供的安全补丁软件，并自动记录有关入侵者的信息。

（二）入侵检测系统的 CIDF 模型

Common Intrusion Detection Framework（CIDF）阐述了一个入侵检测系统（IDS）的通用模型。它将一个入侵检测系统分为以下组件：

事件产生器（Event generators）；

事件分析器（Event analyzers）；

响应单元（Response units）；

事件数据库（Event databases）。

CIDF 将 IDS 需要分析的数据统称为事件（Event），它可以是网络中的数据包，也可以是从系统日志等其他途径得到的信息。

（三）入侵检测系统的分类

按数据来源的不同，可以将入侵检测系统分为基于网络的入侵检测系统和基于主机的入侵检测系统及混合型入侵检测系统。按数据在何处处理和怎样处理，将 IDS 分为分布式和集中式两种。按所使用的入侵检测的模型，将 IDS 分为异常检测、误用检测和复合检测。

（四）入侵检测技术

网络安全技术主要有：认证授权、数据加密、访问控制、安全审计。入侵检测技术是安全审计中的核心技术之一，是网络安全防护的重要组成部分。

1.入侵检测技术分类

入侵检测系统所采用的技术可分为特征检测与异常检测两种。

（1）特征检测

特征检测（Signature-based detection）又称 Misuse detection，对于特征检测来说，首先要定义违背安全策略的事件的特征，如网络数据包的某些头信息。检测主要判别这类特征是否在所收集到的数据中出现。

（2）异常检测

异常检测（Anomaly detection）先定义一组系统"正常"情况的数值，如 CPU 利用率、内存利用率、文件校验和等（这类数据可以人为定义，也可以通过观察系统并用统计的方法得出），然后将系统运行时的数值与所定义的"正常"情况比较得出是否有被攻击的迹象。这种检测方式的核心在于如何定义所谓的"正常"情况。

采用以上两种检测技术对攻击进行检测得出的结果有很大的差异。特征检测技术的核心是维护一个知识库，对于已知的攻击可以详细、准确地报告出攻击类型，但是对于未知的攻击效果有限，而且知识库必须不断更新。基于异常的检测技术无法准确地判断出攻击手段，但是可以判别更广泛甚至未被发觉的攻击手段。两种检测技术结合起来效果更好。

2.常用的入侵检测方法

入侵检测系统常用的检测方法有特征检测、统计检测和专家系统。据公安部计算机信息系统安全产品质量监督检验中心的报告，国内送检的入侵检测产品中 95% 是属于使用入侵模板进行模式匹配的特征检测产品，其他 5% 是采用概率统计的统计检测产品与基于专家知识库的检测产品。

（1）特征检测

特征检测对已知的攻击或入侵的方式做出确定性的描述形成相应的事件模式。当被审计的事件与已知的入侵事件模式相匹配时，即报警。其原理与专家系统相仿，其检测方法与计算机病毒的检测方法类似。目前基于对包特征描述的模式匹配应用较为广泛。该方法预报检测的准确率较高，但对于无经验知识的攻击与入侵行为无能为力。

（2）统计检测

统计模型常用异常检测，在统计模型中常用的测量参数包括：审计事件的数量、时间间隔和资源消耗等。常用的入侵检测五种统计模型为：

①操作模型

该模型假设异常可通过测量结果与一些固定指标相比较得到，固定指标可以根据经验值或一段时间内的统计平均得到。举例来说，在短时间内的多次失败的登录很有可能是口令尝试攻击。

②方差

计算参数的方差，设定其置信区间，当测量值超过置信区间的范围时表明有可能是异常。

③多元模型

操作模型的扩展，通过同时分析多个参数实现检测。

④马尔柯夫过程模型

将每种类型的事件定义为系统状态，用状态转移矩阵来表示状态的变化，当一个事件发生时或状态矩阵的转移概率较小时则可能是异常事件。

⑤时间序列分析

将事件计数与资源耗用根据时间排成序列，如果一个新事件在该时间发生的概率较小则可能是入侵。

统计方法的最大优点是它可以"学习"用户的使用习惯，从而具有较高的检出率和可用性。但是它的"学习"能力也给入侵者以机会通过逐步"训练"使入侵事件符合正常操作的统计规律从而通过检测系统。

（3）专家系统

用专家系统对入侵进行检测，经常是针对有特征的入侵行为。所谓的规则即是知识，不同的系统与设置具有不同的规则，且规则之间往往无通用性。专家系统的建立依赖于知识库的完备性，知识库的完备性又取决于审计记录的完备性和实时性。入侵的特征提取与表达是入侵检测专家系统的关键。在系统实现中，将入侵的知识转化为 If then 结构，条件部分是入侵特征，Then 部分是系统防范措施。运用专家系统防范入侵行为的有效性完全取决于专家系统知识库的完备性。

（五）黑客攻击与入侵检测系统的关系

入侵检测系统要检测出异常入侵行为就必须正确而有效的提取和选择异常入侵行为的特征，那么提取和选择黑客的攻击特征理所当然地成为黑客拦截系统的重要部分。

三、特征提取和选择

（一）模式识别及其系统

模式识别诞生于 20 世纪 20 年代，随着 40 年代计算机的出现，50 年代人工智能的兴起，模式识别在 60 年代初迅速发展成一门学科。它所研究的理论和方法在很多学科和技术领域中得到了广泛的重视，推动了人工智能系统的发展，扩大了计算机应用的可能性。几十年来，模式识别研究取得了大量的成果，在很多地方得到了成功的应用。但由于计算机并不具有人的智能，所以计算机的模式识别仍是一个难题。

模式识别系统有两种基本的模式识别方法，即统计模式识别方法和结构（句法）模式识别方法。其中统计模式识别是目前研究和应用最为广泛的模式识别方法。每个模式识别系统都是由设计和实现两个过程所组成，其中设计是指用一定数量的样本进行分类器的设计，而实现是指用所设计的分类器对待识别的样本进行分类决策。基于统计方法的模式识别系统主要由四个部分组成：数据获取、预处理、特征提取和选择、分类决策。

数据获取：为了使计算机能够对各种现象进行分类识别，要用计算机可以运算的符号来表示所研究的对象。通常输入对象的信息有下列三种类型，即：

（1）二维图像，如文字、指纹、地图、照片这类对象；（2）一维波形，如脑电图、心电图、机械震动波形等；（3）物理参量和逻辑值。

通过测量、采样和量化，可以用矩阵或向量表示二维图像或一维波形，这就是数据获取的过程。

预处理：为了去除噪音，加强有用的信息，并对输入测量仪器或其他因素造成的退化现象进行复原。

特征提取和选择：由于图像或波形所获得的数据量非常大，所以为了有效地实现分类识别，就要对原始数据进行变换，得到最能反映分类本质的特征。这就是特征提取和分类（由于两者不可分割，所以我们统称为特征提取）过程。在本书中，我们着重对特征的提取进行了详细的研究。

分类决策：就是在特征空间中用统计方法把被识别对象归为某一类别。基本做法是在样本训练集基础上确定某个判决规则，使按这种判决规则对被识别对象进行分类所造成的错误识别率最小或引起的损失最小。

（二）特征提取的基本概念和常用算法

特征的提取是模式识别的重要组成部分。因此，一个较完善的模式识别系统，肯定存在着特征提取的技术部分。特征提取通常处于对象特征数据采集和分类识别两个环节之间，其方法的优劣极大地影响着分类器的设计和性能，因此已成为模式识别核心技术之一。在本书中，我们将主要研究统计模式识别的特征提取方法。

1.原始特征

根据被识别的对象产生出一组基本特征，它可以是计算出来的（当识别对象是波形或数字图像时），也可以是用仪表或传感器测量出来的（当识别对象是实物或某种过程时），这样产生出来的特征叫作原始特征。

2.特征的提取

原始特征的数量可能很大，或样本是处于一个高维空间中，通过映射（或变换）的方法可以用低维空间来表示样本，这个过程叫特征提取。映射后的特征叫二次特征，它们是原始特征的某种组合（通常为线性组合）。所谓的特征提取在广义上就是指一种变换。若 Y 是测量空间，X 是特征空间，则变换 A：Y → X 就是特征提取器。

3.特征的选择

从一组特征中挑选出一些最有效的特征以达到降低特征空间维数的目的，这个过程叫作特征选择。它与特征的选取并不是截然分开的：可以先将原始特征空间映射到维数较低的空间，在这个空间中再进行特征选择，以进一步降低维数；也可以先经过选择去掉那些明显没有分类信息的特征，再进行映射，以降低维数。

4.类别可分离性判别

类别可分离性判别不属于特征提取的概念，但我们在这里要提到它主要是因为它和模式的识别有着重要的关系。特征提取的任务是求出一组对分类最有效的特征，然后利用这些特征进行随后的分类。因此，我们需要一个定量的准则或判据来衡量分类的有效性，这就是类别可分离性判别。具体说来，把一个高维空间变换为低维空间的映射是很多的，哪种映射对分类最有利，需要确定一个标准。可分性判据的类内类间距离、基于概率分布的可分性判据和基于熵函数的可分性判据是最常用的判据。下面将详细介绍可分性判据的类内类间距离。

（三）网络黑客特征的提取和选择

1. TCP/IP网络数据包结构

TCP 数据被封装在一个 IP 数据报中。

每个 TCP 段都包含源端和目的端的端口号，用于寻找发端和收端应用进程。这两个值加上 IP 首部中的源端 IP 地址和目的端 IP 地址可以确定一个唯一的 TCP 连接。

有时，一个 IP 地址和一个端口号也称为一个插口（socket）。这个术语出现在最早的 TCP 规范（RFC793）中，后来它也作为表示伯克利版的编程接口。插口对（socket pair）（包含客户 IP 地址、客户端口号、服务器 IP 地址和服务器端口号的四元组）可唯一确定互联网络中每个 TCP 连接的双方。

序号用来标识从 TCP 发端向 TCP 收端发送的数据字节流，它表示在这个报文段中的第一个数据字节。如果将字节流看作在两个应用程序间的单向流动，则 TCP 用序号对每个字节进行计数。序号是 32 bit 的无符号数，序号到达 $2^{32}-1$ 后又从 0 开始。

当建立一个新的连接时，SYN 标志变 1。序号字段包含由这个主机选择的该连接的初始序号 ISN（Initial Sequence Number）。该主机要发送数据的第一个字节序号为这个ISN加1，因为 SYN 标志消耗了一个序号（HN 标志也要占用一个序号）。

既然每个传输的字节都被计数，确认序号包含发送确认的一端所期望收到的下一个序号。因此，确认序号应当是上次已成功收到数据字节序号加 1。只有 ACK 标志为 1 时确认序号字段才有效。

发送 ACK 无须任何代价，因为 32 bit 的确认序号字段和 ACK 标志一样，总是 TCP 首部的一部分。因此，我们看到一旦一个连接建立起来，这个字段总是被设置，ACK 标志也总是被设置为 1。

TCP 为应用层提供全双工服务。这意味数据能在两个方向上独立地进行传输。因此，连接的每一端必须保持每个方向上的传输数据序号。

TCP 可以表述为一个没有选择确认或否认的滑动窗口协议。我们说 TCP 缺少选择确认是因为 TCP 首部中的确认序号表示发方已成功收到字节，但还不包含确认序号所指的字节。当前还无法对数据流中选定的部分进行确认。例如，如果 1 ~ 1024 字节已经成功收到，下一报文段中包含序号从 2049 ~ 3072 的字节，收端并不能确认这个新的报文段。它所能做的就是发回一个确认序号为 1025 的 ACK。它也无法对一个报文段进行否认。例如，如果收到包含 1025 ~ 2048 字节的报文段，但它的检验和错，TCP 接收端所能做的就是发回一个确认序号为 1025 的 ACK。

首部长度给出首部中 32 bit 字的数目。需要这个值是因为任选字段的长度是可变的。这个字段占 4 bit，因此 TCP 最多有 60 字节的首部。然而，没有任选字段，正常的长度是 20 字节。

在 TCP 首部中有 6 个标志比特。它们中的多个可同时被设置为 1。我们在这儿简单介绍它们的用法：

URG 紧急指针（urgent pointer）有效；

ACK 确认序号有效；

PSH 接收方应该尽快将这个报文段交给应用层；

RST 重建连接；

SYN 同步序号用来发起一个连接；

FIN 发端完成发送任务。

TCP 的流量控制由连接的每一端通过声明的窗口大小来提供。窗口大小为字节数，起始于确认序号字段指明的值，这个值是接收端正期望接收的字节。窗口大小是一个 16 bit 字段，因而窗口大小最大为 65535 字节。

检验和覆盖了整个的 TCP 报文段：TCP 首部和 TCP 数据。这是一个强制性的字段，一定是由发端计算和存储，并由收端进行验证。TCP 检验和的计算和 UDP 检验和的计算相似。

只有当 URG 标志置 1 时紧急指针才有效。紧急指针是一个正的偏移量，和序号字段中的值相加表示紧急数据最后一个字节的序号。TCP 的紧急方式是发送端向另一端发送紧急数据的一种方式。

最常见的可选字段是最长报文大小，又称为 MSS（Maximum Segment Size）。每个连接方通常都在通信的第一个报文段（为建立连接而设置 S Y N 标志的那个段）中指明这个选项。它指明本端所能接收的最大长度的报文段。

我们注意到 TCP 报文段中的数据部分是可选的，在一个连接建立和一个连接终止时，双方交换的报文段仅有 TCP 首部。如果一方没有数据要发送，也使用没有任何数据的首部来确认收到的数据。在处理超时的许多情况中，也会发送不带任何数据的报文段。

2.网络数据包截取的关键技术

一般来说，报文捕获是通过将网卡设置为混杂模式而实现的。以太网在进行信息传输时，会把分组送到各个网络节点，目的地址匹配的节点接收这些分组，其他的网络节点只做简单的丢弃操作。而接收还是丢弃这些分组由以太网卡控制。在接收分组时，网卡会过滤出目的地址是自己的分组接收，而不是照单全收。

但是这只是在正常情况下，为了捕获流经相关网段的所有数据报，并过滤掉非自身所在节点为目的地址的数据包，入侵检测系统通常将网卡设置为混杂工作模式（Promiscuous Mode），网卡工作在这种模式下时，可以接受所有的网络分组，而不管分组的目的地址是否是自身。

由于我们的工作是在 Windows 平台下进行的，所以这里有必要说明一下 Windows 平台下的网络通信结构，以便于更好地理解 Windows 平台下进行报文捕获的原理。

上层应用程序包括 IE，Out Look 等各种基于网络的软件，网络驱动协议包括 TCP/IP、NETBEUI 等各种 Windows 支持的网络层、传输层协议，NDIS 是 Windows 操作系统网络功能驱动的关键部分，下面对 NDIS 进行介绍。

NDIS（Network Driver Interface Specification）是 Microsoft 和 3Com 公司联合制定的网络驱动规范，它提供了大量的操作函数。它为上层的协议驱动提供服务，屏蔽了下层各种网卡的差别。NDIS 向上支持多种网络协议，比如 TCP/IP，NWLink IPX/SPX，NETBEUI 等，向下支持不同厂家生产的多种网卡。NDIS 还支持多种工作模式，支持多处理器，提供一个完备的 NDIS 库（Library）。但库中所提供的各个函数都是工作在核心模式下的，用户不宜直接操作，这就需要寻找另外的接口，这就是著名的开发包 packet32，由澳大利亚的 Canberra 大学信息科学与工程系在 Windows NT 环境下研制成功，应用程序通过它可以设置网卡的工作模式，直接在网卡上读写数据。

Packet32 开发包包含两个部分：一部分是 Packet 驱动；Oemsetup.inf 安装信息文件、Packet，sys 系统文件，在利用 Packet32 包开发网络监控程序前，需要用这两个文件安装 Packet 驱动，并且对 Win98 与 Win2000 分别提供支持；另一部分是 Packet32 程序开发库，包括 Packet32.lib 静态链接库、Packet32.dll 动态链接库，用户可以通过调用库中的函数直接对网卡进行操作，完成数据报的发送、接收和处理。

对 Packet32 库函数进行太多的介绍似乎没有很大必要，因为这不是本书所要阐述的重点，我们只是简单地介绍一下一般的流程。为监听所有流经系统监测网段的数据包，一般采取如下的步骤即可完成：首先获得本地主机的网络适配器列表和描述，之后打开指定的网络适配器，并获得网络适配器的 MAC 类型和其他相关信息；接下来将网络适配器设置为混杂模式，并创建一个新线程用于监听网络数据报，这样就可以监听流过本地主机的所有网络数据报。

在捕获到网络数据报之后，就可以对数据报进行分析，按照特征提取的要求，提取出可以代表该数据包的相关信息，比如端口号、报文头部长度、报文数据段的一个字节内容等，这通过协议分析是容易做到的，因为 TCP/IP 协议簇精确地定义了各种报文的组成格式。从数据包提取出来的这些相关信息组成了用于描述该数据包的特征向量，该向量被提交给 SVM 的输入，SVM 分类引擎对该向量进行分析处理，就可以得出是否有攻击行为发生的结论。

3.几个简单的黑客攻击行为特征提取

在这一节里，我们将会给出几个简单的针对特定攻击行为的入侵行为特征选取的实例，以进一步说明对特征选取的决策过程，并展示特征选取的不同会怎样影响到黑客拦截系统的误报率和漏报率。事实上，降低误报率和漏报率一直是入侵检测系统的核心问题之一，而优化的特征选取会对这一目标产生积极而深远的影响。

（1）Land 攻击

这是一种比较老式的攻击方式，基本原理是由攻击者对数据报文进行定制，对于熟练的攻击者来说这并不难做到，而且数据报制作工具也有很多。这种数据报的特点是利用 TCP 协议的三次握手机制，在第一步发送的请求建立连接的置位的 SYN 数据报文中，源地址和目的地址都被设置成受害主机 Victim 的地址，Victim 主机接收到这样的数据报文以后会向连接发起者（实际上已经被伪装成自己）发送允许连接的 SYN+ACK 报文，之后又发送连接 ACK 报文建立一个空连接，由于每个连接都要占据系统的时间和空间资源，因此会使受害主机性能急剧下降，甚至崩溃。

黑客拦截系统为检测出这种攻击方式，可以将 TCP 报文的源地址和目的地址（必要时还可以加上端口信息）作为入侵行为的特征选项。

（2）探测攻击

所谓知己知彼，百战不殆，攻击者在正式攻击之前总会试图尽可能多地了解和掌握攻击目标的各种信息，比如操作系统的版本、开放了哪些服务等等，以便为进一步攻击打下基础，而如果入侵检测系统能够检测出这种探测，就会有效地降低攻击所造成的危害。这种探测攻击既有简单的 TELNET 命令配置，也有较为成熟复杂的工具，如大名鼎鼎的 NMAP，QUESO 等，流光的新版本也可以实现这个功能。这种探测攻击所发送的数据包是比较特殊的，如发送一个仅仅 FIN 被置位的 TCP 报文，这在 RFC 规定是不允许的，不应该有回答信息，但是有一些操作系统的实现会对这样的报文产生不同的应答信息，由此攻击者可以鉴别出受害主机的操作系统版本，这是比较常用的方法，还有利用未定义的 TCP 报文标志位 BOGUS 来进行探测等方法，不一一列举。

黑客拦截系统为检测出这种攻击方式，可以将 TCP 报文的标志位置位组合情况作为入侵行为的特征选项。

（3）ICMP 重定向攻击

ICMP 报文主要是用来报告网络的连通情况，比如主机不可达、报文超时等路由信息，重定向的含义是路由器向源主机发送一个重定向报文，通知源主机还有更好的路径可以选用，重定向攻击者利用这个原理，将自己伪装成路由器，向受害主机发送报文要求，受害主机将自己作为优选的路由器，从而可以得到受害主机发送的详尽信息。

黑客拦截系统为检测出这种攻击方式，可以检查 IC-MP 报文的 ICMP CODE、ICMP TYPE，检查这两个数值是否被置为代表重定向的数值。

诚如标题所说的，这一节里所举的几个例子是很简单的，这几种简单的入侵行为可以通过检查数据报文首部值检测出来，实际上在基于网络的入侵检测系统实现中，各种数据报文的报文首部值是入侵检测系统特征的首选，有一些入侵检测系统还把报文的前三十个字节也作为特征，因为大量的研究表明，95% 以上的攻击行为特征码在数据报文的头三十个字节里即可体现。

问题在于，高水平的复杂攻击不会这么简单的被检测出来，仅仅将数据报文头部特征值作为黑客拦截系统的特征在实际应用中是不够充分的，有可能会导致大量的误报和漏报，下面我们会结合实例讨论比较复杂的入侵行为的特征提取问题。

（四）传统的特征提取方法的局限性

特征提取的方法有很多，其中包括现今普遍使用的主分量分析法（ＰＣＡ）、线性判别分析法和神经网络法等。但是这些方法大多都是面向问题的，迄今还没有找到一种通用的特征提取方法。因此在解决具体的模式识别问题时，通常采用不同的特征提取方法。本书将给出一种新的通用学习方法进行特征提取和选择并对其进行分类，这就是支持向量机（SVM）算法。

四、支持向量机的基本原理和算法

（一）统计学习理论

与传统统计学相比，统计学习理论（Statistical Learning Theory 或 SLT）是一种专门研究小样本情况下机器学习规律的理论。V.Vapnik 等人从 20 世纪六七十年代开始致力于此方面的研究，到九十年代中期，随着其理论的不断发展和成熟，也由于神经网络等学习方法在理论上缺乏实质性进展，统计学习理论开始受到越来越广泛的重视。

统计学习理论是建立在一套较坚实的理论基础之上的，为解决有限样本学习问题提供了一个统一的框架。它能将很多现有方法纳入其中，有望帮助解决许多原来难以解决的问题（比如神经网络结构选择问题，局部极小点问题）；同时，在这一理论基础上发展了一种新的通用学习方法——支持向量机（Support Vector Machine 或 SVM），它已经表现出很多优于已有方法的性能。一些学者认为，SLT 和 SVM 正在成为继神经网络研究之后新的研究热点，并将有力地推动机器学习理论和技术的发展。

1.统计学习理论的核心内容

统计学习理论就是研究小样本统计估计和预测的理论，主要包括四个方面：

（1）经验风险最小化准则下统计学习一致性的条件

（2）在这些条件下关于统计学习方法推广性的结论

（3）在这些界的基础上建立的小样本归纳推理准则

（4）实现新的准则的实际方法（算法）

其中，最有指导性的理论结果是推广性的界，相关的一个核心概念是 VC 维。

2. VC维

为了研究学习过程一致收敛的速度和推广性，统计学习理论定义了一系列有关函数集学习性能的指标，最重要的是 VC 维（Vapnik-Chervonenkis Dimension）。模式识别方法中 VC 维的直观定义是：对一个指示函数集，如果存在 h 个样本能够被函数集中的函数按所有可能的 2h 种形式分开，则称函数集能够把个样本打散；函数集的 VC 维就是它能打散的最大样本数目 h。若对任意数目的样本都有函数能将它们打散，则函数集的 VC 维是无穷大。有界实函数的 VC 维可以通过用一定的阈值将它转化成指示函数来定义。

VC 维反映了函数集的学习能力，VC 维越大则学习机器越复杂（容量越大）。遗憾的是，目前尚没有通用的关于任意函数集 VC 维计算的理论，只对一些特殊的函数集知道其 VC 维。

3.推广性的界

统计学习理论系统地研究了各种类型的函数集，经验风险和实际风险之间的关系，即推广性的界。

需要指出，推广性的界是对于最坏情况的结论，在很多情况下是较松的，尤其当 VC 维较高时更是如此。而且，这种界只在对同一类学习函数进行比较时有效，可以指导我们从函数集中选择最优的函数，在不同函数集之间比较却不一定成立。Vapnik 指出，寻找更好地反映学习机器能力的参数和得到更紧的界是学习理论今后的研究方向之。

4.结构风险最小化

从上面的结论看到，ERM 原则在样本有限时是不合理的，我们需要同时最小化经验风险和置信范围。其实，在传统方法中，选择学习模型和算法的过程就是调整置信范围的过程，如果模型比较适合现有的训练样本（相当于 h/n 值适当），则可以取得比较好的效果。但因为缺乏理论指导，这种选择只能依赖先验知识和经验，造成了如神经网络等方法对使用者"技巧"的过分依赖。

统计学习理论提出了一种新的策略，即把函数集构造为一个函数子集序列，使各个子集按照 VC 维的大小（亦即 φ 的大小）排列；在每个子集中寻找最小经验风险，在子集间着重考虑经验风险和置信范围，取得实际风险的最小，这种思想称作结构风险最小化（Structural Risk Minimization 或译作有序风险最小化）即 SRM 准则。统计学习理论还给出了合理的函数子集结构应满足的条件及在 SRM 准则下实际风险收敛的性质。

实现 SRM 原则可以有两条思路：一是在每个子集中求最小经验风险，然后选择使最小经验风险和置信范围之和最小的子集。显然这种方法比较费时，当子集数目很大甚至是无穷时不可行。因此有第二种思路，即设计函数集的某种结构使每个子集中都能取得最小的经验风险（如使训练误差为 0），然后只需选择适当的子集使置信范围最小，则这个子集中使经验风险最小的函数就是最优函数。支持向量机方法实际上就是这种思想的具体实现。

（二）支持向量机的基本原理和算法

1.基本原理

统计学习理论是由 Vapnik 等人提出的一种小样本学习理论，着重研究在小样本情况下的机器学习问题。统计学习理论为机器学习问题建立了一个较好的理论框架，在其基础上发展了一种崭新的模式识别方法——支持向量机（Support Vector Machine，简称 SVM）。

支持向量机（SVM）是统计学习理论中最年轻的部分，目前仍处于不断发展的阶段。可以说，统计学习理论之所以从 20 世纪 90 年代以来受到越来越多的重视，很大程度上是因为它发展出了支持向量机这一通用学习方法。因为从某种意义上它可以表示成类似神经网络的形式，支持向量机在最初也曾叫作支持向量网络。

五、利用支持向量机（SVM）实现黑客的拦截

（一）拦截黑客模型

1.一般的入侵检测系统的不足及SVM算法的优越性

基于以上对一般入侵检测系统的研究可以看出没有哪一种入侵检测系统能够完全地把黑客的入侵行为拒之门外，大多是运用统计与学习的方法检测攻击行为。而传统的统计与学习方法都依赖于知识库的完备性，无法进行自学习。所以只能依赖经验知识检测而无法预测新出现的攻击行为，同时不可避免地产生误检和漏检情况。

SVM 是建立在统计学习理论的 VC 维理论和结构风险最小化原理基础上，根据有限的样本信息在模型的复杂性和学习能力之间寻求最佳折中，以获得最好的推广能力。SVM 在解决小样本，非线性及高维模式识别问题中表现出许多特有的优势。

2.拦截黑客的模型

简要介绍其工作原理：截获网络数据包后，从这些数据报文中进行黑客攻击特征的提取，提取的报文信息作为 SVM 算法的输入特征向量，从得出的分类结果输出看是否为黑客进行攻击。

前面我们探讨了几种比较简单的攻击行为的特征选取问题以及解决方案，但是问题在于实际的入侵行为要复杂得多，不是简简单单地通过检查几个报文头部值就可以检测出来的，在对网络攻击行为进行分析的基础上，结合对网络入侵检测系统 snort 的分析，对于目前常见的网络攻击行为，我们认为按入侵检测系统的检测方式，可以分为以下几类：

（1）单数据报道文头部值检测型

通过简单的检测单个数据报文的报文头部值即可以发现此类攻击，这是最简单的一类攻击行为，前面所举的例子就归于此类，包括 Land 攻击、OOB 攻击等；

（2）单数据报道文头部值及数据段部分内容检测型

通过检测单个数据报的报文头部值和数据段部分信息可以检测出来，缓冲区溢出、ⅡS、CGI 攻击等大都属于此类，一般来说可以检测出来，但数据段信息可以被改变，从而逃避检测；

（3）单数据报分片重组检测型

通过对数据报的分片进行重组可以检测，分片攻击是一种比较复杂的攻击，攻击者主要是利用了分片重组算法的一些实现漏洞，目前只有部分较为成熟的网络入侵检测系统支持分片重组的功能；

（4）多数据报关联状态检测型

这用于检测比较复杂的攻击行为，攻击者通过发送一系列相关的数据包来达到攻击的目的，这些数据报之间一般会存在关联，如果孤立地看一个单独的数据报是无法得出正在经受攻击的结论的，而只有对一系列数据报进行关联分析才会得出正确的结论，由于这种攻击具有较大的隐蔽性，检测时有一定难度，下面我们将会就这种攻击给出具体的实例，通过端口扫描这样一个具体实例分析这种多数据报关联状态检测型攻击的特征选取问题。

攻击者在进行攻击之前，一般都会对受害主机进行端口扫描，以试图发现存在的漏洞和开放的端口服务，扫描行为在表现形式上是一系列目标地址相同的数据报，这些数据报就单个而言很有可能是正常的，从而如果入侵检测系统仅仅根据单个数据报的头部值和数据段进行检测是不够的，会产生漏报。为检测这种攻击，入侵检测系统需要建立一个状态检测表，表内包含数据报源地址、某地址连接时间、阈值等选项，通过检查在一定时间内某个 IP 扫描过的端口数或 IP 数是否超过选定的某个阈值来判断是否已经构成扫描攻击，但这种方法有时候也会被高明的攻击者以缓慢扫描的方式欺骗。

特征选取问题是入侵检测系统的核心问题之一，准确的特征选取对于降低入侵检测系统的误报率和漏报率、对于提高入侵检测系统的检测效率都起着重要的作用。同样对于我们的黑客拦截系统，特征提取问题也是核心的问题。我们参考了前人对于这一问题的研究成果，并结合自己的具体实践，对这一问题进行了细致的研究和总结。由于攻击和检测问题是此消彼长的矛盾对立体，所以我们的思路是结合具体的攻击行为来研究黑客拦截系统的特征选取，我们对攻击行为进行了分类，并分别针对这几类攻击行为的特征选取问题进行了说明。可以看出，黑客拦截系统的特征涵盖范围是很广泛的，既有简单的数据报文头部值，也有报文数据段的特征码，还有复杂的连接状态跟踪和协议分析，针对不同的攻击应该有不同的特征选取，而不应该是一成不变的，如果特征选项过多，由于太强的特殊性，会产生较高的漏报率，并且由于计算量加大，会影响到系统的效率，而如果特征选项过少，由于太强的普适性，会产生较高的误报率，所以特征选取是一种策略，其目的就是在降低漏报率和误报率以及提高系统性能等几个方面找到一个最佳切合点。

在综合衡量了这些问题之后，并参照了一些先行者的研究工作，对于从数据包中提取的黑客特征，选择一些典型的报文头部值在作为具体算法的输入向量时加重其权值。

（二）利用 SVM 算法拦截黑客的应用

1.原始数据描述

SVM-Based ID 的实验数据是一批网络连接记录集，这批原始数据是 Wenke Lee 等人美国国防部高级研究计划局（DARPA）作 IDS 评测时获得的数据基础上恢复出来的连接信息，这批数据中包含 7 个星期的网络流量，大约有 500 万条连接记录，其中有大量的正常网络流量和各种攻击，具有很强的代表性，共有四类攻击：

DoS：拒绝服务攻击，如 SYN Flood，land 攻击；

R2L：远程权限获取，如：口令猜测；

U2R：各种权限提升，如：各种本地和远程 Buffer Overflow 攻击；

Probe：各种端口扫描和漏洞扫描。

一个完整的 TCP 连接会话被认为是一个连接记录，每个 UDP 和 ICMP 包也被认为是一个连接记录，每条连接信息包含四类属性集：

（1）基本属性集

如：连接的持续时间、协议、服务、发送字节数、接收字节数等。

（2）内容属性集

即用领域知识获得与信息包内容相关的属性，如：连接中的 hot 标志的个数、本连接中失败登录次数，是否登录成功等。

（3）流量属性集

即基于时间的与网络流量相关的属性。这类属性又分为两种集合：一种为 Same Host 属性集，即在过去的 2s 内与当前连接具有相同目标主机的连接中，有关协议行为、服务等的一些统计信息；另外一种为 Same Service 属性集，即在过去的 2s 内与当前连接具有相同服务的连接中做出的一些统计信息。

（4）主机流量属性集

即基于主机的与网络流量相关的属性，这类属性是为了发现慢速扫描而设的属性，获取的办法是统计在过去的 100 个连接中的一些统计特性，如过去 100 个连接中与当前连接具有相同目的主机的连接数、与当前连接具有相同服务的连接所占百分比等。

其中，基本属性是每条连接信息固有的属性，内容属性、流量属性和主机流量属性是 Wenke Lee 等人采用数据挖掘的方法，通过正常模式和入侵模式比较，提取出来的与入侵检测相关的属性。

显然这种数据集满足异构数据集定义，是一种典型的异构数据集。

2.实验数据准备

观察原始数据集，可以发现每类攻击包括的攻击种类很多，如 Dos 类攻击就包括 neptune，land，teardrop 等 10 种攻击，每种攻击表现出来的连接特性并不完全相同，但是有很多共性，Wenke Lee 等人通过数据挖掘的办法发现了这种共性，并且发现检测不同的攻击需要采用不同的属性集合来检测才比较有效。

另外，原始数据集中四类攻击的分布并不均匀，DoS 类攻击占大多数。DoS 类和 Probe 类攻击发生时，攻击流量与正常流量在数量上相当；而 U2R 和 R2L 类攻击发生概率较小，与正常流量相比很少，这也与实际网络运行时的情形相符合。

显然，原始数据集过于庞大，而且攻击数据和正常数据混杂在一起，包含大量噪音数据，必须对它进行预处理。本书采用按原始比例采样的方法来构造一个精简的实验数据集：

（1）将这四类攻击数据分离开，来形成攻击样本集

按照 Correct 和 10percent 中各种攻击所占比例选择每种攻击，根据攻击所属的攻击类别，抽取出用于检测本类攻击所需的属性集，将各类攻击数据的输出标志字段 status 均设为 -1，形成 DoS、Probe、U2R 和 R2L 四个攻击样本集。

（2）构造正常流量集

从原始数据集按比例抽取出一部分正常连接信息数据，使其包含各种协议（TCP，UDP，ICMP）、各种服务类型（hP，telnet 等）的数据，形成正常流量集。

（3）构造 DoS 和 Probe 攻击的均衡数据集

在 DoS 和 Probe 攻击样本集基础上，按照 1：1 概率混合进正常流量集，形成均衡的 DoS 和 Probe 数据集。

（4）构造 U2R 和 R2L 攻击的不均衡数据集

在 U2R 和 R2L 攻击样本集基础上，按照正常与异常数据大约 9：1 概率混合进正常流量集，形成不均衡的 U2R 和 R2L 数据集。

（5）形成训练集与测试集

按照 7：3 的概率将各均衡数据集和非均衡数据集分成训练数据集和测试数据集，分别用于 SVM 的训练和测试。

3. C-SVM分类

对 DoS 类和 Probe 类均衡数据集，采用 C-SVM 算法进行学习和泛化，并采用改进的 RBF 核函数。首先用 10percent 和 Correct 数据集的 DoS 和 Probe 的均衡训练集分别训练，然后用两个数据集上的 DoS 和 Probe 均衡测试集做自测试和交叉测试。

每一种应用程序都不是完美的，肯定存在这样或那样的缺陷，网络技术的发展使得这些缺陷被黑客发现并成为其攻击的对象。黑客攻击的方法多种多样，每一种攻击手段出现后都会引起众多学者及专家的重视，把各种攻击方法归纳起来后进行分门编类认真的研究。本章在前人研究的基础上进行收集，希望能对黑客攻击的研究者有所帮助。

第十章 其他思想方法与"无数据"建模问题

随着科学技术的不断提高，在实际生活中常常会出现"无数据"的相关问题．本章结合建模实例，通过介绍综合评价法、模糊综合评判法及层次分析法的相关知识来解决实际问题，通过这些思想方法的阐述，更加明确地了解数学建模起源于实际，应用于实际的特点，具有鲜明的实践性。

第一节 综合评价法及建模问题

根据已知的相关信息，对被评价对象进行全面评价的方法称为综合评价法，综合评价问题一般包含若干个同类的被评价对象，且每个被评价对象往往都涉及多个指标，目的是根据系统的属性确定这些系统运行状况的优劣，并按优劣对各被评价对象进行排序或分类，综合评价主要应用于研究与多目标决策有关的评价问题，在实际中有广泛应用，特别是政治、经济、社会、军事管理、工程技术及科学等领域的决策问题。

一、综合评价的基本概念

综合评价本质上是对信息的综合利用，所以在研究综合评价问题时，最重要的是收集与评价对象有关的信息，在实际问题中存在一些相关的客观信息，综合利用这些相关信息后可以得出综合评价结果，从而为合理决策提供可靠依据，这就是综合评价的过程，同时也是一个方案的决策过程。

一个综合评价问题由五个要素组成，即评价对象、评价指标、权重系数、综合评价模型和评价者，在综合评价问题中，被评价对象之间具有一定的可比性。

每个被评价对象都有若干项指标，这些指标可以从不同的侧面反映被评价对象的优劣程度，构成综合评价系统的指标体系。在建立问题的评价指标体系时，须遵守一定的原则。

在实际问题中，根据评价目的的不同，各项评价指标间的相对重要程度也不同，通常用权重系数来体现。

在被评价对象和评价指标确定后，评价结果将完全依赖于权重系数，其合理与否体现出综合评价结果的正确性和可信度。因此，权重系数的确定要按一定的方法和原则来完成。

根据被评价对象的评价指标值和权重系数，可以用适当的数学方法将多项评价指标值综合为一个整体性综合评价指标值，用于合成整体性综合评价指标的表达式称为综合评价模型，综合评价模型是根据评价的目的及被评价对象的特点来选择的。

在明确评价目的后，评价对象的评价指标体系、权重系数以及综合评价模型会受到评价者的知识、观念、意志和偏好等因素的影响。

利用综合评价法解决问题的一般步骤如下：

（1）明确综合评价法要解决的问题，确定综合评价的目的；

（2）确定被评价对象；

（3）建立评价指标体系；

（4）确定与各项评价指标相对应的权重系数；

（5）选择或构造综合评价模型；

（6）计算综合评价指标值，并做出合理决策。

综合评价的过程是一个对评价者和实际问题的相关主客观信息的综合集成的复杂过程。

二、综合评价的一般方法

根据综合评价的目的，针对具体被评价对象合理地建立评价指标体系，其一般原则是：尽量少地选取"主要"评价指标用于实际评价，首先将有关的指标都收集起来，然后按某种原则进行筛选，分清主次，合理选择主要指标，忽略次要指标。常用的方法有专家调研法、最小均方差法、极小极大离差法等，详述如下：

三、综合评价数学模型的建立

综合评价实际上就是利用数学模型将多个评价指标综合为一个整体性综合评价指标的过程。

构造综合评价函数即为综合评价的数学模型，常用的方法有以下两种：

（1）线性加权综合法将线性模型

作为综合评价模型，使各评价指标间的作用得到线性补偿，保证公平性。同时，权重系数对评价结果的影响明显，当预先给定权重系数时，评价结果对于各被评价对象间的差异影响不大，便于推广使用。

（2）非线性加权综合法应用非线性模型

作为综合评价模型，突出各被评价对象指标值的一致性，以平衡评价指标值中的较小指标影响的作用，权重系数大小差别的影响作用不是特别明显，而对指标值大小差异的影响相对较敏感，其相对于线性加法计算而言较为复杂。

四、动态加权综合评价方法

在上述的综合加权评价方法中，权重系数都是确定的常数，这种方法主观性较强，有时不能为决策提供有效的依据，对于某些更一般性的综合评价问题将无能为力，因此，在这里提出一种动态加权综合评价方法。

第二节　模糊综合评判法及建模问题

一、模糊数学的基本概念

模糊数学是研究和处理实际生活中涉及的模糊现象的一种数学方法，在社会实践中，模糊概念广泛存在，随着科学技术的不断发展，各领域对与模糊概念有关的实际问题都需给出定量的分析，因此，找到研究和处理这些模糊概念或现象的数学方法显得尤为重要。

模糊数学是继经典数学、统计数学之后发展起来的一个新的现代应用数学学科，统计数学将数学的应用范围从确定性的领域扩大到不确定性的领域，而模糊数学则把数学的应用范围从确定领域扩大到模糊领域，模糊数学主要研究既具有不确定性又具有模糊性的量的变化规律。

二、模糊综合评判法

模糊综合评判法是模糊决策中常用到的一种模糊数学方法。在实际生活中，常需要对一个事物做出评价，且评价过程中可能涉及多个因素或指标，此时就要求根据这些因素对事物做出综合评价，即综合评判，综合评判可对受多个因素影响的事物做出全面的评价，所以又将模糊综合评判称为模糊综合决策或模糊多元决策，常用的评判方法有总评分法和加权评分法。

三、大学生综合素质测评的模糊综合评判问题

1.问题提出

每个学期各学校都要评价学生的综合素质，排列出学生的综合排名，并作为选优的重要依据。但是现在很多学校的测评方法有很多不足之处，尤其是对于一些定性指标的评测，如思想素质等，存在标准不一的问题。通过系统分析大学生的综合素质要求，建立起与之相对应的指标体系，并由此给出大学生综合素质的科学评价模型，此模型可以为大学生的综合素质测评提供一个容易实现和应用的方法，较符合实际。

2.模型假设

大学生综合测评系统是以学生在校的各方面表现为指标进行的综合评判问题，准确进行这种评判的关键是设计一套合理的指标体系。为了简单说明模糊评判在数学建模中的应用，我们只从思想素质、实践创新能力、身心素质和学习能力四个主要方面来建立指标体系。

3.模型建立

评价模型分为两个部分，其中的定性指标采用模糊综合评判的方法，定量指标采用计

算课程的标准分方法。

（1）对于定性指标的模糊综合评判，具体步骤为：

①确定各个指标的权重

通常情况下采用的确定方法是决策者凭经验给出权重，先由各个专家分别给出各指标的权重，再取名因素的平均值作为该指标的权重，这种方法既利用了专家的经验，又能够使失真的可能性减少到最低，且非常简单。

②作定性指标的模糊综合评判

先将每一个评价指标分为优、良好、中等、及格、差五个等级，每个等级的分值为90，80，70，60，50；假设测评采用老师和同学评测结合的方法，且赋予老师一定的权重，如老师的权重为5，统计出被测评学生的各个指标在大类中所占的比重。

（2）定量指标的标准分法

由于各个学校设置的课程不一样，评卷的过程以及每一门课程得到的学分不尽相同，所以直接利用原始分数来进行比较没有意义。因此，对于定量指标的评判，可以采用标准分方法，以便使不同学校以及同学校的不同专业学生间能够互相比较。

4.模型应用

根据对大学生综合素质中的定量和定性指标的评判方法，可将两部分结合起来应用于实际问题，如，用加权和的方法等对某一大学生的综合素质进行评判时，可用公式

综合测评总得分＝定性指标模糊综合评判得分＋定量指标的标准分 × 定量指标权重

学校可以根据公式对学生的测评成绩进行排序从而确定排名，其结果为对大学生的综合素质的评价最终得分。

利用定量指标和定性指标相结合的方法对学生的综合素质进行测评，建立相应的指标体系，通过计算得到较为合理的测评结果，模型更具有公平性，随着社会的进步，指标体系将不断地更新和完善，使得测评的结果更加科学、合理。

第三节　层次分析法及建模问题

层次分析法是一种定性和定量相结合的分析方法，将半定性半定量的问题转化为定量问题，使思维过程层次化，逐层比较多种关联因素可为分析、决策、预测或控制事物的发展提供定量依据，对于难以用定量方法进行分析的复杂问题，层次分析法可提供一种较为实用的方法。

层次分析法解决问题的基本思想与对多层次、多因素、复杂的决策问题的思维过程基本一致，即作分层比较，综合优化。

1.层次结构图

在利用层次分析法研究具体问题时，先将与问题有关的各种因素层次化，然后构造树状结构的层次结构模型，此模型称为层次结构图。一般地，层次结构图分为三层。

最高层的目标层为问题的决策目标，只有一个元素；中间层的准则层包括目标涉及的中间环节的各个因素，其中的每一个因素就是一个准则；最底层的方案层指可供选择的各措施。

一般情况下，各层次间的各因素有的相关联，有的不一定相关联，而且各层次的因素个数也未必相同。在实际中，主要根据问题的性质和各相关因素的类别来确定这些因素。

2.构造判断矩阵

层次结构反映因素间的相互关系，而准则层中的各准则在目标中的比重不一定相同，所以，常通过比较同一层次上的各因素对上一层相关因素的影响作用来构造判断矩阵。在比较时，可采用相对尺度标准度量，这样可以尽可能地避免比较不同性质的因素产生的影响。同时，要依据实际问题中的具体情况，减少由决策人主观因素对结果造成的影响。

参考文献

[1] 朱明编著 . 数据挖掘 [M]. 合肥：中国科学技术大学出版社 .2002.

[2] 王玲著 . 数据挖掘学习方法 [M]. 北京：冶金工业出版社 .2017.

[3] 李波，王磊，王超 . 大数据环境下精准教育的数学模型与若干问题 [J]. 数学建模及其应用 .2017，（4）：32-40.

[4] 数据挖掘技巧编写组著 . 数据挖掘技巧 [M]. 北京：中国时代经济出版社 .2016.

[5] 熊赟，朱扬勇，陈志渊编 . 大数据挖掘 [M]. 上海：上海科学技术出版社 .2016.

[6] 刘振亚，李伟编著 . 金融数据挖掘 [M]. 北京：中国经济出版社 .2016.

[7] 张凤鸣，惠晓滨著 . 武器装备数据挖掘技术 [M]. 北京：国防工业出版社 .2017.

[8] 王和勇 . 面向大数据的高维数据挖掘技术 [M]. 西安：西安电子科技大学出版社 .2018.

[9] 张维朋，徐颖 . 数据挖掘在医学中的应用 [M]. 中国原子能出版社 .2018.

[10] 周永章，张良均，张奥多，王俊著 . 地球科学大数据挖掘与机器学习 [M]. 广州：中山大学出版社 .2018.

[11] 夏春艳著 . 数据挖掘技术与应用 [M]. 北京：冶金工业出版社 .2014.

[12] 殷复莲 . 数据分析与数据挖掘实用教程 [M]. 北京：中国传媒大学出版社 .2017.

[13] 王小妮著 . 数据挖掘技术 [M]. 北京：北京航空航天大学出版社 .2014.

[14] 韦鹏程，邹杨，冉维著 . 基于 R 语言数据挖掘的统计与分析 [M]. 成都：电子科技大学出版社 .2017.

[15] 李慧著 . 模糊认知超图与多关系数据挖掘 [M]. 北京：现代教育出版社 .2017.

[16] 程光，周爱平，吴桦著 . 互联网大数据挖掘与分类 [M]. 南京：东南大学出版社 .2015.

[17] 马樱，朱顺痣著 . 基于数据挖掘的软件缺陷预测技术 [M]. 厦门：厦门大学出版社 .2017.

[18] 郝文宁，靳大尉，程恺编著 . 数据分析与数据挖掘实验指导书 [M]. 北京：国防工业出版社 .2016.

[19] 谢邦昌，朱建平，王小燕著 .Excel 在大数据挖掘中的应用 [M]. 厦门：厦门大学出版社 .2016.

[20] 张胜茂 . 北斗船位数据挖掘与信息增值服务 [M]. 北京：海洋出版社 .2016.

[21] 李昂 . 数学建模在数据挖掘中的应用 [J]. 信息系统工程 .2018，（1）：124-125.

[22] 於道，郭海兵 . 大数据背景下数学建模教学改革的思考 *[J]. 江苏教育研究 .2018，（15）：74-76.

[23] 周永章，陈烁，张旗等．大数据与数学地球科学研究进展——大数据与数学地球科学专题代序 [J]．岩石学报.2018，（2）：255-263.

[24] 闫婷婷．数学建模中的高维数据挖掘技术优化研究 [J].计算机测量与控制.2017，25（9）：158-160，165.

[25] 李静．基于大数据分析的数学建模实践应用研究 [J].淮海工学院学报（自然科学版）.2017，26（1）：1-4.